化学演習シリーズ 8

# 有機化学演習 III
大学院入試問題を中心に

豊田真司 著

東京化学同人

## まえがき

　『化学演習シリーズ 有機化学演習——大学院入試問題を中心に——』は，I巻（湊 宏著）が1978年に，II巻（務台 潔著）が1995年に出版された．これまでに非常に多くの読者が本シリーズの演習書を有機化学の基礎力充実のために，そして大学院入試のための学習に活用してきたことであろう．II巻が出版されてからすでに約20年が経ち，その間に大学院を取巻く環境は大きく変化した．大学院が重点化されて大学院の進学率が上昇し，科学技術の進歩や多様化に伴い，旧来の学問分野の枠を越えた学際的な大学院組織が増えてきた．このような状況において，化学または化学に関連した分野で大学院進学を希望する学生は大幅に増加し，受験に求められる有機化学の入試問題の内容，難易度や傾向は多様化してきた．このようなニーズに応えるために，シリーズの1冊として『有機化学演習III』を出版するに至った．

　本書は17の章から構成されている．1〜16章では，個別の事項，化合物または反応に関する問題を集め，最初に代表的な問題を例題として，各章末にそれ以外の問題を演習問題として配置した．『有機化学演習』I巻およびII巻では各章の初めに基本事項の概要がまとめられていたが，本書では例題中および一部の演習問題の解説中で基本事項を確認する方式をとった．したがって，本書を用いて学習するためには，学部レベルの有機化学を一通り学んでおくことが望ましいが，教科書を手元に置いて参考にしながら学ぶことも十分可能である．例題の解答と解説は問題文の直後に配置し，解説では解答に必要な事項およびその関連事項を比較的詳しく記述した．章末の演習問題の解答は巻末にまとめ，必要な場合だけ解説をつけた．

　各章の内容は，1〜5章が有機化学の基礎となる命名，結合，酸・塩基，立体化学，反応機構などであり，6〜13，15章では化合物の種類ごとに問題を構成した．そのうち13章では，最近出題が増加している有機金属化合物を独立した章として取扱った．14章ではペリ環状反応を，16章では核磁気共鳴（NMR）分光法などのスペクトルによる構造解析を解説し，最後の17章では，総合問題として複数の章に関連する問題，発展問題，新傾向問題などを

まとめ，おおむね構造，反応，合成の順番に問題を配列した．学習したい項目にアクセスしやすくするために，巻末には索引をつけた．収録した問題は，例題60問，演習問題203問，総合問題33問の合計296問である．

題材となる入試問題として，全国の主要大学院35専攻のおもに平成19年度から26年度分を収集した．入試問題だけで十分にカバーされていない内容については，新たな問題をいくつか作成した．新たに作成した問題を除いて，各問題のあとに出題した大学院と研究科等の名称を示した．大学院組織の改組や拡充に伴う名称変更があるが，出題当時の組織の一般的な略称を用いた．

採用した問題については，基本的にはオリジナルを尊重したため，問題文の表現，用語，構造式や反応式の書き方などが必ずしも統一できていないことを了承願いたい（たとえば用語に関しては反応剤，試剤，試薬など）．問題の重複や断片化を避けるために，一部削除や若干の変更，複数の問題の統合を行った．一部の専攻の問題は，和英文併記または英文のみで出題されている．本書でも英文出題の問題を一部採用しているが，解答は日本語で記述した．なお，人名（日本人を除く）の含まれる用語はスペルで表記し，原則として章などの区分ごとの初出時だけ読み方を示した．内容は十分に精査したつもりではあるが，不十分な点があるかもしれない．もし気づいた点があればお知らせいただきたい．

最近の入試問題の傾向として，以下の点をあげることができる．まず，全体的に基礎的な問題が増加傾向にあり，最新の文献からの天然物の全合成や反応機構解析など，きわめて難易度の高い問題は減少している．したがって，基礎的な問題にしっかりと解答できることがますます重要になってきている．また，必修ではなく選択科目として有機化学を出題する専攻が増加しているので，自分の得意分野に十分対応できる力も必要である．分野別では，有機金属化学の発展に伴い，クロスカップリング反応やそのほかの触媒反応が出題されるようになってきた．一方で，反応速度解析や古典的な手法を用いた化合物の分類や構造決定の問題はあまり見かけなくなった．大学院の国際化の推進に伴い，今後は英語による出題（場合によっては解答も）が増加していくと予想されるので，重要な専門用語は英語でも覚えておくとよいであろう．

読者の多くは，大学院受験準備のための演習書として本書を利用すると思われる．無事に入学できれば，さまざまな分野で本格的に研究を始めることになろうが，本書で学んだ知識や考え方を研究の現場でも役立ててほしい．研究で困難な問題に直面したとき，どのような分野でも基礎に戻って考え直すことが重要である．本書で学んだことが，科学技術の将来を担う前途有望な読者の進路や夢を実現するためのステップとなれば幸いである．

　本書の出版にあたり，まず既巻の著者である湊　宏先生と務台　潔先生に敬意を表する．筆者自身，湊先生の著書を大学院受験時に活用した．務台先生からは，執筆に対して直接激励をいただいた．本書が両先生の意志を引き継ぐ演習書として，多くの読者に活用されることを期待する．III巻の内容はI巻およびII巻と必ずしも重複していないので，あわせて学習を進めるとより効果的である．

　本書は筆者が岡山理科大学に在職中に執筆したものである．さまざまな面で支援していただいた岡山理科大学岩永哲夫博士に感謝する．校正刷をきめ細かく査読して下さった千葉工業大学島崎俊明博士にも感謝する．また，NMRスペクトルの引用を許可して下さった国立研究開発法人産業技術総合研究所*に御礼申し上げる．

　最後に，企画の段階から資料収集，編集，校正までたいへんお世話になった東京化学同人の橋本純子さん，木村直子さん，武石良平さんに心から感謝する．

2016 年 5 月

豊　田　真　司

---

＊　産業技術総合研究所 有機化合物スペクトルデータベース http://sdbs.db.aist.go.jp

# 目 次

1. 命 名 法 ………………………………………………… 1
2. 結合, 構造と異性 ……………………………………… 8
3. 酸・塩基 ………………………………………………… 15
4. 立 体 化 学 ……………………………………………… 21
5. 反 応 機 構 ……………………………………………… 31
6. アルカン, アルケン, アルキン ……………………… 43
7. 芳香族化合物 …………………………………………… 50
8. ハロゲン化アルキル …………………………………… 61
9. アルコール, フェノール, エーテルおよび硫黄類縁体 ………… 68
10. アルデヒド, ケトン …………………………………… 75
11. カルボン酸とその誘導体 ……………………………… 86
12. アミンと含窒素化合物 ………………………………… 95
13. 有機金属化合物 ………………………………………… 103
14. ペリ環状反応 …………………………………………… 109
15. 糖質, アミノ酸 ………………………………………… 119
16. スペクトルによる構造解析 …………………………… 128
17. 総 合 問 題 ……………………………………………… 141

演習問題解答 ……………………………………………… 157

索　　引 …………………………………………………… 235

# 1

# 命 名 法

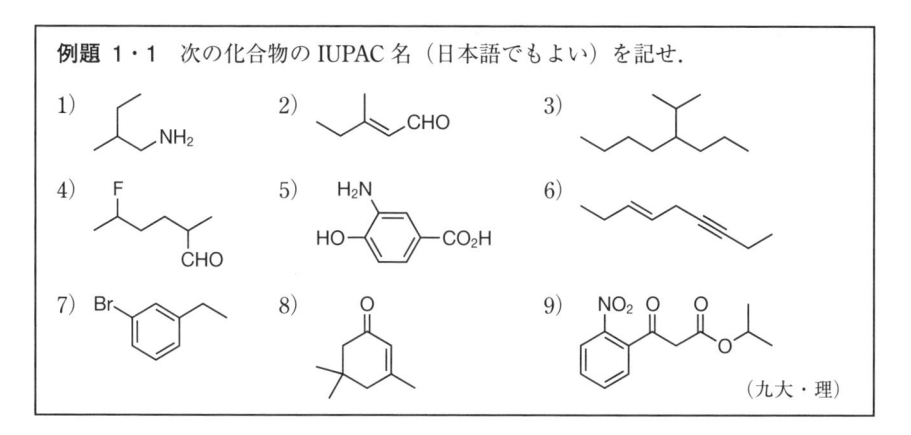

例題 1・1 次の化合物の IUPAC 名（日本語でもよい）を記せ.

1) 2) 3)
4) 5) 6)
7) 8) 9)

(九大・理)

[解答] 1) 2-methylbutylamine 2-メチルブチルアミン
2) (E)-3-methyl-2-pentenal (E)-3-メチル-2-ペンテナールまたは (E)-3-methyl-pent-2-enal (E)-3-メチルペンタ-2-エナール (IUPAC 1993)
3) 4-isopropyloctane 4-イソプロピルオクタン
4) 5-fluoro-2-methylhexanal 5-フルオロ-2-メチルヘキサナール
5) 3-amino-4-hydroxybenzoic acid 3-アミノ-4-ヒドロキシ安息香酸または 3-amino-4-hydroxybenzenecarboxylic acid 3-アミノ-4-ヒドロキシベンゼンカルボン酸
6) (E)-3-nonen-6-yne (E)-3-ノネン-6-インまたは (E)-non-3-en-6-yne (E)-ノナ-3-エン-6-イン (IUPAC 1993)
7) 1-bromo-3-ethylbenzene 1-ブロモ-3-エチルベンゼンまたは m-bromoethylbenzene m-ブロモエチルベンゼン
8) 3,5,5-trimethyl-2-cyclohexenone 3,5,5-トリメチル-2-シクロヘキセノンまたは 3,5,5-trimethylcyclohex-2-enone 3,5,5-トリメチルシクロヘキサ-2-エノン (IUPAC 1993)
9) isopropyl 3-(2-nitrophenyl)-3-oxopropanoate 3-(2-ニトロフェニル)-3-オキソプ

ロパン酸イソプロピル

[解説] 化合物の名称は，原則として IUPAC（国際純正・応用化学連合）が勧告する体系的な方法（IUPAC 命名法）に従い命名する．有機化合物については，1979 年，1993 年と 2013 年に命名法の規則が発表された．多くの教科書では 1979 年規則（IUPAC 1979）が用いられているが，1993 年規則（IUPAC 1993）を採用しているものもある．本書では，特記しない場合 IUPAC 1979 に従って命名する．英語名を日本語名に書きかえるための表記法も定められている*．

IUPAC 命名法では，化合物名は以下の要素から構成されている．

接頭語 ＋ 母体名 ＋ 接尾語　　接頭語：置換基の種類，数，位置など
　　　　　　　　　　　　　　母体名：母体となる基本骨格名
　　　　　　　　　　　　　　接尾語：主となる官能基の種類，数，位置など

立体化学を表示する場合，名称の前に立体化学を示す記号を付け加える．
　複数の官能基がある場合，以下の順序に従い主基を選んで母体名とする．かっこ内は主基として命名したときの接尾語（置換命名法の場合）である．

カルボン酸(酸 -oic acid) ＞ 酸無水物(酸無水物 -oic anhydride) ＞ エステル(酸＋アルキル基名 R R-oate) ＞ 酸ハロゲン化物(ハロゲン化-オイル -oyl halide) ＞ アミド(アミド -amide) ＞ ニトリル(ニトリル -nitrile) ＞ アルデヒド(アール -al) ＞ ケトン(オン -one) ＞ アルコールおよびフェノール(オール -ol) ＞ アミン(アミン -amine) ＞ エーテル(接尾語としない)

以下の置換基は接頭語としてのみ用いられる．

フルオロ fluoro(－F)，クロロ chloro(－Cl)，ブロモ bromo(－Br)，ヨード iodo(－I)，ニトロ nitro(－NO$_2$)，アジド azido(－N$_3$)，アルコキシ alkoxy(－OR)，アルキルチオ alkylthio(－SR)

2) アルケンのシス-トランス異性を *EZ* で表示する．各アルケン炭素の置換基のうち，優先順位の高いものどうしが二重結合の反対側にある異性体が *E*，同じ側にある異性体が *Z* である．
5) 母体の IUPAC 名はベンゼンカルボン酸であるが，慣用名である安息香酸の使用が認められている．この化合物ではカルボン酸が主基となるので，フェノールまたはアニリンとはしない．

--------

＊　参考書："化合物命名法：IUPAC 勧告に準拠"，第 2 版，日本化学会命名法専門委員会編，東京化学同人（2016）．

6) 二重結合と三重結合をもつ化合物はエンイン -enyne で命名する．不飽和結合に最小の位置番号をつける．二重結合と三重結合に同じ番号がつく可能性があるとき，二重結合に最小番号をつける．
9) エステルを主基として，英語ではアルキル基 R の名称のあとスペースを空けてカルボン酸の陰イオン名（語尾 -oate）を続ける．日本語では，カルボン酸の母体名のあとにアルキル基の名称を続ける．ケトンの置換基名はオキソ oxo- である．置換フェニル基は複合基であるため，かっこをつけて接頭語とする．かっこ内の位置番号は，母体名の位置番号とは別系列である．

---

**例題 1・2** 以下の1), 2) については化合物名（IUPAC 名）を記し，3)〜5) については構造式を示せ．

1) CH₃CH₂-CH₂-CH₂-CH₃
   H₃C-CH₂-C-CH-CH₂-CH₃
              |    CH₃
              CH₃

2) H₂C=CH-CH-CH₂-CH(CH₃)₂
           |
           H₃C-CH₂-CH₂      CH₃

3) ethyl 2,4-dibromobenzoate
4) (E)-1,2-dibromo-3-isopropyl-2-heptene
5) 4-(2,2-dimethylbutyl)cyclohexene

（京大・理）

---

[解答] 1) 4-ethyl-3,3-dimethyloctane　4-エチル-3,3-ジメチルオクタン
2) 5-methyl-3-propyl-1-hexene　5-メチル-3-プロピル-1-ヘキセン　または 5-methyl-3-propylhex-1-ene　5-メチル-3-プロピルヘキサ-1-エン（IUPAC 1993）

3) [構造式: 2,4-ジブロモ安息香酸エチルエステル]
4) [構造式: (E)-1,2-ジブロモ-3-イソプロピル-2-ヘプテン]
5) [構造式: 4-(2,2-ジメチルブチル)シクロヘキセン]

[解説] 1) 最長の炭素鎖を母体名とし，置換基の位置番号が最小になるように位置番号をつける．置換基はアルファベット順に並べ，単純な置換基の場合，数を示す di-, tri- などは考慮しない．したがって，ethyl のほうが dimethyl より先になる．
2) 二重結合を含む最長の炭素鎖を母体名とする．この化合物の場合，最長の炭素鎖の選び方に 2 通りあるが，規則により置換基の数が多いほうを選ぶ．したがって，3-isobutyl-1-hexene とはしない．
3) benzoate は benzoic acid（安息香酸）の陰イオン名である．
4) 優先順位の高い -Br と -CH(CH₃)₂ がトランスになるようにする．isopropyl で

は，iso- は母体となる置換基名と分離不可とし，i で始まる置換基とみなす．IUPAC 1993 では $(E)$-1,2-dibromo-3-isopropylhept-2-ene となる．

5) シクロアルケンでは二重結合の位置番号を 1, 2 とする．次に，置換基に最小の位置番号をつける．2,2-dimethylbutyl 基はブチル基の 2 位に二つのメチル基が置換した複合基であり，接頭語としてかっこをつけて示す．かっこ内の位置番号は，母体名の位置番号とは別系列である．

---

**例題 1・3** 次の化合物 1)～4) の IUPAC 名 (英語)，ならびに化合物 5)～8) の構造式を記せ．ただし，3), 4) は立体化学を考慮しないものとする．

1) 2) 3) 4)

5) $(Z)$-1-bromo-3-fluoro-2,4-dimethylpent-2-ene
6) $(E)$-2,5,5-trimethyl-4-oxohept-2-enal
7) 2-ethanoyl-5-(pentan-3-yl)benzonitrile
8) sodium 2-[3-(phenylamino)phenyl]propanoate

(北大・生命科学)

---

[解答] 1) 3-(butan-1-yl)-hexa-1-ene-4-yne
2) 2-methyl-6-nitroaniline
3) 2-bromo-5-(butan-2-yl)-3-methylcyclopentanone
4) 2-amino-3-hydroxy-3-phenylpropanoic acid

5) 6) 7) 8)

[解説] 5)～8) の化合物名に従い，本題では IUPAC 1993 を適用する．1) 多重結合を含む最長の炭素鎖を選び，多重結合に最小の位置番号がつくようにする．butyl (ブチル) 基 (IUPAC 1979) は IUPAC 1993 では butan-1-yl (ブタン-1-イル) 基となる．2) aniline を母体名とし，二つの置換基は 2, 6 位にある．アルファベット順に位置番号をつける．3) cyclopentanone を母体名として，置換基に最小の番号がつくようにする．$CH_3CH_2CH(CH_3)-$ 基は，IUPAC 1993 では butan-2-yl (ブタン-2-イル) 基 [IUPAC 1979 では 2-methylpropyl (2-メチルプロピル) 基] であり，$s$-butyl ($s$-ブチル) 基でも

よい．4) カルボン酸を主基として命名する．5), 6) アルケンの *EZ* がわかるように構造式を書く．優先順位の高い置換基に注目し, 5) では $-F$ と $-CH_2Br$ が同じ側, 6) では $-CHO$ と $-COC(CH_3)_2CH_2CH_3$ が二重結合の反対側にあるようにする．7) benzonitrile が母体名である．ethanoyl（エタノイル）基（慣用名アセチル基）は炭素数2のアシル基である．pentan-3-yl（ペンタン-3-イル）基は, IUPAC 1979 では 1-ethylpropyl（1-エチルプロピル）基である．8) カルボン酸塩は陽イオン名のあとにカルボン酸陰イオン名を置く．複合基にさらに複合基が置換した場合, ( ), [ ] などのかっこを使い分けて表記する．

例題 1・4　次の化合物を IUPAC 命名法で命名せよ．5) は相対配置を考慮すればよい．

1) 2) 3) 4) 5) 6) 7) 8)

[解答]　1) 2,3-ジメチル-4-プロピル-5-(トリクロロメチル)ヘプタン　2,3-dimethyl-4-propyl-5-(trichloromethyl)heptane

2) スピロ[4.5]デカン-6-オン　spiro[4.5]decan-6-one

3) *cis*-ビシクロ[4.4.0]デカン　*cis*-bicyclo[4.4.0]decane

4) 2-メチレンシクロヘキサノール　2-methylenecyclohexanol

5) *trans*-3-メチルシクロペンタンカルボアルデヒド　*trans*-3-methylcyclopentanecarbaldehyde

6) 塩化 4-クロロブタノイル　4-chlorobutanoyl chloride

7) 塩化 3-ヨードベンゼンジアゾニウム　3-iodobenzenediazonium chloride

8) 4-メチルベンゼンスルホン酸　4-methylbenzenesulfonic acid

[解説]　1) 最長の炭素鎖の選び方が 2 通りあるので, 置換基が最も多くなる炭素鎖を主鎖とする．複合基であるトリクロロメチル（trichloromethyl）基にはかっこをつけ, t で始まる置換基とみなす．

2) スピロ化合物は, 全環原子数に相当するアルカン名に接頭語スピロ spiro- をつけて

命名する．接頭語のあとに，スピロ原子を結ぶ二つの鎖を構成する原子数をピリオドで区切って，小さいものから順に [ ] に入れて示す．位置番号は，スピロ原子に結合した小さい環の炭素から出発し，小さい環を回ってスピロ原子に戻り，大きい環を回る順番につける（右図）．したがって，カルボニル炭素の位置は6となる．

3) 二環式化合物は，全炭素原子数に相当するアルカン名に接頭語ビシクロ bicyclo- をつけて命名する．二つの橋頭炭素原子を結ぶ三つの架橋鎖に含まれる炭素原子数を，大きいものから順に [ ] に入れて示す．位置番号は，一方の橋頭炭素から，最長の架橋鎖，他方の橋頭炭素，2番目に長い架橋鎖，最短の架橋鎖（最初の架橋炭素に近いほうから）の順につける（右図）．別名は，*cis*-デカヒドロナフタレン *cis*-decahydronaphthalene または *cis*-デカリン *cis*-decalin.

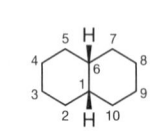

4) 2価の置換基である $CH_2=$ はメチレン（methylene）基と命名する．その他の2価の置換基は，原則として -yl を -ylidene に変えて命名する〔$CH_3CH=$ エチリデン（ethylidene）基，$C_6H_5CH=$ ベンジリデン（benzylidene）基など〕．

5) 環状アルデヒドは，環状部の化合物名に接尾語カルボアルデヒド carbardehyde（従来はカルバルデヒドとしたが，2011年に字訳が改められた）をつけて命名する．メチル基とホルミル基が環に対して反対側にあることを示す．

6) 酸ハロゲン化物は，ハロゲン陰イオン名のあとにアシル基名を続けて（英語ではスペースを空けて前後逆）命名する．アシル基は，原則として相当するカルボン酸の接尾語 -oic acid を -oyl に変えて命名する．したがって，butanoic acid に相当するアシル基はブタノイル butanoyl である（ホルミル formyl やアセチル acetyl などの慣用のアシル基名は例外）．

7) ジアゾニウム塩は，陰イオン名のあとに接尾語ジアゾニウム -diazonium をつけた母体名を続けて（英語では前後逆でスペースを空ける）命名する．

8) スルホン酸は，接尾語スルホン酸 -sulfonic acid をつけて命名する．スルホン酸の塩やエステルでは -sulfonate（日本語名は変化なし），置換基ではスルホニル -sulfonyl と変化する．慣用名は *p*-トルエンスルホン酸 *p*-toluenesulfonic acid.

## 演習問題

[1・1] 次の化合物の構造式を書け．
1) 2,4,6-トリクロロフェノール　　2) 4-ヒドロキシ-3-メトキシベンズアルデヒド
3) アセトフェノン　　　　　　　4) 1-ブロモ-3-エテニルベンゼン

5) ナフタレン　　　　　6) 4-アミノ安息香酸　　　　　（上智大・理工）

[1・2]　次の化合物の構造式を記せ．
1) 5-ethyl-2-methylheptane
2) (E)-2-bromo-2-pentenoic acid
3) 2-methylpropyl (Z)-2-chloro-4-methyl-2-pentenoate
4) (Z)-4-chloro-5-methyl-3-hepten-2-one
5) methyl 4-(hydroxymethyl)benzenecarboxylate
6) 3-methoxybenzenecarbonitrile　　　　　　　　　　（九大・理）

[1・3]　Give IUPAC names for 1) and 2)（IUPAC 名は英語で解答すること）．

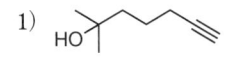

1) 2) 　　　　　　　　　　　　　　　　　　　　　　　　　　（岡山大・自然）

[1・4]　次の化合物 1)～4) を IUPAC 命名法に従い，英語で命名せよ．また，化合物 5)～7) の構造式を書け．

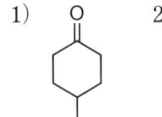

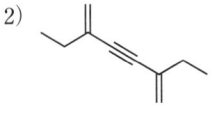

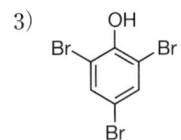

1)　　2)　　3)　　4)

5) ethyl (Z)-but-2-enoate　　6) (E)-4-bromo-4-chlorobut-3-en-2-ol
7) 2-naphthol　　　　　　　　　　　　　　　　　　　　　（神奈川大・理）

[1・5]　次の各化合物について，IUPAC 命名法に基づき命名せよ．

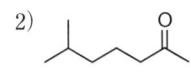

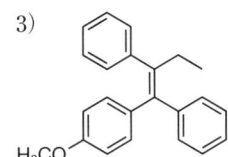

1)　　2)　　3)
　　　　　　　　　　　　　　　　　　　　　　　　　　　　（東大・薬）

[1・6]　次の化合物の構造式を示せ．
1) 3-chloro-1,5-dimethylnaphthalene　　2) 9-nitroanthracene
3) benzo[a]anthracene　　4) 4-chloro-2,4′-dimethylbiphenyl

[1・7]　次の化合物の構造式を示せ．
1) 2-methyltetrahydrofuran　　2) 3,4-dihydro-2H-pyran
3) 4-(dimethylamino)pyridine　　4) N-benzylpyrrolidine
5) N-phenylphthalimide　　6) cis-2,3-diphenyloxirane

# 2

# 結合, 構造と異性

> **例題 2・1** 次の四つの結合を, 電気陰性度の差が大きい順に不等号で並べよ.
> C−O　　C−H　　C−F　　C−I
> (北大・生命科学)

[解答]　C−F＞C−O＞C−H＞C−I

[解説]　電気陰性度は, 分子中の原子が結合電子をひきつける能力の相対的な尺度である. 数値が大きいほど電子をひきつける能力が大きく, 周期表において, 同周期では右に進むほど大きくなり, 同族では下に進むほど小さくなる傾向がある. L. Pauling（ポーリング）により報告された電気陰性度の値は, H(2.2), C(2.6), O(3.4), F(4.0), I(2.7) である. したがって, C−F結合とC−O結合では炭素原子は正に分極 ($\delta+$), C−H結合では炭素原子はわずかに負に分極 ($\delta-$) し, C−I結合はほとんど分極していない. 分極の向きは以下のように記号または矢印を用いて示す.

$$\overset{\delta+}{\text{C}}\text{—}\overset{\delta-}{\text{F}} \qquad \overset{\longrightarrow}{\text{C—F}}$$

> **例題 2・2** 炭素数5の飽和炭化水素 $C_5H_{12}$ の三つの異性体 (**A**)〜(**C**) のうち, 最も沸点の高いものはペンタン (**A**) であり, 最も融点の高いものはネオペンタン (2,2-ジメチルプロパン, **C**) である. この理由を簡潔に説明せよ.
>
> CH₃−CH₂−CH₂−CH₂−CH₃　　　CH₃−CH−CH₂−CH₃　　　CH₃−C(CH₃)₂−CH₃
>                                      |
>                                      CH₃
>          (**A**)                        (**B**)                  (**C**)
> (東大・理)

[解答]　アルカン (**A**)〜(**C**) は分子量が同じでほぼ非極性であるので, 分子の表面積が大きいほど分子間力が強くなり, 沸点が高くなる. アルカンの分枝が少ないほど分子の表面積が広くなるので, 直鎖のペンタン (**A**) の沸点が最も高い.

　固体の状態では, 分子が球状に近く対称性が高いほど密に充填でき, 分子間力を強

めることができる．分枝の最も多いネオペンタン（**C**）はこのような構造的特徴をもつため，融点が最も高い．

[解説] 化合物の沸点は，分子間の引力的な相互作用が大きいほど高くなり，分子量，分子の極性（静電相互作用），水素結合の有無などによって決まる．アルカンは非極性分子であり，van der Waals 力（ファンデルワールス）の強さが重要になる．一般に，分子の表面積が大きいほど，分子間の接触面積が大きく，沸点が高くなる．実際に，分子の分枝が多くなるほど表面積が減少し，沸点は少しずつ低くなる．

融点は固体（結晶）状態における分子の充塡の程度により決まり，最も高密度に充塡できるネオペンタンは，他の異性体に比べて非常に高い融点をもつ．

ペンタン　　　　　　　　　　　　　　　沸点 36 ℃　　融点 −130 ℃
イソペンタン（2-メチルブタン）　　　　　沸点 28 ℃　　融点 −160 ℃
ネオペンタン（2,2-ジメチルプロパン）　　沸点 10 ℃　　融点 −17 ℃

---

**例題 2・3** 炭素原子の基底状態の電子軌道と電子配置を参考とし，1)〜3) の化合物に含まれる炭素原子の電子軌道と電子配置を答えよ．基底状態および 1)〜3) の化合物に含まれる炭素原子の電子軌道の相対的エネルギーが明らかになるように記すこと．

1) $CH_4$　　2) $CH_2=CH_2$　　3) $HC≡CH$

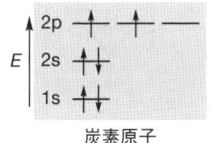

炭素原子

（新潟大・自然）

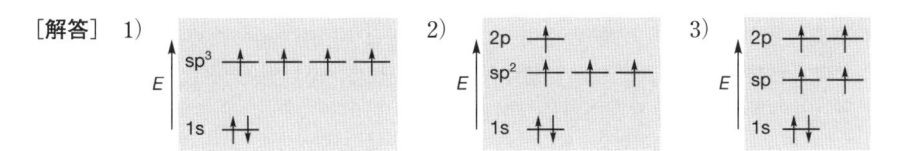

---

[解答] 1) 　　　2) 　　　3)

[解説] 炭素が他の原子と結合するとき，2s 軌道と 2p 軌道が混成して混成軌道をつくる．メタン，エテン，エチンの炭素原子はそれぞれ $sp^3$，$sp^2$，$sp$ 混成であり，混成する 2p 軌道の数が異なる（次図参照）．$sp^3$ 混成軌道は，2s 軌道と三つの 2p 軌道が混成した四つの等価な軌道であり，四面体形（結合角 109.5°）の四つの単結合（σ 結合）をつくる．$sp^2$ 混成軌道は，2s 軌道と二つの 2p 軌道が混成した三つの等価な軌道であ

り，三方形（結合角 120°）の三つの σ 結合をつくる．残された一つの 2p 軌道は，π 結合をつくるために用いられる．エテンの炭素－炭素二重結合は，σ 結合と π 結合からなる．sp 混成軌道は，2s 軌道と一つの 2p 軌道が混成した二つの等価な軌道であり，直線形（結合角 180°）の二つの σ 結合をつくる．残された二つの 2p 軌道は，π 結合をつくるために用いられる．エチンの炭素－炭素三重結合は，σ 結合と二つの π 結合からなる．

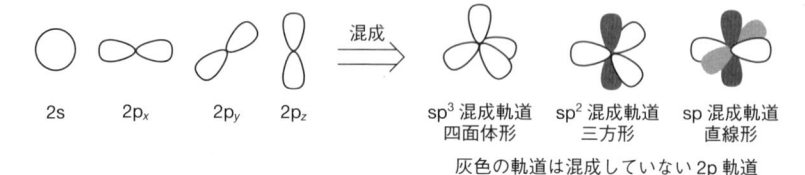

---

**例題 2・4** シクロプロパン環のひずみのおもな要因を二つあげて説明せよ．

(名大・理)

[解答] シクロプロパン（下図）の炭素環は正三角形であり，sp³ 混成の結合角に比べて小さい結合角（∠C−C−C 60°）をもつため変角のひずみが大きく，さらに隣接する炭素の水素が重なり形配座をとるためねじれのひずみが大きい．

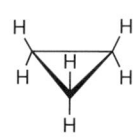

[解説] シクロプロパンの C−C−C 結合角は 60° であり，sp³ 混成炭素の結合角 109.5° より約 50° 小さい．結合角が非常に小さくなるためには，軌道が C−C 結合軸の外側で重なって曲がった結合をつくる必要がある（下図）．そのため，シクロプロパンの C−C 結合は弱く，比較的容易に開環を伴い反応する．たとえば，臭素と反応すると 1,3-ジブロモプロパンになる（下式）．

シクロプロパンとシクロヘキサンの燃焼熱はそれぞれ，2091 kJ/mol と 3952 kJ/mol である．シクロプロパンの $CH_2$ 当たりの燃焼熱（697 kJ/mol）はシクロヘキサンのもの（659 kJ/mol）より大きく，この差はシクロプロパン環のひずみによるものである．

## 2. 結合，構造と異性

**例題 2・5** 1)～3) の化合物について，矢印で示した a～c の結合をそれぞれ例にならって長いほうから順に並べよ。

1) H₃C-C≡C-CH(↑a)(b↓CH₃)-C(c↓)(H₃C)=C(CH₃)(CH₃)

2) (CH₃→a)H₂C=C(→b H)-Si(CH₃)(CH₃)(↓c CH₃)

3) HC≡C(→a)-C(H₃C)(↖b CH₃)=C(-CH₃)(c↙ H₃C)(-CH₃)

解答例: a＞b＞c

(京大・理)

[**解答**] 1) b＞c＞a   2) c＞a＞b   3) c＞b＞a

[**解説**] 1) C-C 結合の場合，結合次数が大きくなるほど結合が強くなり，結合が短くなる．典型的な結合長（結合距離）は，エタン（0.154 nm），エテン（0.133 nm），エチン（0.120 nm）である．
2) 結合次数が同じ場合，結合する原子の半径が大きいほど結合は長い．原子半径は大きい順から Si＞C＞H である．
3) すべて C-C 単結合であるが，炭素の混成軌道の s 性が高いほど結合が短くなる．この場合，C(sp³)-C(sp³)，C(sp³)-C(sp²)，C(sp²)-C(sp) の結合長を比較する．

---

**例題 2・6** 次の 1)～3) の各組のカルボカチオンを，安定性の大きいほうから順に並べよ．ただし，Ph はフェニル基 C₆H₅ である．
1) $CH_3^+$, $(CH_3)_2CH^+$, $ClCH_2^+$, $CH_3CH_2^+$
2) $Ph_3C^+$, $(CH_3)_3C^+$, $(CH_3)_2CH^+$, $(CH_3)Ph_2C^+$
3) $CH_2=CHCH_2^+$, $CH_3CH=CHCH_2^+$, $(CH_3)_2C=CHCH_2^+$

(神奈川大・工/早大・先進理工/九大・理)

[**解答**] 1) $(CH_3)_2CH^+ > CH_3CH_2^+ > CH_3^+ > ClCH_2^+$
2) $Ph_3C^+ > (CH_3)Ph_2C^+ > (CH_3)_3C^+ > (CH_3)_2CH^+$
3) $(CH_3)_2C=CHCH_2^+ > CH_3CH=CHCH_2^+ > CH_2=CHCH_2^+$

[**解説**] 正電荷をもつ炭素原子にアルキル基が置換すると，アルキル基の電子供与性（C-H 結合が関与した超共役）のためカルボカチオンは安定化される．したがってカルボカチオンの安定性は，メチル，第一級，第二級，第三級の順に増加する．
1) クロロ基は電子求引性であり，誘起効果によりカルボカチオンを不安定化する．

2) フェニル基が置換すると以下のような共鳴効果（ベンジルカチオンの例）により，カルボカチオンが安定化される．

3) いずれも第一級アリルカルボカチオンであり，もう一つの共鳴構造が第一級，第二級，第三級の順に安定性が増加する．

## 演習問題

[2・1] 次のイオンを Lewis 構造式で表せ．
1) $CN^-$　　2) $CO_3^{2-}$　　3) $CH_3N_2^+$　　4) $NO_2^+$　　　　（お茶大・人間文化）

[2・2] 次の化合物を，Lewis 構造式で書け．
1) $NH_3$　　2) $BF_3$　　3) $HCN$　　4) $H_2CO_3$　　5) $HClO$　　（東北大・工）

[2・3] 下線で示した各原子の混成軌道の名称を示せ．
1) $\underline{C}HCl_3$　　2) $\underline{N}H_4Cl$　　3) $CH_3\underline{C}N$　　4) $CH_3\underline{C}OCH_3$　　（東北大・工）

[2・4] ケテン $H_2C=C=O$ の軌道の図を示し，その炭素原子，酸素原子の混成軌道について説明せよ．　　　　　　　　　　　　　　　　　　　　（北大・生命科学）

[2・5] 次の化合物および化学種について，アンモニアの例を参考に炭素原子の混成軌道および混成を示せ．
1) メタン $CH_4$　　　　　　2) メチルラジカル $CH_3\cdot$
3) メチルカチオン $CH_3^+$　　4) メチルアニオン $CH_3^-$

例　sp³　アンモニア　　　　　　　　　　　　　　　　　　　　　　（東北大・工）

[2・6] 次の4組の化合物またはイオンのうち，互いに共鳴構造であるものをすべて選べ．

1) （ベンゼンとシクロヘキサジエン）　　2) （アセトアルデヒドとビニルアルコール）

3) $CH_3\overset{+}{C}H_2$ と $\overset{+}{C}H_2CH_3$　　4) $HO-\overset{+}{C}HCH_3$ と $HO\overset{+}{=}CHCH_3$　　（阪府大・工）

[2・7] ジアゾメタンの二つの共鳴構造を書き，どちらの寄与が大きいか記せ．またその理由を述べよ． (北大・生命科学)

[2・8] 次の 1)～3) のそれぞれの化学種の共鳴構造を主要な順に示し，その理由を述べよ．

1) 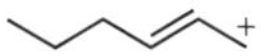  2) 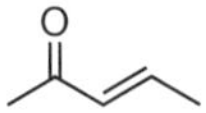  3) 

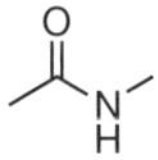

(お茶大・人間文化)

[2・9] ナフタレンの三つの炭素 a, b, c において，炭素 a－炭素 b と炭素 b－炭素 c の結合距離は異なっている．どちらの炭素－炭素結合が長いかを記せ．また，その理由を説明せよ．

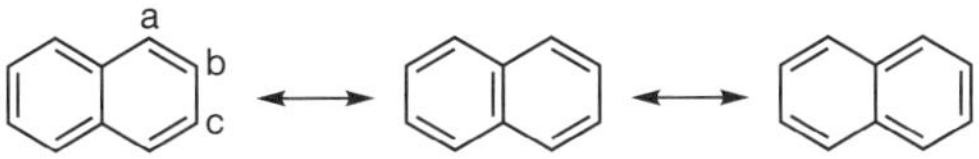

(北大・工)

[2・10] 次の各問に答えよ．
1) 原子の同一の軌道 (たとえば 1s 軌道) のエネルギーは，原子番号が大きくなるに従って，増大するか減少するかを記し，また，その理由を述べよ．
2) 炭素原子，ネオン原子，および塩素原子の電子配置を例にならって示せ．
　例：リチウム原子 $1s^2 2s^1$
3) σ結合とπ結合のそれぞれについて，軸対称であるかどうかを記せ．
4) $BH_3$ と $BH_4^-$ におけるホウ素の混成軌道を記せ．また，それぞれのホウ素が，その混成軌道をとる理由を述べよ．
5) 次の (**A**) および (**B**) の X は H あるいは F のどちらであるかを示し，(**A**) と (**B**) において結合角 θ が異なる理由を説明せよ．

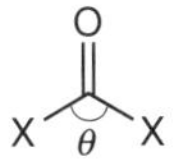

(**A**) θ = 108°
(**B**) θ = 116°
X = H または F

(北大・生命科学)

[2・11] エチルカチオン $CH_3CH_2^+$ がメチルカチオン $CH_3^+$ より安定である理由を軌道相互作用に基づき説明せよ． (北大・生命科学)

[2・12] 下記の分子について，分子の極性のおおよその大小を比較せよ．また，その理由を簡潔に示せ．
1) *cis*-1,2-ジクロロエテン，*trans*-1,2-ジクロロエテン
2) *o*-ジクロロベンゼン，*m*-ジクロロベンゼン，*p*-ジクロロベンゼン
3) メタン，四塩化炭素 (東北大・工)

[2・13] 次に示す 1)～3) の各組のアルケンを，水素化熱が増大する順に不等号を用

いて記号で並べよ．また，その理由を簡単に記せ．

1) (A)  (B)  (C)
2) (A)  (B)  (C)
3) (A)  (B)  (C)  (D)

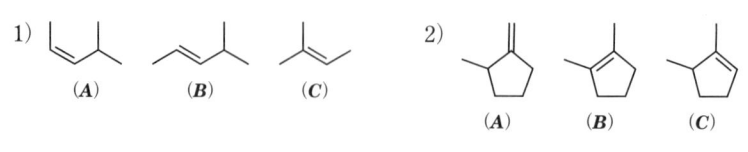

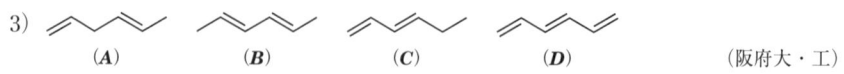

(阪府大・工)

[2・14] 1,2-ブタジエンと1,3-ブタジエンの燃焼熱 $\Delta H°$ はそれぞれ $-2597.51$ kJ/mol と $-2544.00$ kJ/mol である．
1) 1,2-ブタジエンと1,3-ブタジエンとでは，どちらが何 kJ/mol 安定か答えよ．
2) 1,2-ブタジエンと1,3-ブタジエンのπ結合を構成するそれぞれの原子のp軌道の図を，その相互の立体化学が明らかになるように書け．
3) 1,2-ブタジエンと1,3-ブタジエンとで安定性に差が生じる理由を，2)で書いた図をもとに説明せよ．
4) 2,3-ジ-$t$-ブチル-1,3-ブタジエンは共役ジエンとしての性質を示さない．その理由を述べよ．

(岡山大・自然)

[2・15] 分子式 $C_3H_7NO$ で示されるアミド化合物のうち，沸点が最も低いものの構造式を示し，その理由を説明せよ．

(東工大・理工)

[2・16] 有機化合物の性質に関する以下の1)〜5)に答えよ．各問について，選んだ化合物の名称（日本語）と選んだ理由を記せ．
1) 沸点の高いものはどちらか． 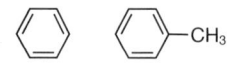
2) 沸点の高いものはどちらか． 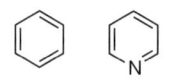
3) 融点の高いものはどちらか． 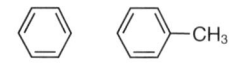
4) 双極子モーメントが大きいものはどちらか． 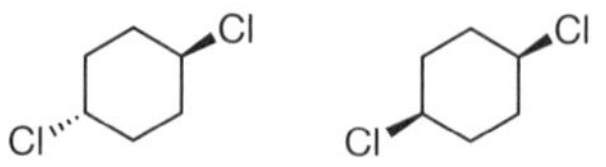
5) 水への溶解度が高いものはどちらか．

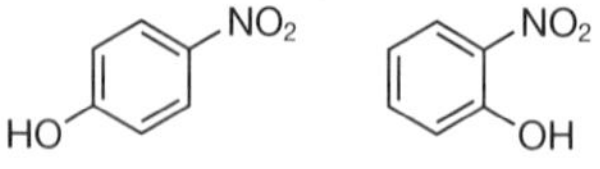

(東大・総合文化)

# 3

# 酸・塩基

> **例題 3・1** 酸・塩基について以下の問に答えよ.
> 　酸・塩基理論は，歴史とともにより広義なものに変遷してきた．古典的なアレニウスの定義では，( a )を放出するものが酸であり，( b )を放出するものが塩基である．ブレンステッド-ローリーの定義では，( c )の( d )体を酸，( e )体を塩基とした．ルイスの定義では，( f )の( g )体を酸，( h )体を塩基とされている．
> 1) a〜h に適当な語句または式を書け.
> 2) アンモニアと三フッ化ホウ素の反応生成物および全体の反応式を書け.
>
> （上智大・理工）

[解答] 1) a. $H^+$　　b. $OH^-$　　c. $H^+$　　d. 供与　　e. 受容　　f. 電子対　　g. 受容　　h. 供与

2) 

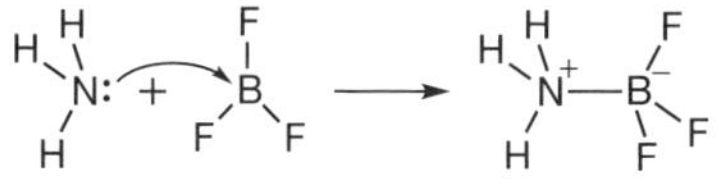

$$H_3N: + BF_3 \longrightarrow H_3N^+-BF_3^-$$

[解説] 酸・塩基の定義には，Arrhenius の定義（$H^+$ または $OH^-$ の供与），Brønsted-Lowry の定義（$H^+$ の供与と受容），Lewis の定義（電子対の受容と供与）があり，この順番に定義の範囲が広くなる．したがって，すべての Brønsted-Lowry 酸・塩基はそれぞれ Lewis 酸・塩基であるのに対し，その逆は必ずしも成り立たない．アンモニアと三フッ化ホウ素は，Lewis の定義で初めて酸・塩基として理解できる．窒素に非共有電子対（非結合電子対ともいう）をもつアンモニア（Lewis 塩基）が，ホウ素に空軌道をもつ三フッ化ホウ素（Lewis 酸）に電子対を供与して結合をつくる．この結合は配位結合ともよばれ，共有結合の一種である．酸のうち Lewis 酸だけに該当するものとしてトリアルキルアルミニウムや金属イオンなどが，塩基のうち Lewis 塩基だけに該当するものとしてエーテル，スルフィドなどがある．

**例題 3・2** 次の各組のカルボン酸について，酸性度の高い順に不等号 ＞ を用いて記号を並べ，その理由を簡単に説明せよ．
1) a. ClCH$_2$CO$_2$H　　b. ICH$_2$CO$_2$H　　c. BrCH$_2$CO$_2$H　　d. FCH$_2$CO$_2$H
2) a. CF$_3$CO$_2$H　　b. CHF$_2$CO$_2$H　　c. CH$_2$FCO$_2$H　　d. CH$_3$CO$_2$H
3) a. CH$_2$ClCH$_2$CH$_2$CO$_2$H　　b. CH$_3$CHClCH$_2$CO$_2$H
　c. CH$_3$CH$_2$CHClCO$_2$H　　d. CH$_3$CH$_2$CH$_2$CO$_2$H

（京大・理/阪大・理/上智大・理工/北大・総合化学）

[解答] 1) d＞a＞c＞b　電気陰性度が大きいハロゲンが酢酸の2位に置換するほど，アセタートイオンが安定化されるため．
2) a＞b＞c＞d　電子求引性のフルオロ基が酢酸の2位に多く置換するほど，アセタートイオンが安定化されるため．
3) c＞b＞a＞d　ブタン酸のカルボキシ基の近い位置に電子求引性のクロロ基が置換するほど，アセタートイオンが安定化されるため．

[解説] 酸性度は，酸HAと水との酸・塩基平衡の位置によって決まる．

$$HA + H_2O \rightleftharpoons A^- + H_3O^+ \quad HA = 酸 \quad A^- = 共役塩基$$

酸の共役塩基であるA$^-$が安定であるほど高い酸性度を示し，定量的には，次式で定義される酸解離定数$K_a$またはp$K_a$により比較する．

$$K_a = [A^-][H_3O^+]/[HA] \quad pK_a = -\log_{10} K_a$$

酸性度が高いほど上記の平衡は右に移動するので，$K_a$の値は大きくなり，p$K_a$の値は小さくなる．

　カルボン酸の酸性度は，その共役塩基であるカルボキシラートイオンの安定性で比較できる．
1) 酢酸誘導体における2位置換基の種類による効果．置換基の電気陰性度が大きいほど（F＞Cl＞Br＞I）酸性度が高くなる．p$K_a$: フルオロ酢酸 2.55，クロロ酢酸 2.66，ブロモ酢酸 2.82，ヨード酢酸 2.90．
2) 酢酸誘導体における2位置換基の数による効果．置換基の数が多くなるほど，酸性度を高くする効果が増大する．p$K_a$: トリフルオロ酢酸 0.23，ジフルオロ酢酸 1.35，フルオロ酢酸 2.55，酢酸 4.76．
3) ブタン酸誘導体における置換基の位置の効果．誘起効果は共有結合を経由して働くので，置換基が遠いほど効果が急速に減少する．p$K_a$: 2-クロロブタン酸 2.86，3-クロロブタン酸 4.05，4-クロロブタン酸 4.52，ブタン酸 4.83．

## 3. 酸・塩基

**例題 3・3** エタン, エテン (エチレン), エチン (アセチレン) を酸性の強い順に並べ, そのように判断した理由を述べよ. (阪大・理)

[解答] エチン > エテン > エタン
炭素原子の混成はエタンが $sp^3$, エテンが $sp^2$, エチンが $sp$ であり, 混成軌道の s 性はエタン, エテン, エチンの順に増加する. s 性が高い軌道ほど電子をひきつける性質が強いため, $H^+$ を放出したあとのアニオン (共役塩基) が安定化され酸性度が高くなる. したがって, 酸性が最も強いのはエチンであり, エテン, エタンの順に弱くなる.

[解説] s 軌道の電子は p 軌道の電子より原子に近いところにあるので, s 軌道の混成の割合 (s 性: $sp^3$ 25%, $sp^2$ 33%, $sp$ 50%) が大きくなるほど, 電気陰性度が大きくなり, その結果酸性度が高くなる.

ここでの 3 種類の炭化水素の $pK_a$ は, エタン 50, エテン 44, エチン 25 である. $sp$ 混成炭素に結合した水素の酸性度が高いため, 末端アルキンの水素はナトリウムアミドなどの強塩基で引抜くことができる (演習問題 3・6 参照).

**例題 3・4** ピロール, ピリジン, ピペリジンについて, 塩基性度が高いものから順に不等号 > をつけて並べよ. また, そのような順番になる理由を述べよ.

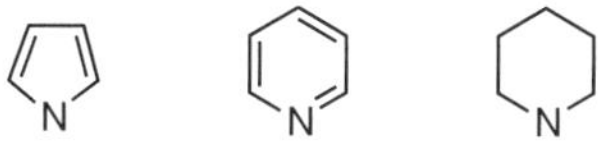

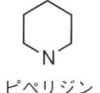

ピロール　　ピリジン　　ピペリジン　　　　(金沢大・自然)

[解答] ピペリジン > ピリジン > ピロール
ピペリジンの窒素は $sp^3$ 混成, ピリジンの窒素は $sp^2$ 混成である. s 性が高いピリジンでは, 非共有電子対が原子核に強くひきつけられているので, プロトン化を受ける能力が低く塩基性が弱められる. ピロールでは, 非共有電子対が芳香族性を保つための $6\pi$ 電子系に関与し, もしプロトン化すると芳香族性が失われるので, 非常に弱い塩基である.

[解説] 塩基の塩基性度は, 次のように定義される塩基性度定数 $K_b$ ($pK_b$) または共役酸の $K_a$ ($pK_a$) により比較できる.

$$B + H_2O \rightleftarrows BH^+ + HO^- \quad B = 塩基 \quad BH^+ = 共役酸$$

$$K_b = [BH^+][HO^-]/[B] \quad pK_b = -\log_{10} K_b$$

18    3. 酸・塩基

塩基の $K_b$ が大きいほど，$pK_b$ が小さいほど塩基性度が高い．一般に，$pK_b = 14 - pK_a$ が成り立つので，共役酸の $K_a$ が小さいほど，$pK_a$ が大きいほど塩基性度が高い．各化合物の $pK_b$（共役酸の $pK_a$）は以下のとおりである．

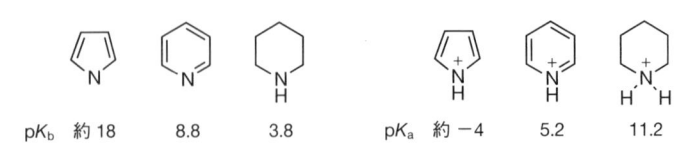

|  | ピロール | ピリジン | ピペリジン |  | ピロール共役酸 | ピリジン共役酸 | ピペリジン共役酸 |
|---|---|---|---|---|---|---|---|
| $pK_b$ | 約 18 | 8.8 | 3.8 | $pK_a$ | 約 −4 | 5.2 | 11.2 |

## 演習問題

[3・1] 次の平衡式 1)～5) のうちで平衡が右に傾くものを番号で答えよ．

1) $CH_3O^- + CH_3NH_2 \rightleftharpoons CH_3OH + CH_3\overset{-}{N}H$
2) $CH_3OH + CH_3NH_2 \rightleftharpoons CH_3O^- + CH_3\overset{+}{N}H_3$
3) $CH_3\overset{+}{O}H_2 + CH_3NH_2 \rightleftharpoons CH_3OH + CH_3\overset{+}{N}H_3$
4) $Ph\overset{+}{N}H_3 + CH_3NH_2 \rightleftharpoons PhNH_2 + CH_3\overset{+}{N}H_3$
5) $CH_3CO_2H + CH_3NH_2 \rightleftharpoons CH_3CO_2^- + CH_3\overset{+}{N}H_3$

(神戸大・理)

[3・2] 次の化合物の構造を示し，Lewis 酸，Lewis 塩基のどちらかに分類せよ．

1) 塩化アルミニウム　2) ジエチル亜鉛　3) テトラヒドロフラン
4) 四塩化チタン　5) ピリジン　6) アセトン

(東工大・理工)

[3・3] 次の各組の有機化合物について，それぞれ酸性度の高い順に並べよ．また，その理由を簡潔に説明せよ．

1) $(CH_3)_2CHOH$　$(CCl_3)_2CHOH$　$(CF_3)_2CHOH$

2) $H_3CO$-C_6H_4-$CO_2H$　　$O_2N$-C_6H_4-$CO_2H$　　$C_6H_5$-$CO_2H$

(北大・総合化学)

[3・4] 次のイオンを塩基性度の高い順に不等号を用いて並べよ．

1) $H_2N^-$　2) $CH_3CO_2^-$　3) $C_6H_5O^-$　4) $CH_3O^-$

(北大・生命科学)

[3・5] $p$-ニトロフェノールは $m$-ニトロフェノールより強い酸である．この理由を記せ．

(東工大・理工)

[3・6] 1-ブチンに液体アンモニウム中で，ナトリウムアミドを加えたときの酸塩基反応を，反応式で示せ．平衡の式の原料の側（左辺）において電子の動きを示す曲がった矢印を書き入れよ．また，下記の $pK_a$ 値を参考に，平衡反応がどちらに傾いているかを説明せよ．

$pK_a$: 1-ブチン 25，$NH_4^+$ 9.2，$NH_3$ 36

(岡山大・自然)

[3・7] 1,2-ベンゼンジカルボキシミド（フタルイミド，**A**）とベンズアミド（**B**）で

は，どちらのほうがより高い酸性度を示すか．また，その理由を説明せよ．

(A)　　　(B)　　　　　　　　　　　　　　(神戸大・理)

[3・8] 次の三つの化合物の各組について，角かっこ [ ] に示した性質の大きくなる順（小→大）を不等号を用いて答えよ．

[メチレン水素の酸性度]

1) ジフェニルメタン　　フルオレン　　1,2-ジフェニルエタン

[塩基性度]

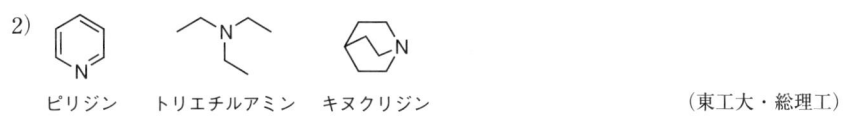

2) ピリジン　　トリエチルアミン　　キヌクリジン　　　　　　(東工大・総理工)

[3・9] 次に示す化合物 (A)〜(C) の $pK_a$ の大小を理由とともに述べよ．

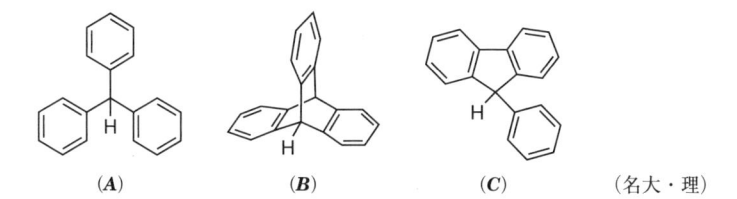

(A)　　　(B)　　　(C)　　　　　　　　　　(名大・理)

[3・10] マレイン酸の $pK_a$ ($pK_{a1}$ 1.93, $pK_{a2}$ 6.58) は，その異性体であるフマル酸の $pK_a$ ($pK_{a1}$ 3.03, $pK_{a2}$ 4.54) と大きく異なる．$pK_{a1}$ と $pK_{a2}$ に分けて，それぞれどのような理由でこのような差が生じるか簡潔に記せ． (北大・理)

[3・11] 次に示した化合物の $pK_a$ の大小について，その理由を説明せよ．

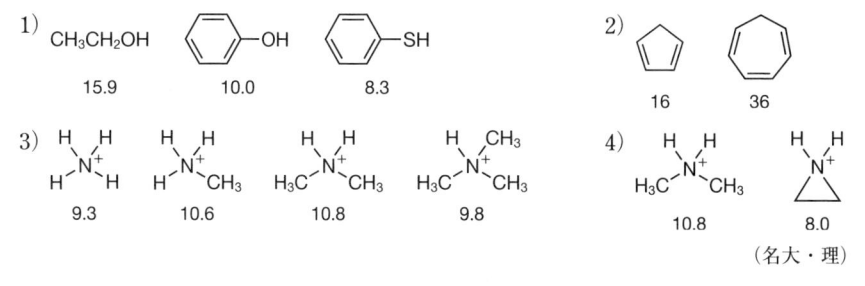

1) CH₃CH₂OH　　フェノール-OH　　フェニル-SH　　　2) シクロペンタジエン　シクロヘプタトリエン
　　15.9　　　　　10.0　　　　　　8.3　　　　　　　　　　16　　　　　36

3) NH₄⁺　　CH₃NH₃⁺　　(CH₃)₂NH₂⁺　　(CH₃)₃NH⁺　　4) (CH₃)₂NH₂⁺　　アジリジニウム
　9.3　　　10.6　　　　10.8　　　　　　9.8　　　　　　　10.8　　　　　8.0

(名大・理)

［3・12］ 次の各組の化合物について，窒素原子の塩基性度の高い順に不等号 ＞ を用いて記号を並べ，その理由を簡単に説明せよ．

1)

a. $CH_3NH_2$ b. 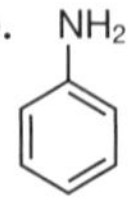

c. 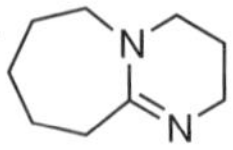


2)

a. 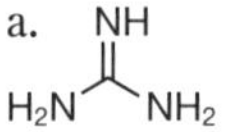

b. 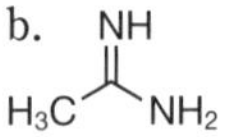

c. 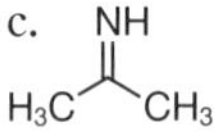


3)

a. $CH_3C{\equiv}N$ b. $CH_3CH{=}NH$ c. $CH_3CH_2NH_2$

4)

a. 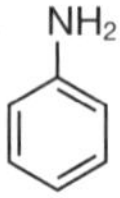

b. 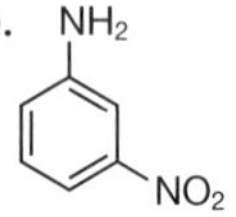

c. 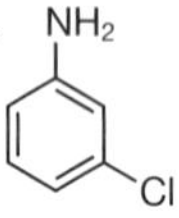


（広島大・理/北大・生命科学/上智大・理工）

［3・13］ 化合物（***A***）～（***C***）を，芳香環上のメチル基の水素の酸性度が高い順に示し，その理由を簡潔に説明せよ．

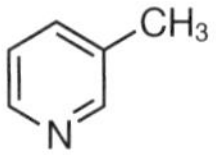

（***A***）

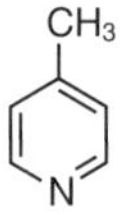

（***B***）

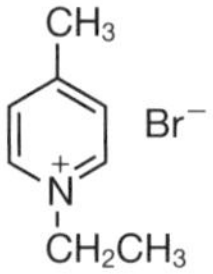

（***C***）

（東工大・理工）

［3・14］ 次の文章を読み，それに続く問に答えよ．

1,8-ビス(ジメチルアミノ)ナフタレンは，その塩基性がアミンとしては著しく強く(共役酸の p$K_a$ は 12.1)，プロトン捕捉能が高いことから“プロトンスポンジ”とよばれる．系中の微量の酸によって有機反応が阻害される場合，1,8-ビス(ジメチルアミノ)ナフタレンの添加により反応効率が増大する例が報告されている．

1,8-ビス(ジメチルアミノ)ナフタレンの塩基性が強い理由を以下の三つの語句を用いて説明せよ．

立体反発　　共鳴安定化　　キレート　　（京大・工）

# 4

# 立 体 化 学

**例題 4・1** 次の 1)〜6) に示す二つの化合物がエナンチオマーの場合は X，ジアステレオマーの場合は Y，同一の場合は Z と答えよ．

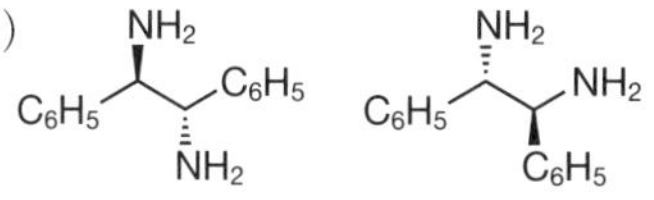

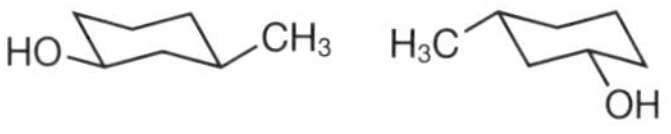

(東工大・生命理工)

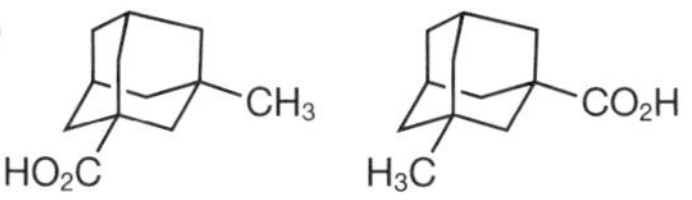

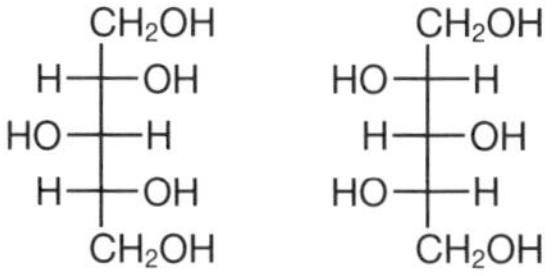

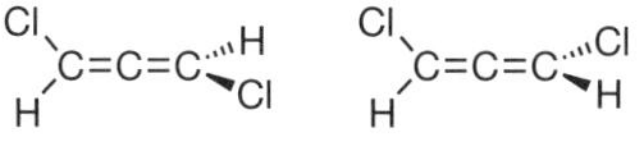

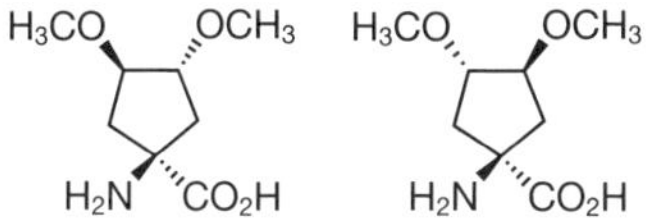

[解答] 1) Y  2) Z  3) Z  4) X  5) X  6) Z

[解説] 立体化学は，立体異性体（異性体のうち原子の結合順が同じもの）の三次元構造と性質の関係を研究する分野である．立体異性体は，互いに鏡像関係にあるエナンチオマー（鏡像異性体）と，エナンチオマー以外の立体異性体であるジアステレオマーに分類される．

1) 二つのキラル中心（不斉中心ともよばれる）の立体配置は，左が 2$R$,3$S$，右が 2$S$,3$S$ である．2) 二つの置換基をもつアダマンタン誘導体であり，四つの橋頭炭素は正四面体の頂点の位置関係にある．分子全体を回すことにより，二つの構造は完全に重なる．3) Fischer 投影式では，各中心炭素（上下と左右の直線の交点）において，上下の置換基が紙面の奥に，左右の置換基が紙面の手前にある．Fischer 投影式は，全体を 180°回転しても立体配置は変わらないので，二つの化合物は同一（メソ化合物）である．4) アレン（1,2-プロパジエン）では，両端の炭素の二つの置換基がそれぞれ異

なるとき，分子はキラルになる．このとき C=C=C の直線がキラル軸となり，ビフェニル誘導体と同様な方法（例題 4・2 参照）で RS を表示することができる．左が S, 右が R である．5) 互いに鏡像関係にある 1-アミノ-3,4-ジメトキシシクロペンタンカルボン酸である．複数の立体配置を表示する場合，位置番号と立体化学の表示記号を組合わせる．立体配置は左が 3R,4R, 右が 3S,4S である．6) いずれも cis-3-メチルシクロヘキサノールの 1S,3R 体である．

---

**例題 4・2** 次の化合物 1)～6) を，立体異性体の存在に注意して IUPAC 命名法に従って命名せよ（日本語表記でもよい）．

1) 2) 3)
4) 5) 6)

（九大・理）

---

[解答] 1) (S)-2-bromo-2-fluoro-3-methylbutane (S)-2-ブロモ-2-フルオロ-3-メチルブタン

2) (R)-8,8-dichloro-5-ethyl-5-decanol (R)-8,8-ジクロロ-5-エチル-5-デカノール

3) (R)-3-hydroxycyclopentanone (R)-3-ヒドロキシシクロペンタノン

4) (R)-3-ethyl-1-hexyne (R)-3-エチル-1-ヘキシン

5) (2R,5S)-2,5-hexanediol (2R,5S)-2,5-ヘキサンジオール

6) (S)-2,2'-dichloro-6,6'-dinitrobiphenyl (S)-2,2'-ジクロロ-6,6'-ジニトロビフェニル

[解説] 命名で立体化学を表すためには，化合物名の前に立体化学を表す記号をつける．1)～5) はキラル中心をもち，キラル中心の炭素（キラル炭素）に結合した四つの異なる置換基に優先順位 1,2,3,4 をつけ，立体配置を RS で表示する（RS 表示法）．順位を決めるために，まずキラル中心に直接結合した原子の原子番号（大きいほうが優先）を比較する．同じ原子である場合は，順位がつくまで 2 番目，3 番目と順次先に

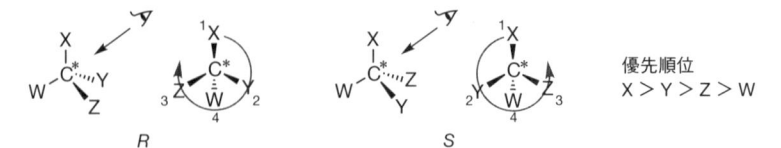

優先順位
X > Y > Z > W

R    S

結合している原子に進む．順位4の置換基をキラル中心の奥に置いたとき，順位 1→2→3の置換基が時計回りのとき R，反時計回りのとき S で表示する．
1) 最長の炭素鎖を選び，置換基の位置番号をできるだけ小さくする．2位のキラル炭素において，優先順位は Br＞F＞CH(CH$_3$)$_2$＞CH$_3$ となり，イソプロピル基とメチル基の順位は2番目に結合した原子の比較による．2) ヒドロキシ基が置換した炭素を含む最長の炭素鎖を主鎖とし，ヒドロキシ基に小さい位置番号をつける．3) ケトンを主基として命名する．3位の炭素がキラル中心である．構造式では，キラル中心に結合した紙面の手前の水素が省略されている．4) 三重結合をもつエチニル基 −C≡CH は，各炭素原子に単結合で三つの炭素原子が置換しているとみなして（仮に置いた原子をレプリカ原子とよぶ）順位をつける．したがって置換基の優先順位は −C≡CH＞−(CH$_2$)$_2$CH$_3$＞−CH$_2$CH$_3$＞H となる．

■ がレプリカ原子

5) キラル中心を二つもつが，分子内に対称面があるためアキラルなメソ化合物である．小さい位置番号のキラル炭素が R になるようにする．*meso-* の接頭語で立体化学を示すこともできる．6) キラル軸をもつビフェニル誘導体の例であり，各フェニル基は二つのオルト位に異なる置換基をもつ．二つのベンゼン環が結合した位置の番号を1とし，一方のベンゼン環の番号にプライムをつける．置換基間の立体障害のため，二つのベンゼン環はねじれた立体配座をとり，相互に回転することができない．キラル軸は C1−C1' 結合を含む軸であり，軸に結合した四つのオルト炭素に順位をつける．まず，優先順位の高い Cl 基が結合した炭素を1とし，原子番号にかかわらず軸に対して近くにある炭素を2とし，残りは通常の順位則に従う．この追加の規則（近くにある置換基は遠くにあるものより優先する）を適用して順位をつけ，四つの炭素のつくる四面体の頂点の配置により *RS* を決定する．

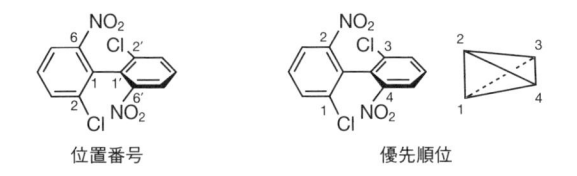

位置番号    優先順位

**例題 4・3** 2,4-ジクロロ-3-ブロモペンタンの立体異性体のうち，光学活性なものをすべて示せ． (東大・工)

[解答]

[解説]　2,4-ジクロロ-3-ブロモペンタンには4種類の立体異性体が存在する．光学活性（演習問題4・14参照）を示すのは，立体異性体のうちキラルなものである．鎖状化合物の立体配置は，Fischer投影式（解答左側）またはくさびを用いた立体構造式（右側）で表示する．Fischer投影式では，炭素鎖を上下に置き，各炭素から左右への結合が手前，上下への結合が奥に向かう．立体構造式では，炭素鎖を平面内に左右に伸びたジグザグ線で示し，各炭素から手前に向かう結合を太いくさびで，奥に向かう結合を破線くさびで示す．

解答の二つの立体異性体は互いにエナンチオマーである．以下に示す残りの2種類はアキラルなメソ化合物であり，光学活性を示さない．メソ化合物は，Fischer投影式が上下対称である特徴をもつ．

---

**例題 4・4**　2-メチルペンタンのC3-C4結合のまわりの回転に対するC3炭素側から見た定性的なポテンシャルエネルギー図を記せ．また，グラフ上でエネルギーが極大値と極小値をとる点に位置するすべての立体配座に対してNewman投影式をその図の中に書き加えよ．　　　　　　　　　　（阪大・理）

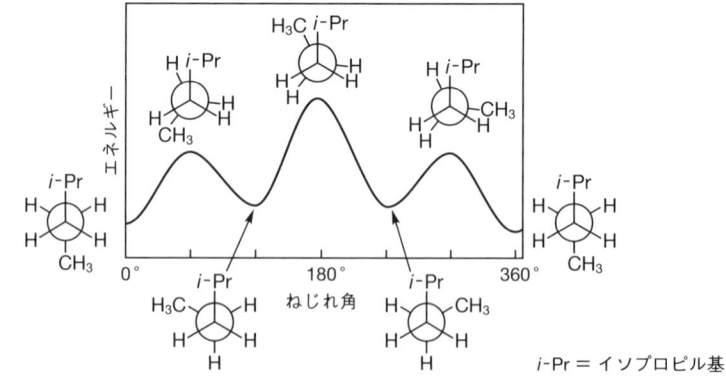

[解答]

i-Pr ＝ イソプロピル基

# 4. 立 体 化 学

[解説] 単結合のまわりの回転により生じる立体異性は立体配座（単に配座ともいう）であり，立体配座が異なるエネルギー極小の立体異性体は配座異性体とよばれる．立体配座を表示するためにNewman投影式がよく用いられる．

Newman 投影式の書き方
- 注目する単結合を視線の方向に置き，その結合軸を中心とした円を書く．
- 単結合の手前の原子から出る結合を，円の中心からの直線で示す．
- 単結合の奥の原子から出る結合を，円の奥にある直線で示す（前後の置換基が完全に重なるとわかりにくいので，重なり形は少しずらして書く）．

2-メチルペンタンのC3−C4結合をC3炭素側から見たとき，手前のC3にはイソプロピル基 $i$-Pr, H, H が結合し，奥のC4には$CH_3$, H, H が結合している．C3−C4結合を回転すると，手前の $i$-Pr 基と奥の $CH_3$ の位置関係が変化する．

一般に，手前と奥の置換基が交互に位置する"ねじれ形配座"が，それらが重なる"重なり形配座"に比べて安定である．特に水素以外の置換基が重なると，立体障害のために不安定になる．2-メチルペンタンのC3−C4結合についての立体配座の場合，$i$-Pr と $CH_3$ が反対側にあるねじれ形配座（アンチ anti）が最も安定であり，それらが隣接したねじれ形配座（ゴーシュ gauche）は不安定である．また，エネルギー極大の重なり形配座にもいくつかの種類があり，$i$-Pr と $CH_3$ が重なる立体配座が最も不安定である．

**例題 4・5** シクロヘキサン誘導体のいす形の配座異性体の構造について，次の問に答えよ．
1) メチルシクロヘキサンについて，メチル基がエクアトリアル位にあるほうが，アキシアル位にあるものに比べて安定である．この理由を説明せよ．
2) 一置換シクロヘキサンについて，置換基がエクアトリアル位にある配座異性体が，アキシアル位にあるものに反転したときの自由エネルギー差 $\Delta G°$ の数値を以下に示す．
   
　　　　　　置換基 $CH_3$  7.11 kJ/mol,　　置換基 F  1.05 kJ/mol

これを参考にして，cis-1-フルオロ-4-メチルシクロヘキサンについて，より安定な配座異性体の構造を書け．

3) trans-1,2-ジメチルシクロヘキサンについて，より安定な配座異性体の構造を書け．また，この安定な配座異性体について，メチル基をもつ二つの炭素原子間の結合を Newman 投影式で示せ．
4) trans-1,2-ジメチルシクロヘキサンについて，二つのメチル基がエクアトリアル位にある配座異性体がアキシアル位にある配座異性体に反転したときの自由エネルギーは，2)の問題文中の数値から 7.11×2 = 14.2 kJ/mol 程度と予想される．しかし，実際には 10.5 kJ/mol と小さい．この理由を説明せよ． (東北大・工)

[解答] 1) メチル基がアキシアル位にある配座異性体 (**B**，下図) では，メチル基は環の同じ側にある二つのアキシアル水素に接近しているため，立体ひずみが生じて不安定になる．一方，エクアトリアル位にある配座異性体 (**A**) では，このようなひずみは生じないため安定である．

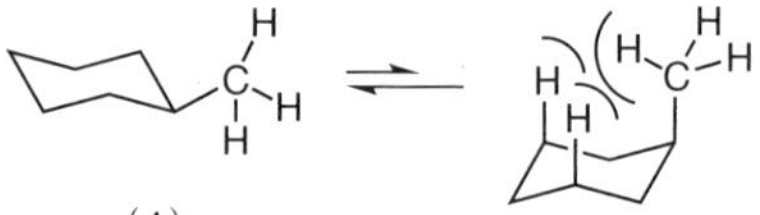

(**A**) ⇌ (**B**)

2) 3) 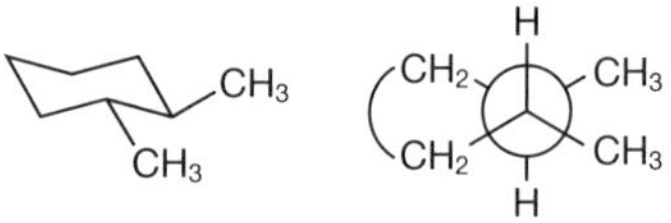 Newman 投影式ではシクロヘキサン環の一部を円弧で表示する

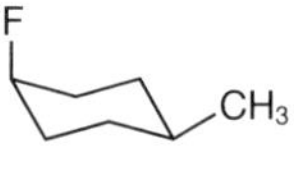

4) 二つのメチル基がエクアトリアル位にある配座異性体では，3)の Newman 投影式に示すように，二つのメチル基が比較的隣接したゴーシュの位置にあるため立体ひずみが生じる．この分だけ配座異性体が不安定化されるため，予想されるより，2 種類の配座異性体のエネルギー差が小さくなる．

[解説] シクロヘキサンの最も安定な立体配座は，非平面のいす形配座である．いす形配座には 2 種類の水素があり，水平に近い方向を向くエクアトリアル位の水素 $H^e$ と，環に対して垂直方向に向くアキシアル位の水素 $H^a$ がある (エクアトリアル位への結合をエクアトリアル結合，エクアトリアル位に結合した水素をエクアトリアル水素などともいう)．いす形配座は環反転を起こして，もう一つのいす形配座に変換する．このとき，エクアトリアル水素とアキシアル水素はすべて入れ替わる．

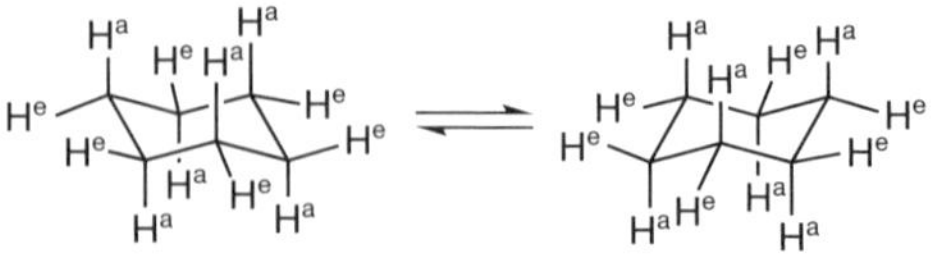

一置換シクロヘキサンでは，置換基がエクアトリアル位にあるいす形配座（エクアトリアル体）と，アキシアル位にあるいす形配座（アキシアル体）がある．一般的に，立体ひずみ（1,3-ジアキシアル相互作用）によりアキシアル体が不安定化されるため，エクアトリアル体が安定である．2種類のいす形配座の自由エネルギー差 $\Delta G°$（A 値ともよばれる）は，置換基が大きくなるほど増加する傾向がある．多くの一置換シクロヘキサンについて，$\Delta G°$ が実験的または理論的な方法で決定されている．

| X | $\Delta G°$ |
|---|---|
| $CH_3$ | 7.11 kJ/mol |
| F | 1.05 kJ/mol |

二つ以上の置換基をもつシクロヘキサンでは，一般的に $\Delta G°$ の加成性が成り立つ．1,4-二置換シクロヘキサンの $\Delta G°$ は，シス体では二つの置換基の $\Delta G°$ の差，トランス体では二つの置換基の $\Delta G°$ の和として近似的に求められる．したがって，シス体では，大きな（$\Delta G°$ が大きい）置換基がエクアトリアル位にあるいす形配座が安定であり，トランス体では，二つの置換基がエクアトリアル位にあるいす形配座が圧倒的に安定である．4)のように，置換基の間に相互作用がある場合，自由エネルギーの加成性は十分に成り立たないことがある．

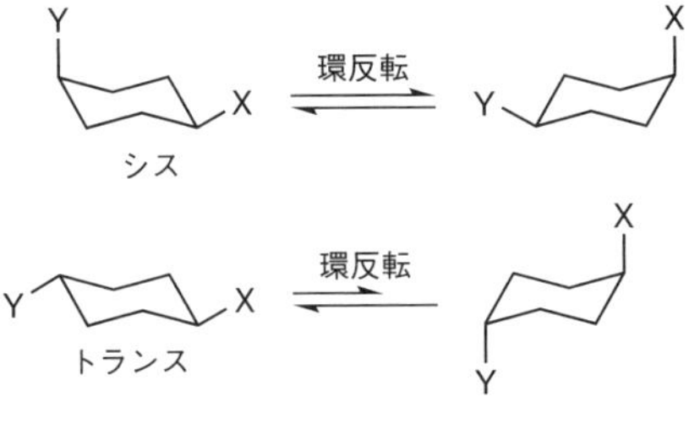

$$\Delta G° = \Delta G°(X) - \Delta G°(Y)$$

$$\Delta G° = \Delta G°(X) + \Delta G°(Y)$$

## 演習問題

[4・1] 次の化合物に存在するキラル炭素の絶対配置を RS 表示で示せ．

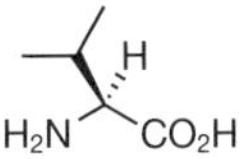

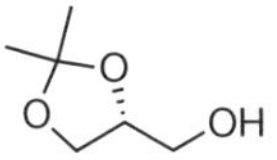

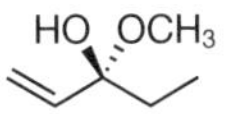

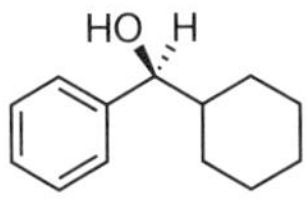

（北大・生命科学）

[4・2] 次の化合物の構造式を，立体化学が明確になるように記せ．
1) (R)-2,5-dimethylheptane
2) (R)-3-bromo-4-methyl-1-pentanol
3) (S)-2-amino-3-phenylpropanoic acid

（九大・理）

[4・3] 次の化合物からキラルな分子をすべて選び，その絶対配置を示せ．

1) 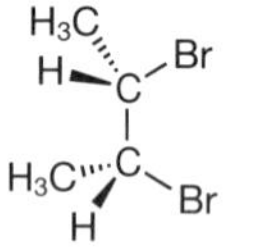 2) 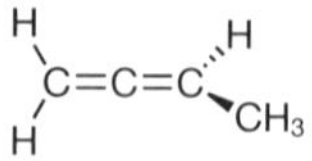 3) 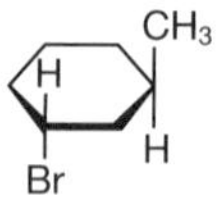 4) 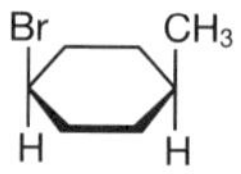
5) 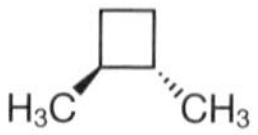 6)

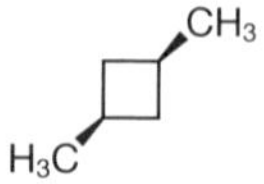

(東大・工)

[4・4] 次の化合物 1)～8) はキラルかアキラルか，それぞれ答えよ．キラルなものについては RS 表示で絶対配置を示せ．

1) 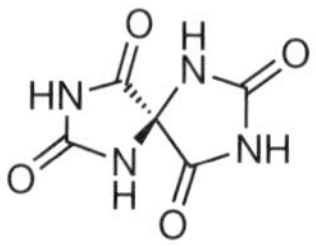 2) 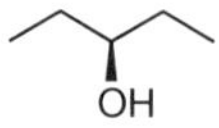 3) 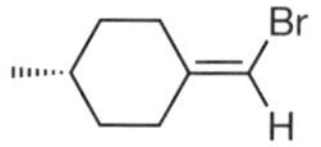 4) 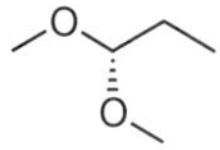
5) 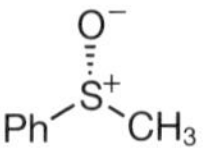 6) 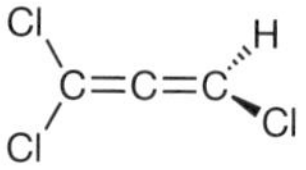 7) 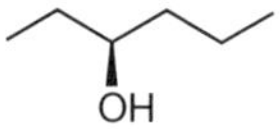 8)

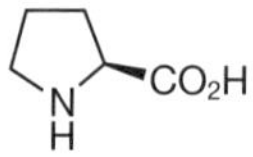

(広島大・理)

[4・5] 次の化合物のなかからメソ体を選び，そのすべてについて Fischer 投影式などを用いて立体配置を表示せよ．

1) (2R,4S)-2,4-ジクロロヘキサン　　2) (2R,5S)-2,5-ジブロモヘキサン
3) trans-1,2-ジメチルシクロヘキサン　　4) trans-1,3-ジエチルシクロヘキサン
5) cis-シクロペンタン-1,3-ジオール

(阪大・理)

[4・6] エフェドリンの化学構造式を以下に示す．エフェドリンの立体異性体を，エナンチオマーとジアステレオマーの関係がわかるようにすべて示せ．また，それぞれの化合物のキラル炭素の立体配置を RS 表示法で示せ．

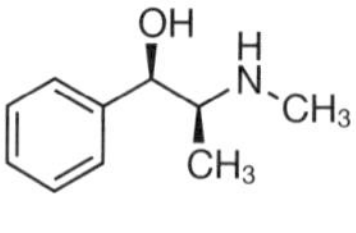

エフェドリン

(東北大・生命科学)

[4・7] イノシトールのジアステレオマーのうちキラルなものを一つ，立体化学がわかるように例にならって示せ．

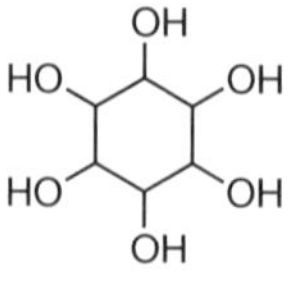

イノシトール　　例

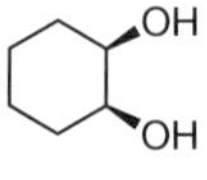

(東工大・理工)

[4・8] Newman 投影式を用いて以下の立体配座を書け．
1) エタンのねじれ形配座　2) プロパンの重なり形配座
3) ブタンの anti 配座　　4) ブタンの gauche 配座　　　　（北大・生命科学）

[4・9] 1,3,5-トリメチルシクロヘキサンのすべての立体異性体の化学構造式を書け．構造式の立体化学については，下記の例にならって表記すること．また，各構造式の右側に，対応する最安定立体配座を書け．

例　H$_3$C—C(Cl)(H)—CO$_2$CH$_3$　　　　（北大・総合化学）

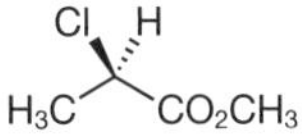

[4・10] 次の化合物（**A**）に関する問 1)～3) に答えよ．
1) 化合物（**A**）の IUPAC 名を，キラル炭素の *RS* 表示も含めて示せ．
2) 化合物（**A**）の二つのいす形配座を書き，どちらの配座がより熱力学的に安定かを理由とともに述べよ．
3) 化合物（**A**）の二つのいす形配座の存在比が，27℃ で 10：1 以上になるために必要なエネルギー差 $\Delta G°$ を，有効数字 2 桁で答えよ．ただし，$\Delta G° = -2.3RT \log K$，$R$ は気体定数〔8.3 J/(K・mol)〕，$T$ は絶対温度 (K)，$K$ は平衡定数である．

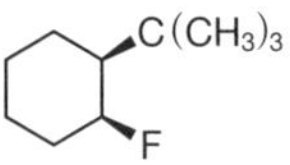

(**A**)　　　　（名大・創薬科学）

[4・11] 次の化合物 1) と 2) にはそれぞれジアステレオマーが存在する．それぞれのジアステレオマーの最安定立体配座を，その立体化学がわかるように記せ．

1) 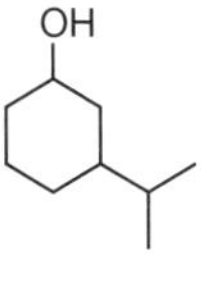　　2) 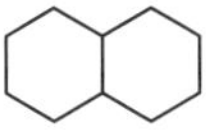　　　　　（九大・理）

[4・12] 化合物（**A**）は分子内水素結合を形成するのに対して，化合物（**B**）は分子間水素結合しか形成しない．その理由をそれぞれの立体配座を図示して説明せよ．

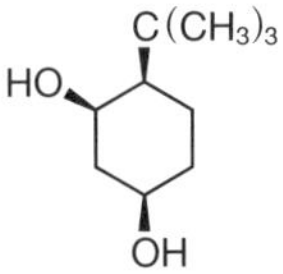

(**A**) 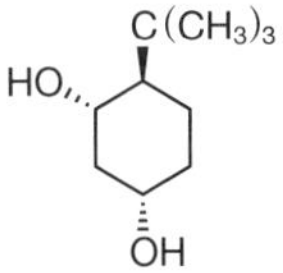　　(**B**)　　　　（北大・理）

[4・13] 次の化合物はどのような安定立体配座をとるか．その立体配座を理由とともに記せ．

1) 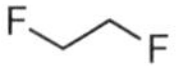 F-CH₂-CH₂-F    2) 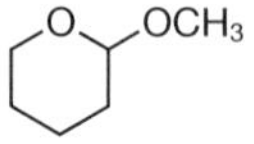 テトラヒドロピランの2位にOCH₃

(名大・理)

[4・14] 四酸化オスミウムを用いてフマル酸をジヒドロキシル化すると，酒石酸の二つの立体異性体が生成する．以下の問に答えよ．
1) この反応で得られる酒石酸の二つの立体異性体の構造をFischer投影式を用いて示せ．また，二つの立体異性体はどのような立体化学的関係にあるか答えよ．
2) L. Pasteurの実験に従い二つの異性体の分割を試みたところ，異性体の割合が85：15となった．分割後の異性体混合物のエナンチオマー過剰率 e.e. を求めよ．
3) 2)の分割後の異性体混合物の旋光度を測定した結果，比旋光度 $[\alpha]$ は +8.4 であった．e.e. と光学純度が等しいと仮定した場合，純粋な (−) 体の比旋光度を求めよ．
4) 四酸化オスミウムを用いたマレイン酸のジヒドロキシル化反応で得られる生成物の構造を，Fischer投影式を用いて示せ．また，Newman投影式を用い，二つのヒドロキシ基が最も離れた立体配座を示せ．
5) 4)の反応で得られた生成物の比旋光度 $[\alpha]$ は0であった．その理由を，生成物の立体構造に基づき説明せよ．

(金沢大・自然)

[4・15] 有機化合物のうち，キラル炭素を含まないキラルな分子としてどのようなものが考えられるか．具体例を一つあげて，キラルである理由を説明せよ．(東大・理)

# 5 反応機構

**例題 5・1** 求核置換反応に関する次の文章を読み,以下の問に答えよ.

　求核置換反応は $S_N1$ 反応と $S_N2$ 反応に大別される.$S_N1$ 反応では,1段階目で基質中の脱離基が結合電子を伴って離れ,反応中間体として ( a ) が生成し,2段階目でこの中間体に求核剤が付加する.この反応の律速段階は ( b ) 段階目であり,反応次数は ( c ) 次である.この反応機構に基づくと,光学活性な基質のキラル炭素で置換が進行する場合,( d ) が起こると予想される.一方,$S_N2$ 反応では,炭素上で求核剤との結合生成と脱離基との結合開裂が ( e ) に起こる1段階反応であり,反応次数は ( f ) 次になる.$S_N2$ 反応に伴い,置換が起こる炭素まわりの立体配置は ( g ) することが知られている.

1) a～g に適切な語句や数字を答えよ.
2) R–X + Nu⁻ → R–Nu + X⁻ (R はアルキル基) の反応が,$S_N1$ 機構で進行する場合と $S_N2$ 機構で進行する場合を考える.R の種類に対する反応性の大小について h～k に適切な不等号を答えよ.また,その反応性の差は何に起因するのか,それぞれの反応について1行程度で説明せよ.

　　$S_N1$ 反応: 第一級 ( h ) 第二級 ( i ) 第三級
　　$S_N2$ 反応: 第一級 ( j ) 第二級 ( k ) 第三級
　　　　　　　　　　　　　　　　　　　　　　　　(東工大・総理工)

[解答] 1) a. カルボカチオン　b. 1　c. 一　d. ラセミ化　e. 同時　f. 二
g. 反転
2) h. <　i. <　j. >　k. >
　$S_N1$ 反応: 中間体であるカルボカチオンの安定性に起因する.
　$S_N2$ 反応: 求核剤の背面攻撃における立体障害の大小に起因する.

[解説] 反応機構とは,"反応物"から"生成物"までの反応が,どのような過程を経て進行するかを示すことである.反応には単独の素反応からなる1段階反応と,二つ以上の素反応からなる多段階反応がある.反応が進行していく過程で,エネルギーが極

大になる状態を"遷移状態"という．多段階反応では，二つの遷移状態の間にエネルギー極小に相当する不安定な"中間体"が存在する．

$S_N1$反応と$S_N2$反応の反応機構を以下に示す．$S_N1$反応はカルボカチオン中間体を経由する2段階の反応であり，C-X結合のイオン解離が最もエネルギーの山が高い律速段階である．したがって，遷移状態に近いカルボカチオン中間体が安定なほど反応は速く進行し，反応性の順は，第三級アルキル＞第二級アルキル＞第一級アルキル＞メチルとなる．$S_N2$反応は脱離基が炭素から脱離すると同時に，その背面から求核剤が攻撃する1段階の過程で進行し，遷移状態において炭素は三方両錐形の構造をとる．したがって，脱離基の背面が混雑しているほど反応が遅くなり，反応性の順はメチル＞第一級アルキル＞第二級アルキル＞第三級アルキルとなる．

$S_N1$反応

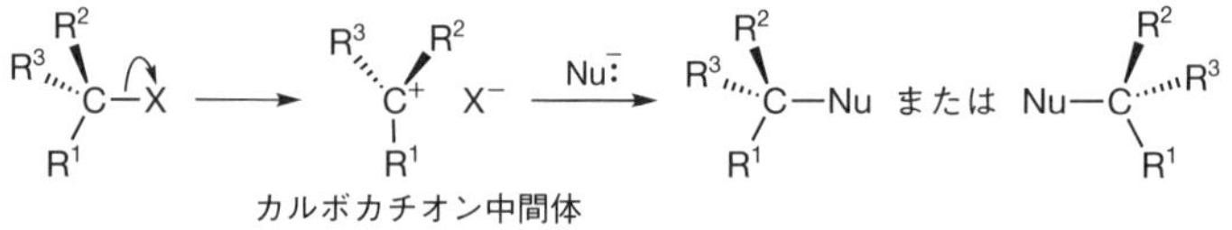

カルボカチオン中間体

$S_N2$反応

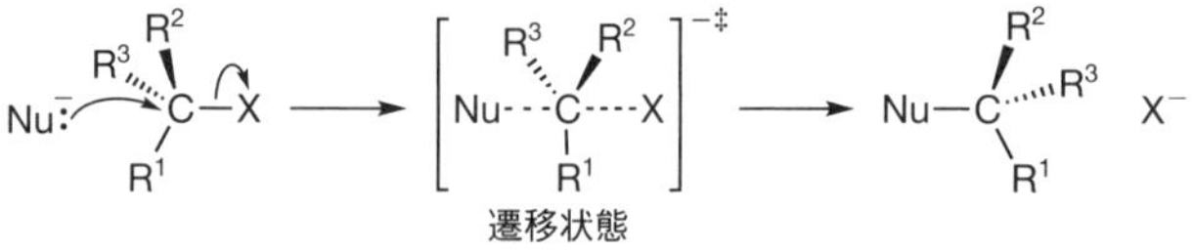

遷移状態

$Nu^-$ ＝ 求核剤　　$X^-$ ＝ 脱離基　　$R^1, R^2, R^3$ ＝ 水素，アルキル，アリールなど

反応速度は，律速段階に関与している化学種の濃度で決まり，$S_N1$反応ではハロゲン化アルキルの濃度に比例し，求核剤の濃度に依存しない．$S_N2$反応ではハロゲン化アルキルと求核剤の濃度の積に比例する．

反応機構を説明するとき，結合の生成や開裂に伴う電子の動きを曲がった矢印（巻矢印という）で表示する．動くのが電子対のときは両羽，1電子のときは片羽の矢印を使う（演習問題5・1参照）．

両羽の巻矢印では，矢の元は電子対が移動し始める位置，矢の先は電子対が移動していく先を示す．電子対が移動して新しく結合が生成する場合は，結合をつくる原子を結ぶ直線上に先を伸ばすべきであるが，結合相手の原子を明確にするために求電子中心の原子に向けて矢印を伸ばすこともある．前者の書き方に従うと$S_N2$反応は下式のようになり，ここで点線は新しく生成する結合を示す（上記の反応式と比較）．

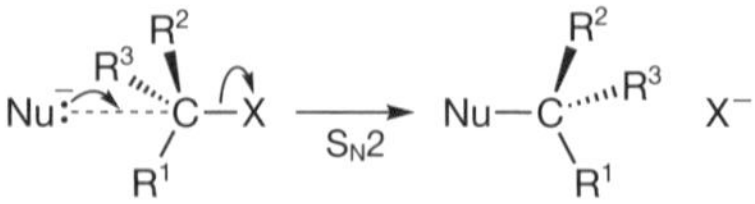

多くの場合どちらの書き方でも問題が生じないが，転位反応では注意が必要である．たとえば，以下の第一級カルボカチオンの転位を考える．(**A**) のように巻矢印を書くと，電子対の移動後の構造が (**X**) であるか (**Y**) であるか不明確である．

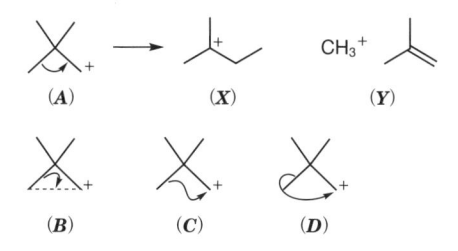

$$(A) \longrightarrow (X) \qquad CH_3^+ \quad (Y)$$

$$(B) \qquad (C) \qquad (D)$$

このような混乱を避けるために，(**B**)〜(**D**) のように巻矢印を書くこともある．(**B**) では新しく生成する結合を点線で示す（この点線は必須ではない），(**C**) では S 字形の巻矢印が，(**D**) では原子指定の巻矢印（矢印がメチル基の炭素の上を通っている）が使われている．いずれの場合も，巻矢印の元は移動する電子対（ここでは C−C 結合電子対）を示し，巻矢印のカーブ（S 字形の場合は元に近い方のカーブ）の内側の置換基が電子対を伴って動くことを意味する．したがって，これらの表示はいずれもメチル基が転位して (**X**) を生成する過程を示す．

本書では，混乱が生じる可能性がある特に転位反応の場合は，(**B**) の書き方を採用するが，使用する教科書に応じて書き方が異なることに注意してほしい．

---

**例題 5・2** 次の二つの反応について，反応式に示した生成物が得られる理由を，曲がった矢印を使って反応機構がわかるように示し，説明せよ．

1) CH₃CHCH=CH₂ (CH₃) $\xrightarrow{HBr}$ CH₃CCH₂CH₃ (CH₃, Br) 主生成物 + CH₃CHCHCH₃ (CH₃, Br) 副生成物

2) CH₃CH₂CH₂Br $\xrightarrow[CH_3OH]{CH_3O^-}$ CH₃CH₂CH₂OCH₃ 主生成物 + CH₃CH=CH₂ 副生成物

（お茶大・人間文化）

[解答] 1) 3-メチル-1-ブテンに H⁺ が求電子付加すると，第二級カルボカチオン中間体が生成する．この中間体は H⁻ の移動により安定な第三級カルボカチオンに転位しやすく，その後 Br⁻ と反応すると主生成物である 2-ブロモ-2-メチルブタンになる．

転位しないで HBr が付加した 2-ブロモ-3-メチルブタンが，副生成物である．

$$CH_3CHCH=CH_2 \xrightarrow{H^+} CH_3CHCH_3 \xrightarrow{Br^-} CH_3CHCHCH_3$$
$$\underset{CH_3}{\phantom{X}} \qquad \underset{CH_3}{\overset{+}{\phantom{X}}} \qquad \underset{Br}{\phantom{X}} \text{副生成物}$$

転位 ↓

$$CH_3\overset{+}{C}CH_2CH_3 \xrightarrow{Br^-} CH_3CCH_2CH_3$$
$$\underset{CH_3}{\phantom{X}} \qquad \underset{Br}{\overset{CH_3}{\phantom{X}}} \text{主生成物}$$

2) 1-ブロモプロパンとメトキシドイオンの $S_N2$ 反応により，主生成物であるエーテルが生成する．メトキシドイオンは強塩基なので，1-ブロモプロパンの E2 反応も一部進行して，脱離生成物であるプロペンが生成する．

$$CH_3\ddot{\underset{..}{O}}:^-$$
$$CH_3CH_2CH_2-Br \xrightarrow{S_N2} CH_3CH_2CH_2OCH_3$$
主生成物

$$CH_3\ddot{\underset{..}{O}}:^- \quad H$$
$$CH_3CH-CH_2-Br \xrightarrow{E2} CH_3CH=CH_2$$
副生成物

[解説] 一つの反応物から複数の生成物ができる場合，どの生成物が主生成物になるか（反応選択性）は，反応機構を考えることにより予想できる．反応物と反応剤の構造や性質，中間体や遷移状態の安定性が，反応の種類や速度を決定する．
1) 中間体がカルボカチオンである場合，隣接炭素に結合した水素やアルキル基が電子対を伴って移動し，より安定なカルボカチオンに転位することがある（Wagner-Meerwein 転位）．カルボカチオンの安定性は，メチル＜第一級＜第二級＜第三級の順に増大するので，3-メチル-1-ブテンの二重結合への $H^+$ の付加（位置選択性は Markovnikov 則に従う）により生成する第二級カルボカチオンは，$H^-$ の移動により第三級カルボカチオンに転位する．その結果，反応物の二重結合ではない位置の炭素が臭素化される．
2) 第一級と第二級のハロゲン化アルキルを強塩基と反応させると，$S_N2$ 反応と E2 反応が競争する．どちらが起こりやすいかは，反応物の構造，脱離基の種類，塩基の強さや構造などの条件によって変化する．反応に関与する結合の分子軌道の方向に基づく立体電子効果も，反応性を考えるうえで重要である．$S_N2$ 反応では脱離基の背面から求核剤が炭素を攻撃する必要があり，E2 反応では脱離する水素とハロゲンが C−C

結合に対してアンチペリプラナーの立体配座をとる必要がある．これらの条件をみたすことが困難なとき，反応は非常に遅くなるか全く進行しない．1-ブロモプロパンとメトキシドイオンとの反応では，反応物が第一級アルキルであり背面攻撃が起こりやすいこと，求核剤の求核性が高いこと，脱離基（$Br^-$）の能力が高いことから，$S_N2$反応が優先的に起こる．

$S_N2$反応　　　　　　　　　　　E2反応

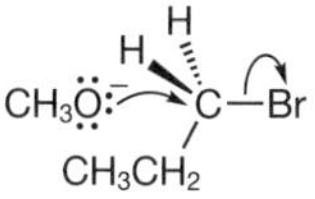

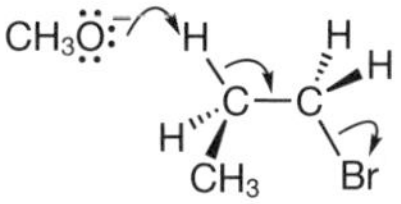

---

**例題 5・3** 以下に示すナフタレン（**A**）の反応に関する次の各問に答えよ．

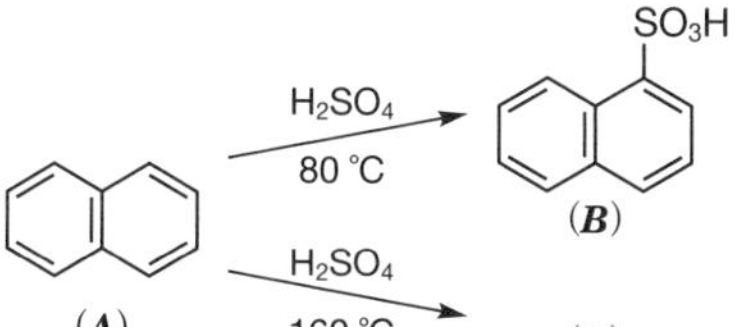

$$A \xrightarrow[80\ ℃]{H_2SO_4} B$$
$$A \xrightarrow[160\ ℃]{H_2SO_4} C$$

1) 硫酸との反応において，80 ℃では化合物（**B**）が，160 ℃では（**B**）の異性体である化合物（**C**）が，それぞれ主生成物として得られた．化合物（**C**）の構造を示せ．
2) 化合物（**B**）が生成する反応における求電子剤の構造を示せ．
3) 硫酸との反応において，低温（80 ℃）下では化合物（**B**）が優先して生成する理由を述べよ．
4) 硫酸との反応において，高温（160 ℃）下では化合物（**C**）が優先して生成する理由を述べよ．
5) 化合物（**A**）から化合物（**B**）が生成する反応と化合物（**C**）が生成する反応について，エネルギー図を一つの図として書け．

（北大・生命科学）

[解答] 1) （**C**: 2-ナフタレンスルホン酸）　　2) $O=\overset{+}{S}(=O)-OH$

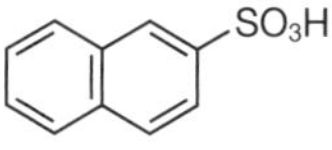

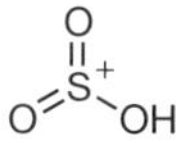

3) 低温では速度支配で反応が進行し，反応が速い1位の置換反応が進行しやすいため，（**B**）が優先して生成する．

4) スルホン化反応は可逆的であり，高温では熱力学支配で反応が進行するため，立体障害が大きい (**B**) より熱力学的に安定な (**C**) が優先して生成する．

5)

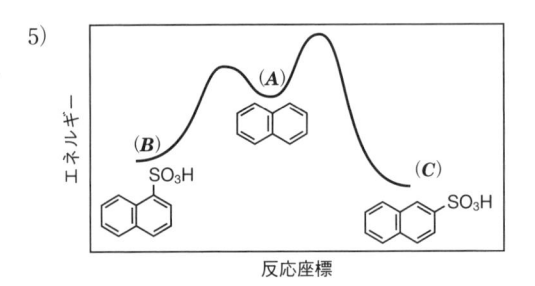

[解説] エネルギー図は反応の進行に伴う系全体のエネルギー変化を表示し，横軸は反応の進行を示す反応座標，縦軸はエネルギーである．反応物と生成物を結ぶエネルギー曲線において，極小点は中間体，極大点は遷移状態に対応する．

一つの反応物から複数の生成物ができる場合，反応が可逆であるかどうかによって，生成物の比率（選択性）が変わることがある．反応が不可逆の場合，生成物の比率は反応の速度比で決まり，反応物と遷移状態のエネルギー差に等しい活性化エネルギーが小さい反応ほど起こりやすい．このような反応は速度支配とよばれる．一方，反応が可逆の場合，生成物の比率は安定性で決まり，エネルギー図で低い位置にある熱力学的に安定な生成物が増加する．このような反応は熱力学支配とよばれる．速度支配と熱力学支配の選択性が相反する場合，反応温度によって選択性が変化する．低温では速度支配が，高温では熱力学支配が優勢になる．

ナフタレンのスルホン化では，置換を受けやすい1位（$\alpha$位）の置換体が速度支配，立体障害が小さい2位（$\beta$位）の置換体が熱力学支配の生成物である．1位の置換が起こりやすいことは，カルボカチオン中間体の安定性から説明できる（演習問題7・10参照）．1位の置換体では置換基と隣接した8位の水素の立体障害があるため，2位の置換体のほうが安定である．

---

**例題 5・4** $p$-クロロニトロベンゼンは水酸化物イオンと反応して $p$-ニトロフェノールを与える．以下の問に答えよ．
1) 反応機構を中間体の構造を含めて示せ．
2) $m$-クロロニトロベンゼンは水酸化物イオンに対して不活性である．この理由を説明せよ．

(東工大・理工)

[解答]

1) [反応機構の図：p-クロロニトロベンゼンに OH⁻ が付加し、Meisenheimer 錯体の共鳴構造を経て p-ニトロフェノールを生成する]

2) m-クロロニトロベンゼンに水酸化物イオンが付加する場合，ニトロ基が共鳴に関与することができないため中間体が不安定である．したがって，メタ体の場合は反応が進行しない．

[解説] 芳香族求核置換反応は，ニトロ基など強い電子求引基をもつ芳香環において起こりやすく，いくつかの機構が知られている．上記の反応は，付加-脱離を経由する $S_NAr$ 機構で進行する．求核剤は脱離基であるハロゲンが結合した芳香族炭素を攻撃（イプソ攻撃）し，付加中間体を与える．この中間体は Meisenheimer 錯体ともよばれ，単離できる場合もある．その後ハロゲン化物イオンが脱離すると，最終的に置換生成物が得られる．他のハロゲンをもつ誘導体と比較した場合，求核置換反応は F＞Cl＞Br＞I の順番に遅くなる．ニトロ基などの電子求引基が脱離基のオルト位とパラ位に複数置換した場合，反応は速くなる．

---

**例題 5・5** メタンに塩素を加えて 200〜400 °C に加熱すると，ラジカル反応が起こり，クロロメタンが生成する．この反応の機構を説明せよ． （新潟大・自然）

---

[解答] 熱により塩素分子が二つの塩素ラジカルに開裂する（a）．この開始段階で生じた塩素ラジカルがメタンから水素を引抜くと，メチルラジカルと塩化水素が生成する（b）．このメチルラジカルが塩素分子から塩素を引抜くと，クロロメタンと塩素ラジカルが生成する（c）．この塩素ラジカルがメタンから水素を引抜くと，b と c の成長段階の反応が連鎖的に起こる．

a. $Cl-Cl \longrightarrow Cl\cdot + Cl\cdot$
b. $H_3C-H + Cl\cdot \longrightarrow H_3C\cdot + HCl$
c. $H_3C\cdot + Cl-Cl \longrightarrow H_3C-Cl + Cl\cdot$

[解説] 共有結合が開裂するとき，一方の原子が結合電子対をもって開裂してイオンを生成するイオン開裂（ヘテロリシスまたは不均一開裂ともいう）と，二つの原子が結合電子対の電子を一つずつもって開裂してラジカルを生成するラジカル開裂（ホモリシスまたは均一開裂）がある．

イオン開裂 A—B ⟶ A⁺ + :B⁻    ラジカル開裂 A—B ⟶ A· + ·B

　ラジカル反応では，弱い結合が開裂し，強い結合が生成する傾向がある．塩素分子のCl–Cl結合は弱く（結合エネルギー243 kJ/mol），熱や光により開裂して塩素ラジカルを生成する．この反応では生成系だけにラジカルがあるので，開始段階とよばれる．弱い結合をもつ化合物〔たとえば，過酸化ベンゾイル，アゾビスイソブチロニトリル（演習問題6・1参照）〕の熱分解も開始段階の反応として用いられる．bとcの反応では，原系にも生成系にもラジカルがあり，反応が循環的に進行する限りは，ラジカル反応が連鎖的に進行する．これらの反応は成長段階とよばれる．反応の全体としては，メタンのC–H結合と塩素のCl–Cl結合が開裂し，クロロメタンのC–Cl結合と塩化水素のH–Cl結合が生成し，反応は発熱的である．クロロメタンはC–H結合をもつので，反応条件によってはさらに塩素化を受けて，順次ジクロロメタン，トリクロロメタン，テトラクロロメタンになる．以上の反応の途中で生成する塩素ラジカルやメチルラジカルが，ラジカルどうしで反応して共有結合をつくると，塩素 $Cl_2$，クロロメタンやエタンが生成する可能性がある．これらの反応では生成系にラジカルがないので，連鎖反応を停止させる（停止段階）．実際にメタンの塩素化では，少量のエタンが生成する．

## 演習問題

[5・1] 有機化学では，反応式中で用いられる矢印はその形状によって異なる意味をもつ．1)～4)の矢印はそれぞれ何を示すか答えよ．
1) ⇌ 　2) ↔ 　3) ↷ 　4) ↶ 　　　　　　　　　　　　　　（京大・理）

[5・2] 次に示す化合物，イオンについて，以下の問に不等号 > を用いて答えよ．
1) 求核性の大きいほうから順に並べよ．　2) 脱離能の大きいほうから順に並べよ．
　　　$OH^-$　$H_2O$　$NH_2^-$　$NH_3$　$CH_3^-$　　　　$OH^-$　$F^-$　$Cl^-$　$Br^-$　$I^-$
　　　　　　　　　　　　　　　　　　　　　　　　　　　　　　　　（早大・先進理工）

[5・3] 以下の1)～3)に答えよ．
1) 塩化メチル，第一級塩化アルキル，第二級塩化アルキルおよび第三級塩化アルキルを，$S_N2$ 反応の起こりやすい順に左から並べよ．
2) プロトン性極性溶媒と非プロトン性極性溶媒の例を一つずつあげ，構造式で示せ．
3) 次の $S_N2$ 反応はプロトン性極性溶媒，非プロトン性極性溶媒のどちらを用いた場合により速く進行するかを答えよ．また，その理由を述べよ．

$CH_3CH_2Br + OH^- \longrightarrow CH_3CH_2OH + Br^-$　　　　　（東北大・工）

## 5. 反 応 機 構

[5・4] 以下の問に答えよ．

1) 次の4種類の alkyl bromide を，$S_N2$ 反応における反応性の高い順に番号で並べよ．

a. 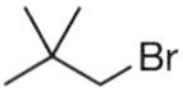 (CH₃)₃C-Br   b. 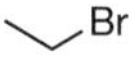 CH₃CH₂-Br   c.  CH₃CH₂CH₂-Br   d. 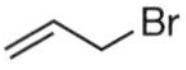 CH₂=CH-Br

2) 次の4種類の求核剤を，アルコール中での $S_N2$ 反応における求核性の高い順に番号で並べよ．

a. ROH   b. $RCO_2^-$   c. $RS^-$   d. $RO^-$ (京大・理)

[5・5] 次の一連の化合物における加溶媒分解の相対速度が，以下のようになる理由を説明せよ．

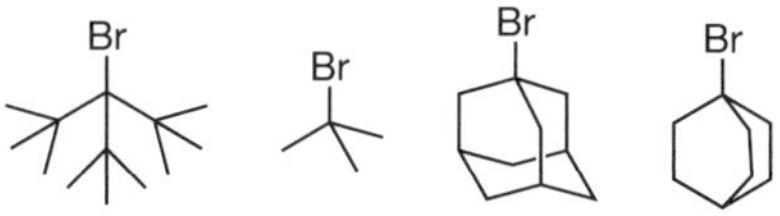

(A)　(B)　(C)　(D)
相対速度　$10^4$　1　$10^{-3}$　$10^{-6}$ (京大・理)

[5・6] 次の置換反応に関する以下の各問に答えよ．

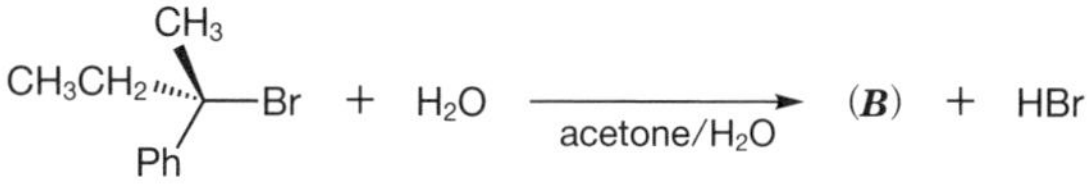

CH₃CH₂-C(CH₃)(Ph)-Br + H₂O $\xrightarrow{\text{acetone/H}_2\text{O}}$ (B) + HBr
(A) 光学活性

1) 生成物 (B) の構造式を記せ．またその立体化学について説明せよ．
2) この反応のエネルギー図を記し，図中にすべての中間体，遷移状態の位置とその構造式を示せ．ただし，この反応は発熱反応とする．
3) (A) のフェニル基上のパラ位にメトキシ基をもつ化合物について同様な反応を行ったところ，(A) の場合に比べて反応速度が上昇した．その理由を簡潔に説明せよ．

(北大・生命科学)

[5・7] $^{14}C$ 同位体を用いた次の実験結果を説明できる反応機構を記せ．

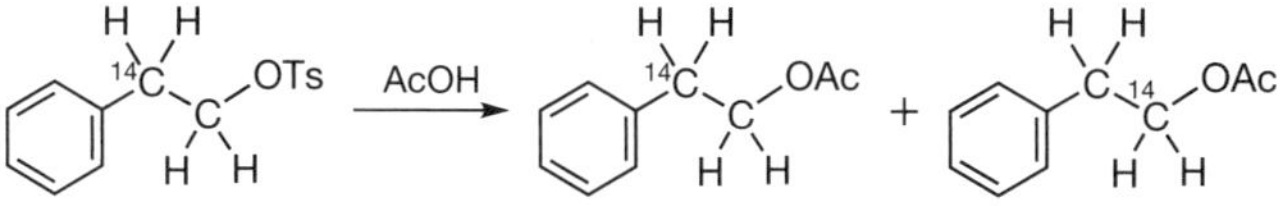

Ph-$^{14}$CH₂-CH₂-OTs $\xrightarrow{\text{AcOH}}$ Ph-$^{14}$CH₂-CH₂-OAc + Ph-CH₂-$^{14}$CH₂-OAc
1：1 混合物

TsO = $p$-CH₃C₆H₄SO₃
AcO = CH₃CO₂

(広島大・理)

[5・8] 架橋型環状アミン (A) は，メタノール中での加溶媒分解により，図のよう

に単一の生成物（**B**）を与える．この反応機構を曲がった矢印を用いて記せ．また，（**A**）の異性体である（**C**）を同じ反応条件下におくとき，どのような結果が予測されるかを理由とともに記せ．

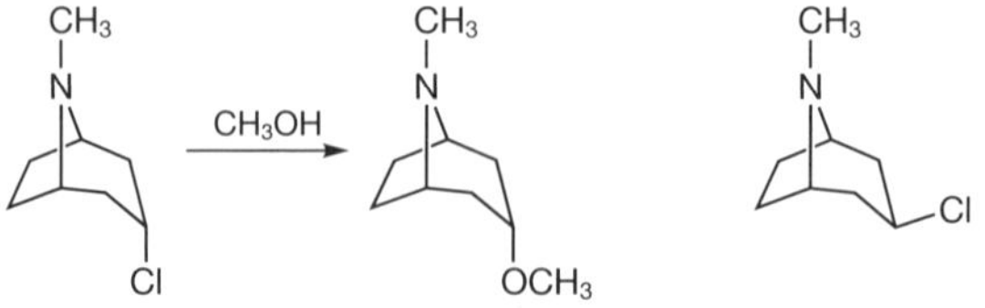

(**A**)　　　　　　　(**B**)　　　　　　　(**C**)　　　　　　　（北大・理）

[5・9]　化合物（**A**）を臭化物イオン存在下，$S_N1$ および $S_N2$ 反応の条件で置換を行ったところ，それぞれの反応で異なる主生成物が得られた．これらの構造を解析したところ，一方は骨格変化した化合物（**B**）であり，もう一方は化合物（**C**）であった．条件 a，b のうち，どちらが $S_N1$ でどちらが $S_N2$ の反応条件か．理由を示して答えよ．

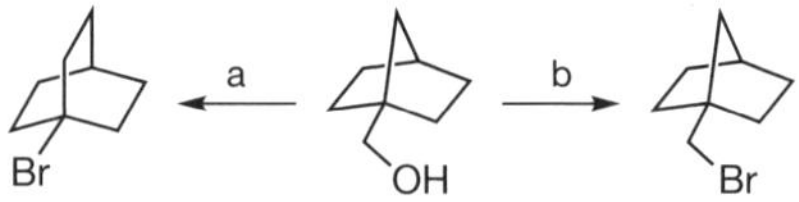

(**B**)　　　　　(**A**)　　　　　(**C**)　　　　　（早大・先進理工）

[5・10]　以下の酸触媒転位反応の反応経路を，電子の動きを示す矢印を用いて図示せよ．

1)　2) 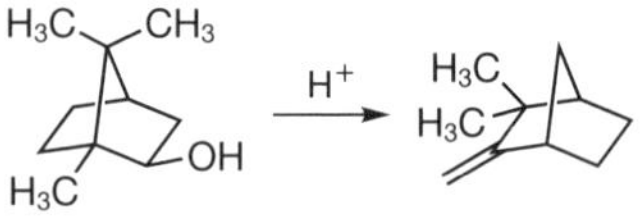　　　　　　　　　　　　　　　　　　（北大・生命科学/広島大・理）

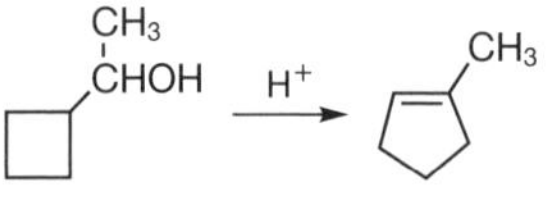

[5・11]　以下の反応において，生成物（**A**），（**B**）の構造を示し，反応条件によって主生成物が変わる理由を説明せよ．

$CH_3CH_2CCH_3$（Br, CH_3）　⟶　(**A**) + (**B**)

反応条件　$C_2H_5ONa$, $C_2H_5OH$　　70%　30%
反応条件　$t$-BuOK, $t$-BuOH　　28%　72%　　（北大・総合化学）

[5・12]　1,3-ブタジエンに1当量のHBrを反応させると，2種類の化合物（**A**），（**B**）が生成する．（**A**）は3-ブロモ-1-ブテンであり，（**B**）はその構造異性体である．反応

を 0 °C で行うと，(**A**)：(**B**) = 71：29 の割合で生成する．一方，反応を 40 °C で行うと (**A**) と (**B**) の生成の割合は (**A**)：(**B**) = 15：85 となる．

```
        HBr      Br
  ⟶            |
               CH — H   + (B)
               (A)
              0 °C    71 : 29
              40 °C   15 : 85
```

(**A**), (**B**) どちらが生成する反応も，エネルギー図は下記のようになる．

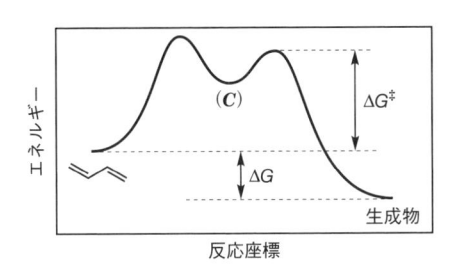

以下の問 1)〜4) に答えよ．

1) 化合物 (**B**) の構造式を示せ．

2) 中間体 (**C**) の構造式を示し，なぜ (**A**) と (**B**) の 2 種類の生成物ができるか共鳴構造式を用いて説明せよ．

3) (**A**) が生成するとき，(**A**) と 1,3-ブタジエンのエネルギー差を $\Delta G_A$，活性化エネルギーを $\Delta G_A^{\ddagger}$ とする．一方，(**B**) が生成するとき，(**B**) と 1,3-ブタジエンのエネルギー差を $\Delta G_B$，活性化エネルギーを $\Delta G_B^{\ddagger}$ とする．$\Delta G_A$ と $\Delta G_B$ および $\Delta G_A^{\ddagger}$ と $\Delta G_B^{\ddagger}$ ではそれぞれどちらの値が大きいか，不等号 > を使って示せ．

4) 0 °C で (**A**) が (**B**) より多く生成する理由を 3) の解答に基づいて簡単に説明せよ．

(北大・総合化学)

[5・13] ベンゼン $C_6H_6$ とその水素がすべて重水素化されたヘキサジュウテロベンゼン $C_6D_6$ を用いて，$NO_2^+$ によるニトロ化と $NO^+$ によるニトロソ化の反応速度を調べたところ，ニトロ化では $k(C_6H_6)/k(C_6D_6) \approx 1$ となり，いずれの基質でも反応速度がほとんど変わらなかったのに対し，ニトロソ化の場合には $k(C_6H_6)/k(C_6D_6) \approx 8.5$ という大きな反応速度の差が観測された．ニトロ化反応とニトロソ化反応のポテンシャルエネルギー図を書いて，上記の結果を説明せよ．

(阪大・基礎工)

[5・14] アルカンとハロゲンの反応について，以下の問に答えよ．
1) アルカンとハロゲンの反応はラジカル連鎖反応で進行し，下式の連鎖成長段階が律

速段階であることが知られている．

$$RH + X\cdot \longrightarrow R\cdot + HX$$

メタンの塩素化および臭素化について，以下の均一結合解離エネルギーを用いて，それぞれの反応熱を求めよ．

均一結合解離エネルギー(kJ/mol)：$CH_3-H$ 435, $H-Cl$ 431, $H-Br$ 368

2) メタンの臭素化の反応速度は塩素化の場合と比較して小さい．この理由を1)で求めた反応熱に基づいて説明せよ．

3) アルカンの第三級水素，第二級水素，第一級水素の水素1個当たりの反応性は，塩素化の場合 5.0：3.8：1.0 であり，臭素化の場合 1600：82：1 である．臭素化では水素の級数による反応の違いがきわめて大きい理由を，連鎖成長段階に関する反応座標における遷移状態の位置および遷移状態のラジカル性という観点で説明せよ．

(東北大・工)

[5・15] 次の 1)～3) の事象に関しておのおのの理由を推察せよ．

1) プロトン性溶媒中におけるハロゲン化物イオンの求核性の強さは $I^- > Br^- > Cl^- > F^-$ である．

2) 下式の置換反応において星印＊がついた炭素上の立体配置は反応の前後で保持される．

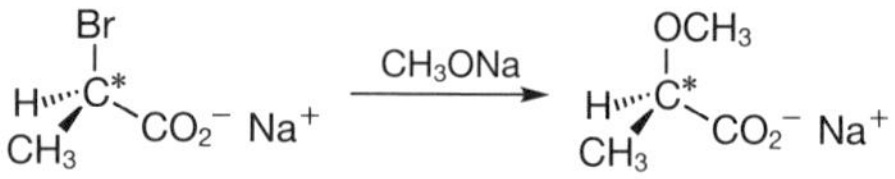

3) 下式の加溶媒分解反応の反応速度を $r_X$ とするとき，X ＝ Br および H である二つの基質の反応速度の比は $r_{Br}/r_H = 0.006$ である．

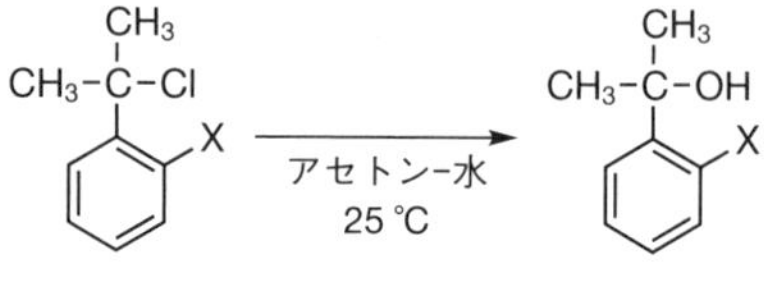

(東大・理)

# 6

# アルカン，アルケン，アルキン

**例題 6・1** 1-メチルシクロヘキセンを出発物として 1)～6) の変換反応を行ったときに得られる主生成物の構造式を立体化学に注意して書け．（Ac ＝ －COCH$_3$）

1) 1. Hg(OAc)$_2$, H$_2$O, 2. NaBH$_4$
2) 1. BH$_3$, 2. H$_2$O$_2$, NaOH
3) 1. OsO$_4$, 2. NaHSO$_3$, H$_2$O
4) 1. $m$-クロロ過安息香酸, 2. H$_3$O$^+$
5) 1. O$_3$, 2. Zn, H$_3$O$^+$
6) 1. KMnO$_4$, H$_3$O$^+$, 2. C$_2$H$_5$OH, H$^+$

（北大・総合化学）

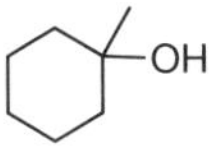

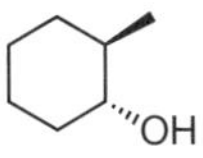

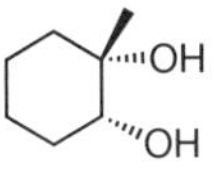

[解答] 

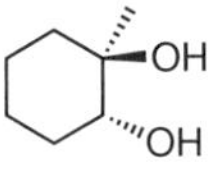

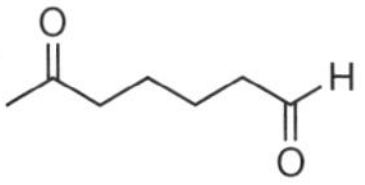

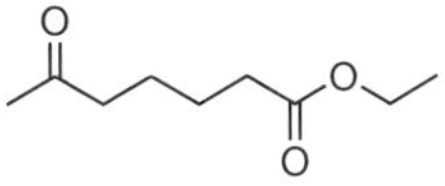

2)～4) はエナンチオマーの一方のみを示す．

[解説] アルケンの代表的な反応であり，いずれも 2 段階からなる．各反応を以下に示す．1)～4) の付加反応では，位置選択性と立体選択性を考慮する．1) オキシ水銀化（Markovnikov 則に従うアンチ付加）とそれに続く還元的脱水銀反応．2) ヒドロホウ

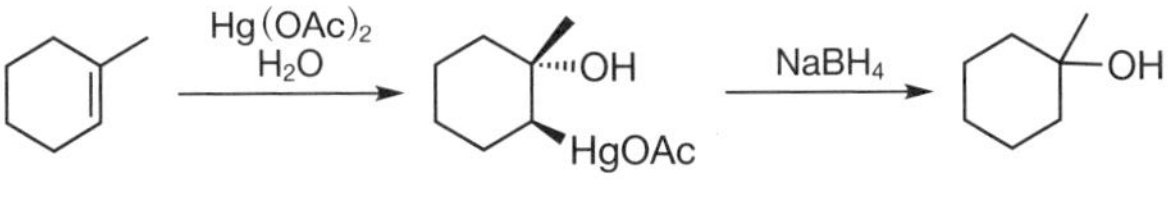

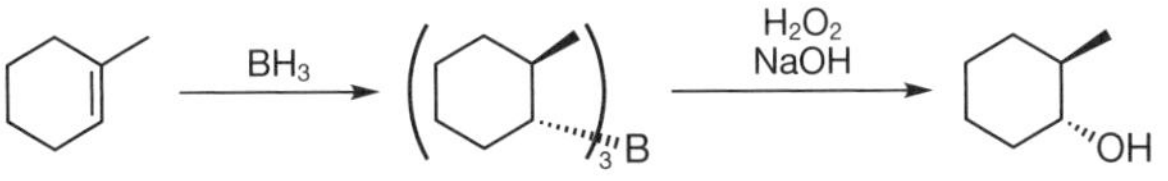

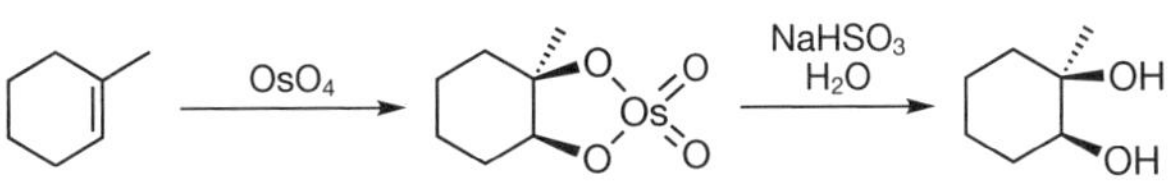

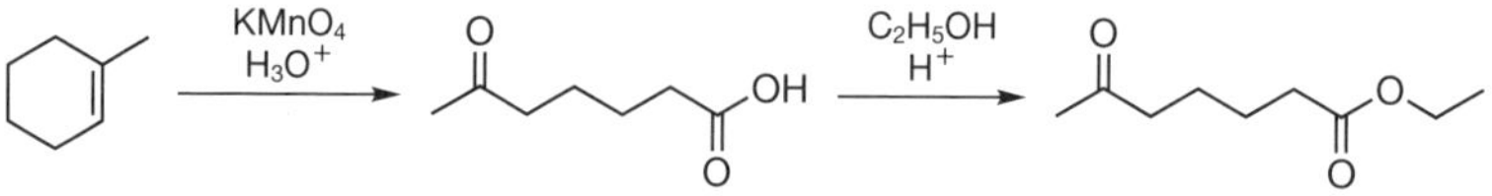

素化（シン付加でホウ素が置換基の少ない炭素に付加）とそれに続く酸化的ヒドロキシル化（立体保持）．3) 四酸化オスミウムの付加（シン付加で環状エステルを形成）とそれに続く還元的ジヒドロキシル化．4) 過酸（m-クロロ過安息香酸, mCPBA）によるエポキシ化とそれに続く酸性条件での水の付加．5)と6)はアルケン二重結合の酸化的開裂である．5) オゾンとの反応によるオゾニドの生成とそれに続く還元的分解（オゾン分解）．6) 酸性条件での過マンガン酸酸化とそれに続くエステル化．

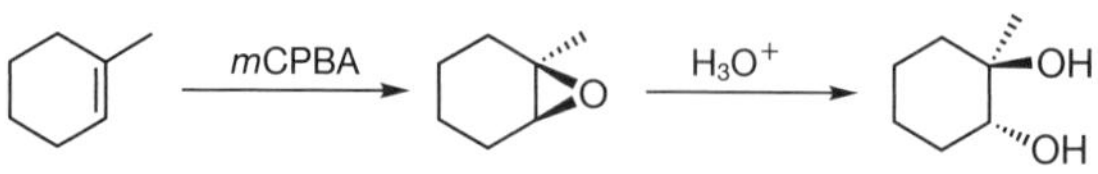

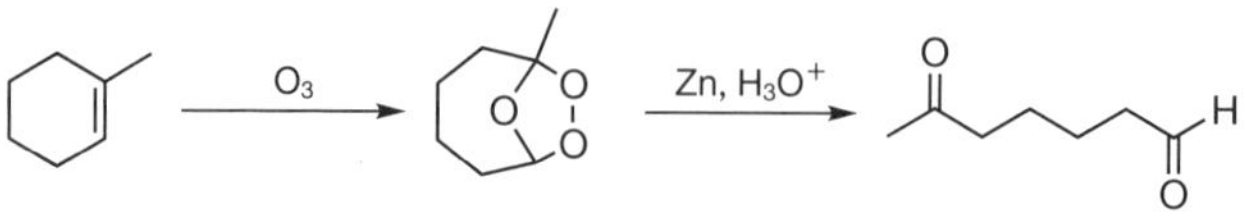

**例題 6・2** 次の付加反応では異なる生成物が得られる．それぞれの反応で得られる生成物の構造式と，付加反応における生成機構を示せ．

1) HBr  2) HBr／過酸化ベンゾイル

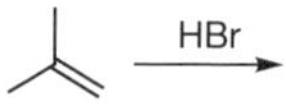

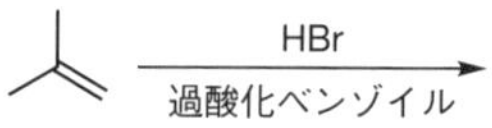

(阪府大・工)

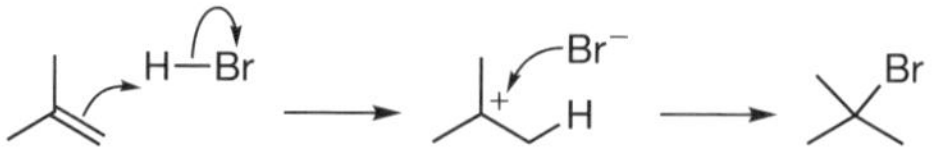

[解答]

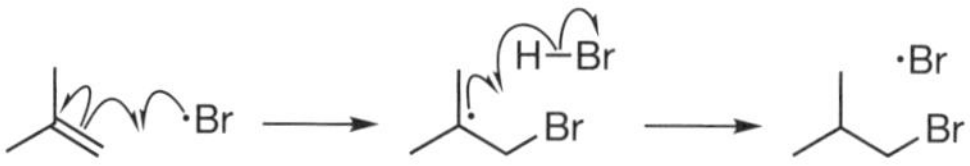

[解説] いずれもアルケンへの臭化水素の付加であり，反応条件により位置選択性が変わる．1) Markovnikov則に従う求電子付加反応．アルケンがプロトン化されるとき，より安定な第三級カルボカチオン中間体が生成し，主生成物は 2-ブロモ-2-メチルプロパンとなる．2) 逆 Markovnikov 則で進行するラジカル付加．過酸化ベンゾイル (PhCO)$_2$O$_2$ はラジカル開始剤であり，分解して生じたラジカルが HBr から水素を引抜くと臭素ラジカルが生成する．臭素ラジカルがアルケンに付加して，より安定な第

6. アルカン, アルケン, アルキン　　　　45

三級アルキルラジカルが生成する．つづいてこのアルキルラジカルがHBrから水素を引抜くと，主生成物である 1-ブロモ-2-メチルプロパンとなる．このとき，臭素ラジカルが再生して次の反応に連鎖的に使われる．

---

**例題 6・3** 以下の反応式 1)〜4) に示す化合物のつくり分けにおいて，必要とされる反応剤 a〜h を記せ．なお反応は 1 段階とは限らない．

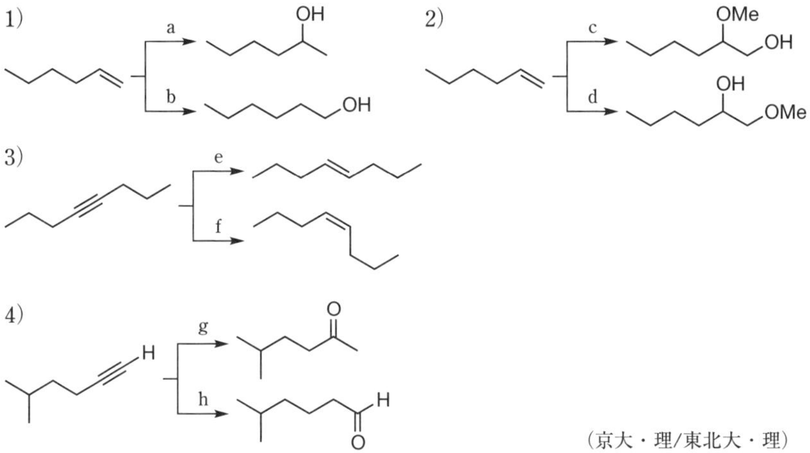

（京大・理／東北大・理）

---

[解答] 1) a. $H_2O, H_2SO_4$　　b. 1. $BH_3$, 2. $H_2O_2$, NaOH
2) c. 1. m-クロロ過安息香酸, 2. MeOH, $H^+$
d. 1. m-クロロ過安息香酸, 2. $MeO^-Na^+$
3) e. Na, $NH_3$　　f. $H_2$, Lindlar(リンドラー)触媒
4) g. $H_2O, H_2SO_4$, $HgSO_4$　　h. 1. ジシクロヘキシルボラン, 2. $H_2O_2$, NaOH

[解説] 1) アルケンへの水の付加．a. 酸触媒による Markovnikov 型付加．b. ヒドロホウ素化-酸化による逆 Markovnikov 型付加．
2) 過酸により合成したエポキシド（下図）への置換反応．c. 酸触媒による置換基の多い炭素への求核攻撃（電荷分布支配，正電荷の多く分布するほうを攻撃）．d. 求核性の高いメトキシドイオンによる置換基の少ない炭素への $S_N2$ 攻撃（立体障害支配）．

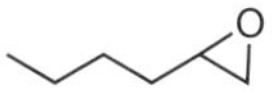

3) アルキンのアルケンへの部分還元．e. アンモニア中の金属（Liでもよい）による

トランス体への水素化. f. Lindlar 触媒 (酢酸鉛で触媒活性を低下させた Pd 触媒) を用いたシス体への水素化.
4) 水和-互変異性による末端アルキンのカルボニル化合物への変換. g. 水銀触媒を用いた Markovnikov 型付加. h. ヒドロホウ素化-酸化による逆 Markovnikov 型付加. かさ高いボラン反応剤〔ジテキシルボランでもよい,テキシルは $-CH(CH_3)CH(CH_3)_2$〕を用いると,アルケニルボランへの過剰な付加は起こらない.

---

**例題 6・4** 塩素とアルカンの反応について以下の問に答えよ.
1) 室温・紫外線照射下で,メタンおよびエタンを塩素と反応させた場合,それぞれ $CH_3Cl$ および $CH_3CH_2Cl$ が生成する.同一条件下での反応速度はメタンと比較してエタンの場合のほうが2桁ほど速い.その理由を簡潔に説明せよ.
2) 2-メチルブタンと塩素のラジカル反応による一置換体生成物は,4種類生成する.それらの生成物を構造式で示せ(エナンチオマーは考慮しなくてよい).また,第一級水素,第二級水素,第三級水素の相対反応性が等しいとしたとき,4種類の生成物の生成比を示せ.　　　　　　　　　　　　　　　(東北大・工)

---

[**解答**] 1) メタンよりエタンの C−H 結合のほうが弱く,光照射によって生じた塩素ラジカル Cl· により引抜かれやすいため,エタンの反応が速い.

2) （構造式4つ）　　それぞれ 6:1:2:3

[**解説**] 1) 反応はラジカル連鎖機構で進行する.エタンの塩素化の開始段階と成長段階は以下のとおりである.

開始段階　　Cl−Cl　→（光）　2 Cl·

成長段階1　　$CH_3CH_2-H$ + ·Cl　⟶　$CH_3CH_2$· + H−Cl

成長段階2　　$CH_3CH_2$· + Cl−Cl　⟶　$CH_3CH_2-Cl$ + ·Cl

最初に,光により塩素分子が開裂して塩素ラジカルが生じる(開始段階).この塩素ラジカルがエタンの水素を引抜き,エチルラジカルと塩化水素になる(成長段階1).つづいて,エチルラジカルが塩素分子から塩素を引抜き,最終生成物のクロロエタンが生成し,このとき塩素ラジカルが再生する(成長段階2).いったん塩素ラジカルが生成すれば,成長段階の反応は連鎖的に進行する.反応速度は成長段階1の速度で決ま

り，メタンの C−H 結合（結合解離エネルギー 439 kJ/mol）よりエタンの C−H 結合（423 kJ/mol）が弱いため，エタンの反応が速く進行する．

2) すべての水素の反応性が等しいと仮定すれば，生成物の比率は対応する水素の数に比例する．一般的な塩素化では，メチル＜第一級＜第二級＜第三級の順にC−H結合は徐々に反応しやすくなる．一方，臭素化では，反応性は生じるアルキルラジカルの安定性に強く依存するため，上記の順番で反応が急激に起こりやすくなり選択性が向上する．

# 演習問題

[6・1] 以下の反応について答えよ．

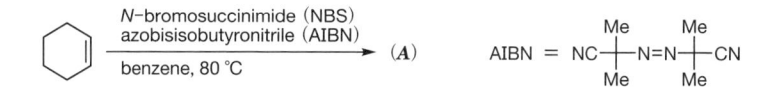

シクロヘキセン + N-bromosuccinimide (NBS), azobisisobutyronitrile (AIBN), benzene, 80 ℃ → (A)

AIBN = NC−C(Me)₂−N=N−C(Me)₂−CN

1) NBS の構造を示せ．　　2) 生成物 (A) を示せ．
3) AIBN の本反応における役割を含め，反応機構を説明せよ．　　　（京大・理）

[6・2] 次の化合物の下線をつけた水素原子について，塩素ラジカルによって引抜かれやすい順に不等号を用いて並べよ．

a. PhCH₂−H　　b. Ph−H　　c. (CH₃)₂CH−H　　d. CH₃CH₂CH₂−H

（北大・生命科学）

[6・3] シクロヘキセンから1個の水素原子が脱離したラジカルの構造式をすべて書き，いずれが最も安定なラジカルか，理由とともに書け．　　　（新潟大・自然）

[6・4] 次のアルケンの反応の主生成物を構造式で答えよ．必要であれば立体化学を明記すること．なお，D は重水素 ²H である．

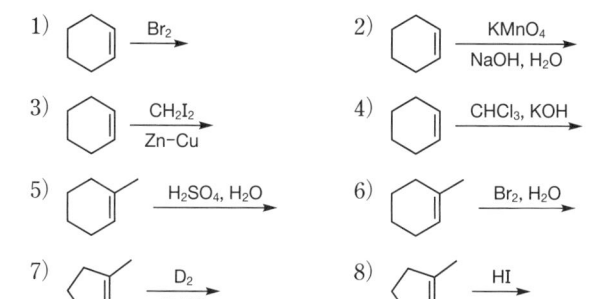

1) シクロヘキセン + Br₂ →
2) シクロヘキセン + KMnO₄, NaOH, H₂O →
3) シクロヘキセン + CH₂I₂, Zn-Cu →
4) シクロヘキセン + CHCl₃, KOH →
5) シクロヘキセン + H₂SO₄, H₂O →
6) シクロヘキセン + Br₂, H₂O →
7) シクロペンテン + D₂, Pd/C →
8) メチルシクロペンテン + HI →

（名大・工/阪府大・工/広島大・理/上智大・理工）

[6・5] 1-buteneへの付加反応について以下の問に答えよ.
1) 窒素雰囲気下でのHBrの1-buteneへの付加反応の主生成物を示し，それに関するMarkovnikov則について簡潔に説明せよ.
2) 次に示す1-buteneへのヒドロホウ素化-酸化反応の反応機構を書け.

$$\text{CH}_2=\text{CHCH}_2\text{CH}_3 \xrightarrow[\text{2. H}_2\text{O}_2, \text{NaOH}]{\text{1. BH}_3, \text{THF}} \text{HOCH}_2\text{CH}_2\text{CH}_2\text{CH}_3$$

（京大・理）

[6・6] cis-2-ブテンおよびtrans-2-ブテンに$OsO_4$を反応させ，ついで亜硫酸水素ナトリウム水溶液を作用させて得られる化合物の化学構造（立体化学を明示せよ）を示し，反応経路を説明せよ．また，光学分割が可能な生成物が生じるのはどちらの場合か示せ． （東工大・理工）

[6・7] 次の文章を読み，以下の問に答えよ.
$C_5H_{10}$の分子式をもつアルケン(**A**)，(**B**)および(**C**)がある．それぞれの化合物をHBrと反応させたところ，いずれも下に示す化合物(**D**)を主生成物として与えた．三つの化合物の熱力学的安定性を比較したところ，(**A**)は(**B**)より安定で，(**B**)は(**C**)より安定であった．

(**A**) $\xrightarrow{\text{HBr}}$
(**B**) $\xrightarrow{\text{HBr}}$  (**D**)
(**C**) $\xrightarrow{\text{HBr}}$

1) 化合物(**A**)〜(**C**)の構造式を記せ.
2) 化合物(**A**)〜(**C**)は互いに何異性体とよばれるか答えよ.
3) 化合物(**C**)から化合物(**D**)が生じる機構を構造式を用いて示せ. （京大・工）

[6・8] 以下のアルケンの構造と名称を示せ.
1) オゾン分解（ついで亜鉛-酢酸処理）により2-ペンタノンのみを与える$C_{10}H_{20}$のアルケン．
2) 接触水素化では2当量の水素と反応し，オゾン分解（ついで亜鉛-酢酸処理）ではブタンジアールのみを与える$C_8H_{12}$のアルケン． （東工大・理工）

[6・9] 1-ヘキシンおよびその誘導体を用いて，次の1)〜5)の反応を行った．生成物を構造式で答えよ．必要であれば立体化学を明記すること．

$\text{CH}\equiv\text{C-CH}_2\text{CH}_2\text{CH}_2\text{CH}_3$  1-ヘキシン

1) 1-ヘキシンを1当量の$Br_2$と反応させた.
2) 1-ヘキシンを$H_2O/H_2SO_4/HgSO_4$と反応させた.

3) 1−ヘキシンを $NaNH_2$ で処理した後，$CH_3I$ と反応させた．

4) 3)で得られた生成物を，Lindlar 触媒を用いて $H_2$ と反応させた．

5) 4)で得られた生成物を *m*−クロロ過安息香酸と反応させた．　（新潟大・自然）

[6・10]　エチニルシクロヘキサンの反応に関する以下の問に答えよ．

HI（過剰量）
(A)
H2SO4, H2O
HgSO4
(B)
D2
触媒
D
D
H
(C)
1. CH3CO3H
2. H+, CH3OH
(D)
主生成物
+
(E)
副生成物

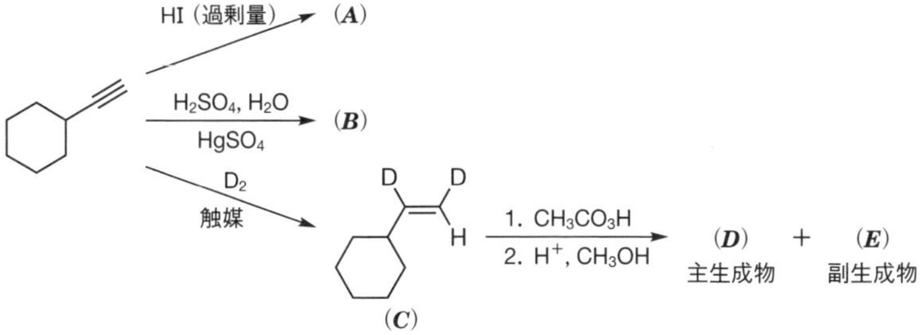

1) 生成物（***A***）および（***B***）を構造式で記せ．

2) エチニルシクロヘキサンと重水素から化合物（***C***）を合成するために必要な触媒を記せ．

3) 生成物（***D***）および（***E***）の構造式を立体配置がわかるように記せ．ただし，エナンチオマーを区別しなくてよい．　（京大・工）

[6・11]　次の反応の生成物の構造式を記せ．なお，立体異性体が存在する場合には，その立体構造が明確になるように示せ．

1)　2)

CH3C≡CH
1. CH3CH2MgBr
(CH3CH2)2O
2. CH3COCH3
3. H2O
H
CH3
C=C
H3C
H
1. Cl
O
C−OOH, CH2Cl2
2. H+, H2O

（阪府大・工）

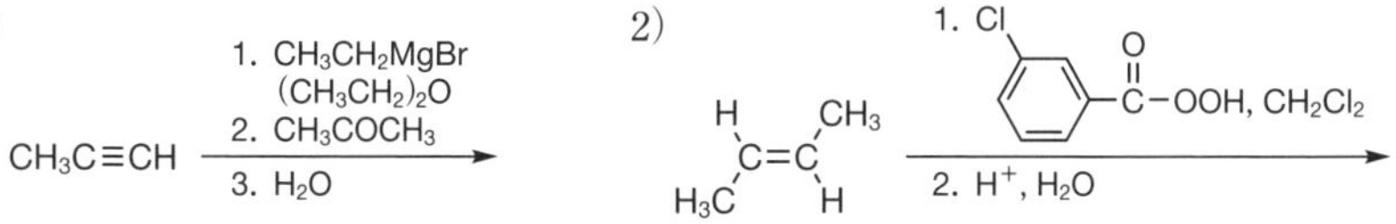

[6・12]　以下の問に答えよ．

1) 次に示す反応で，転位反応によって生成する化合物の構造を示し，反応経路を説明せよ．

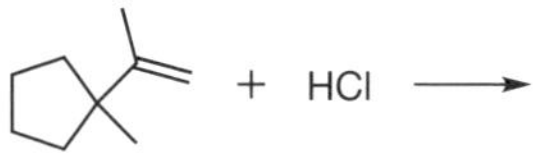

+ HCl

2) 光学活性な化合物（***A***）$C_8H_{14}$ は，Pd 触媒で接触還元すると 2 mol の $H_2$ を吸収し，化合物（***B***）$C_8H_{18}$ を与えた．また，（***A***）のオゾン分解を行うと 2 種の生成物が得られ，一つはプロパン酸と同定された．化合物（***A***）の構造式を示せ．　（東工大・理工）

# 7

# 芳香族化合物

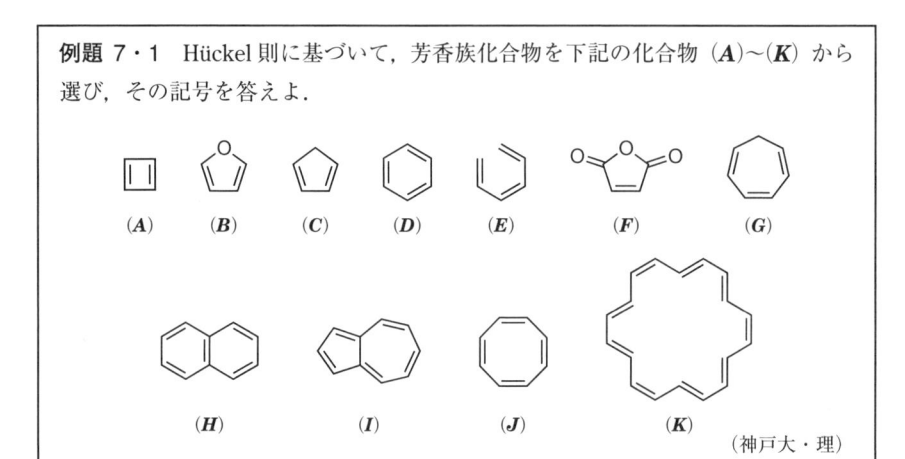

**例題 7・1** Hückel 則に基づいて，芳香族化合物を下記の化合物 (**A**)〜(**K**) から選び，その記号を答えよ．

(A)  (B)  (C)  (D)  (E)  (F)  (G)

(H)  (I)  (J)  (K)

(神戸大・理)

[解答]　(**B**), (**D**), (**H**), (**I**), (**K**)

[解説]　環状共役ポリエンが芳香族性を示すかどうかは，Hückel（ヒュッケル）則に基づき π 電子の数によって判定できる．電子数が $(4n+2)$ 個の場合，系全体が安定化され芳香族性を示す．電子数が $4n$ 個の場合は逆に不安定化される（反芳香族性）．化合物 (**B**) と (**D**) は 6π, (**H**) と (**I**) は 10π, (**K**) は 18π であり，いずれも電子数が $(4n+2)$ 個であるため芳香族性を示す．化合物 (**A**) は 4π, (**J**) は 8π であり，電子数が $4n$ 個であるため反芳香族性を示す．その他の化合物は，環状の共役ポリエンの構造をもたない．

環状構造の一部に電子対をもつ p 軌道がある場合は 2 電子と数え，空の p 軌道がある場合は 0 電子と数える．フラン (**B**) では酸素の 1 組の非共有電子対が芳香族性に

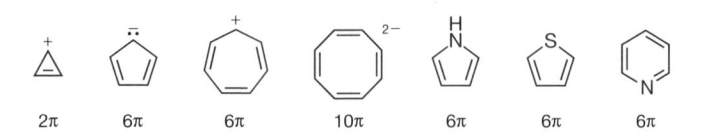

2π　6π　6π　10π　6π　6π　6π

関与しているので，6π系である．前ページ下に，電荷をもつまたはヘテロ原子を含む芳香族環状共役ポリエンの例を示す．

以下に代表的な反芳香族性を示す化合物またはイオンを示す．

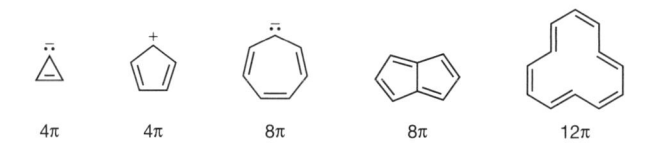

4π　4π　8π　8π　12π

---

**例題 7・2** 芳香族化合物 (**A**)～(**D**) の置換反応に関する以下の問に答えよ．

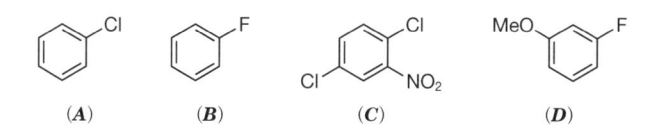

(**A**) (**B**) (**C**) (**D**)

1) 硝酸と硫酸の混合物中での化合物 (**A**) およびベンゼン $C_6H_6$ のニトロ化反応は，どちらが速く反応するか．理由とともに答えよ．
2) 化合物 (**A**) を硝酸と硫酸の混合物中でニトロ化した場合，$m$-ニトロ化生成物と $p$-ニトロ化生成物のどちらが多く生成するかを答えよ．また，それぞれの生成物を与える中間体を共鳴構造式を用いて説明せよ．
3) フッ素原子のほうが塩素原子より電気陰性度が大きい．一方，硝酸と硫酸の混合物中での芳香族ニトロ化反応は，求電子置換反応であるにもかかわらず，化合物 (**B**) のニトロ化反応は化合物 (**A**) のニトロ化反応よりも速く進行する．その理由について，"結合長"および"非共有電子対"という語句を用いて説明せよ．
4) 化合物 (**C**) と NaOMe との反応により得られる主生成物の構造式を記せ．
5) 化合物 (**D**) と $NaNH_2$ ($NH_3$ 中) との反応では，主として二つの生成物が得られる．それらの構造式を記せ (順不同)．

(京大・工)

[**解答**] 1) ベンゼンが速く反応する．クロロベンゼンでは，クロロ基の電子求引性によりベンゼン環の電子密度が減少するため，求電子置換反応であるニトロ化反応は遅くなる．
2) $p$-ニトロ化生成物が多く生成する．2種類の生成物を与える中間体の共鳴構造式を [ ] 内に示す (次ページ)．$m$-ニトロ化の中間体では三つの共鳴構造が書けるのに対し，$p$-ニトロ化の中間体ではクロロ基が関与したもう一つの共鳴構造が書けるので，

中間体が安定で反応が起こりやすい.

*m*-ニトロ化

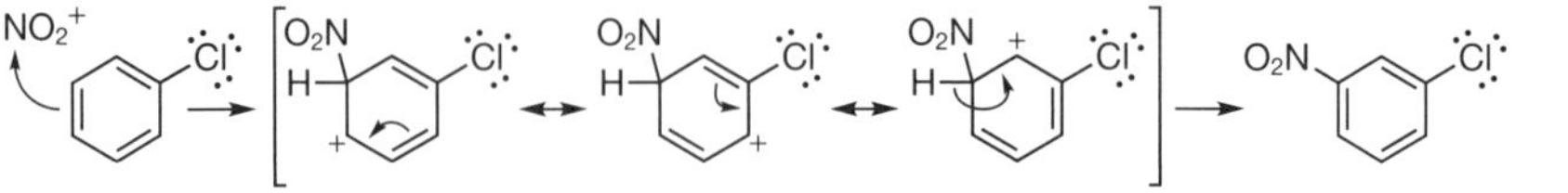

*p*-ニトロ化

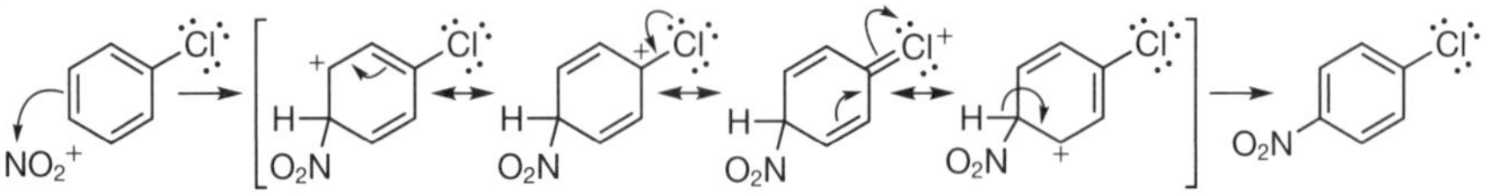

3) *p*-ニトロ化の中間体において，ハロゲン原子に正電荷がある共鳴構造（下図）の寄与を比較する．フルオロベンゼンの場合，第2周期元素間のC−F結合の結合長が短いため，フッ素の非共有電子対が関与した共鳴構造の寄与が大きい．一方，クロロベンゼンの場合，Clは第3周期の元素でありC−Cl結合の結合長が長いため，塩素の非共有電子対が関与した共鳴構造の寄与が小さい．したがって，中間体の安定化の寄与の大きいフルオロベンゼンのほうが速く反応する．

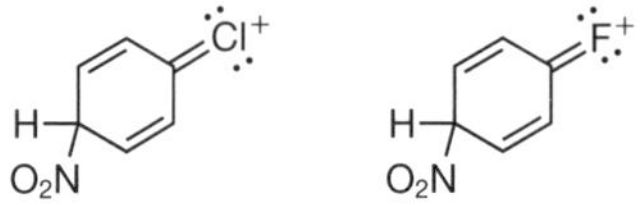

4) 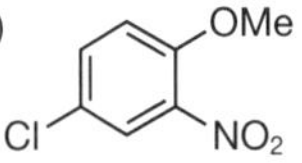 5)

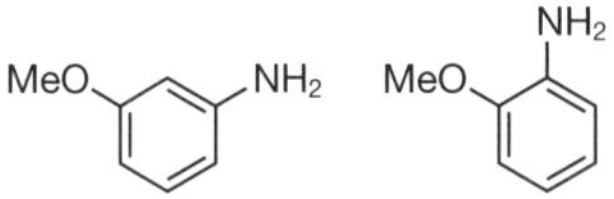

[解説] 置換ベンゼンの芳香族求電子置換反応では，配向性と反応性を考慮する必要がある．配向性はカルボカチオン中間体の安定性で説明することができる．クロロ基のように置換基上に非共有電子対をもつ置換基，アルキル基やアリール基は，オルトまたはパラ置換体を与える中間体がより安定化されるので，オルト-パラ配向性を示す．一方，ベンゼンに結合した置換基の原子が正の分極または電荷をもつ置換基では，オルトまたはパラ置換体を与える中間体が不安定になるので，メタ配向性を示す（ニトロベンゼンの例を次に示す）．

*m*-ニトロ化

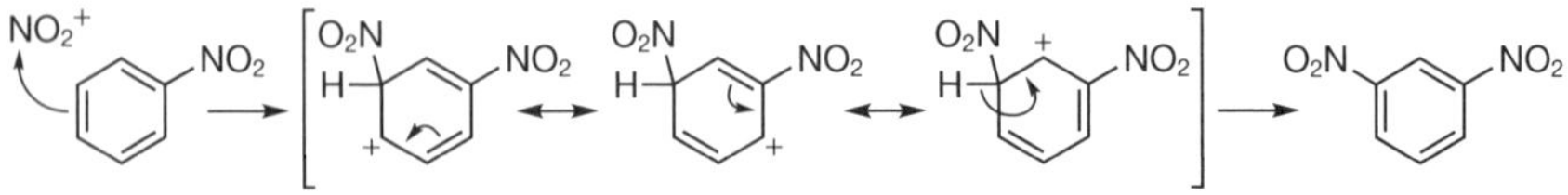

## 7. 芳香族化合物

*p*-ニトロ化

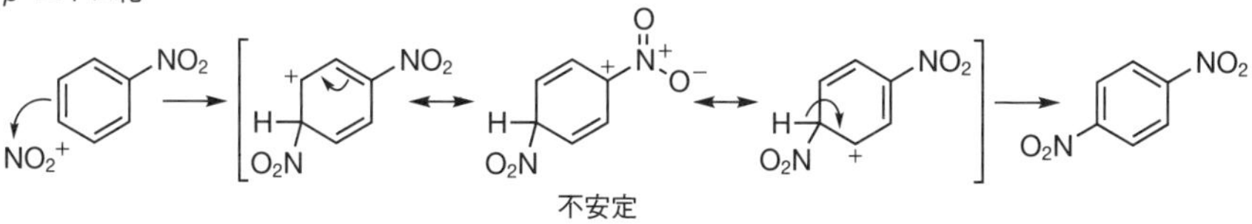

求電子置換反応の速度は，ベンゼン環の電子密度によって決まる．電子供与性の置換基は反応を速くする活性化基であり，電子求引性の置換基は反応を遅くする不活性化基である．配向性と反応性をまとめると以下のようになる．

オルト-パラ配向性 活性化基： $-NH_2$, $-NR_2$, $-OH$, $-OR$, アルキル, アリール
オルト-パラ配向性 不活性化基： $-F$, $-Cl$, $-Br$, $-I$
メタ配向性 不活性化基： $-NO_2$, $-CN$, $-CHO$, $-COR$, $-SO_3H$, $-CF_3$, $-NR_3^+$

ニトロ基などの強い不活性化基が結合したベンゼン誘導体では，芳香族求核置換反応が進行する．求核剤が付加した中間体が共鳴により安定化される位置（ニトロベンゼン誘導体の場合，ニトロ基のオルト位またはパラ位）で反応が起こりやすい．求核置換反応の中間体は Meisenheimer 錯体ともよばれ，安定なものは単離可能である．1,4-ジクロロ-2-ニトロベンゼンとメトキシドイオンの反応の機構を以下に示す．1位の炭素への攻撃の場合，アニオン中間体の共鳴構造式において，ニトロ基が関与した共鳴構造 (***X***) が存在する．ニトロ基のオルトまたはメタ位への付加の場合，このような共鳴構造の寄与により中間体が安定化されるため，反応が進行しやすい．逆に，メタ位への付加ではこのような寄与がないので，反応が起こらない．

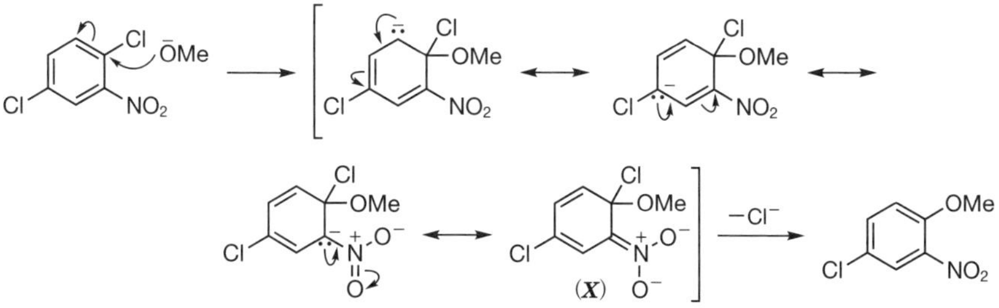

ベンザイン（1,2-デヒドロベンゼン）はベンゼンの隣接する水素二つがとれた化学種であり，非常にひずんだ構造をもつため反応性が高い．ベンザインは種々の方法で生成させることができ，反応の中間体として利用される．1-フルオロ-3-メトキシベンゼンとナトリウムアミドの反応の機構を以下に示す．アミドイオンが2位の水素を引抜き，フェニルアニオンから $F^-$ が脱離するとベンザインが生成する．ベンザイン

に対してアミドイオンおよびアンモニアからのプロトンが付加すると，アニリン誘導体が生成する．アミドイオンの付加する位置によって，2種類の生成物が可能である．

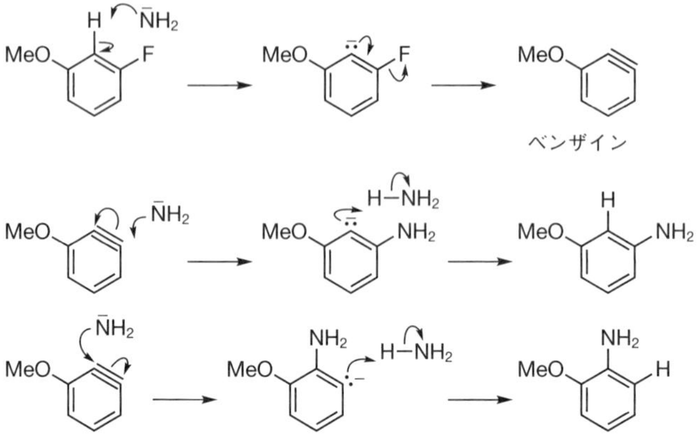

---

**例題 7・3** トルエンを原料にして，3,5-ジブロモトルエン (**A**)，2,4-ジブロモトルエン (**B**) および 2,6-ジブロモトルエン (**C**) を合成する．(**A**)〜(**C**) の合成経路と必要な反応剤を示せ． (東工大・理工)

[解答]

3,5-ジブロモトルエン(**A**)の合成

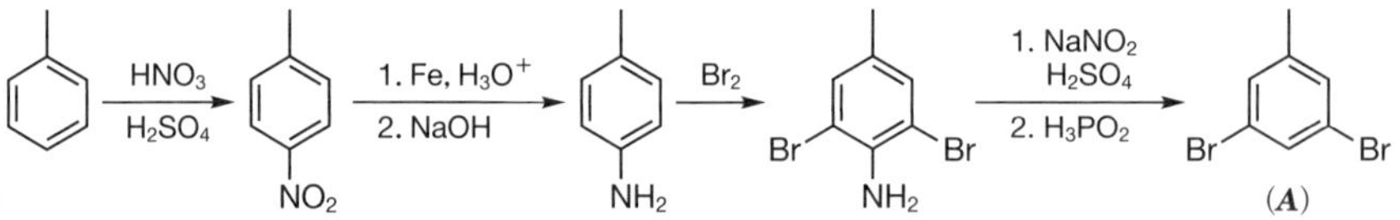

2,4-ジブロモトルエン(**B**)の合成

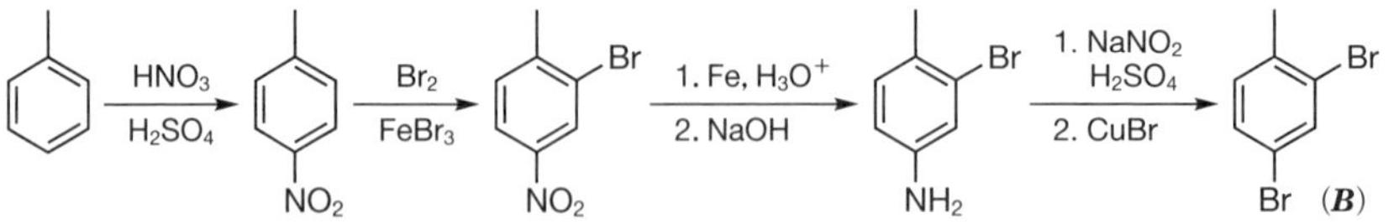

2,6-ジブロモトルエン(**C**)の合成

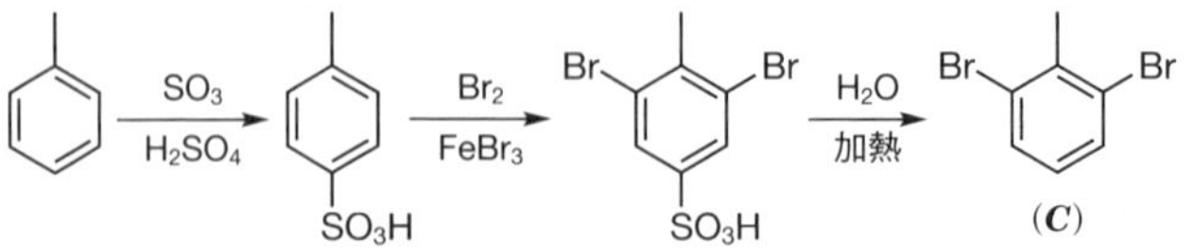

## 7. 芳香族化合物

[解説] 求電子置換反応，ジアゾニウム塩を経由した置換反応，側鎖の官能基変換などを利用して，目的の多置換ベンゼン誘導体を合成する．求電子置換反応では，置換基の配向性（オルト-パラ配向性，メタ配向性）と反応性（活性化，不活性化）を考慮する．(**A**) の合成では，メチル基はオルト-パラ配向性なので，メタ位を直接臭素化することはできない．アミノ基はオルト-パラ配向性をもつ強い活性化基であり，触媒なしでもオルト位とパラ位が容易に反応する．したがって，トルエンをニトロ化と還元により 4-メチルアニリンに変換し，これを臭素により二臭素化する．ジアゾ化して次亜リン酸と反応させると，アミノ基を除去することができる．ニトロ基の還元では，$H_2$ と Pd/C を用いてもよい．(**B**) の合成では，トルエンを直接臭素化しても，2,4-ジブロモトルエンを選択的に合成できない．メチル基のパラ位にメタ配向性のニトロ基を導入する．p-ニトロトルエンを臭素化すると，置換はニトロ基のメタ位（同時にメチル基のオルト位）で起こる．ニトロ基は，還元ののちジアゾニウム塩を経由する臭素化（Sandmayer 反応）によりブロモ基に変換することができる．(**C**) の合成では，(**B**) の合成と同様に，メチル基のパラ位にメタ配向性のスルホ基を導入する．スルホ基はニトロ基ほどベンゼン環を不活性化しないので，スルホ基のメタ位（同時にメチル基のオルト位）に二臭素化が進行する．ベンゼンのスルホン化は可逆であるので，酸性条件で水と加熱するとスルホ基を除去することができる．

---

**例題 7・4** Show the chemical structures of the products (**A**)〜(**F**), obtained by the following reactions.

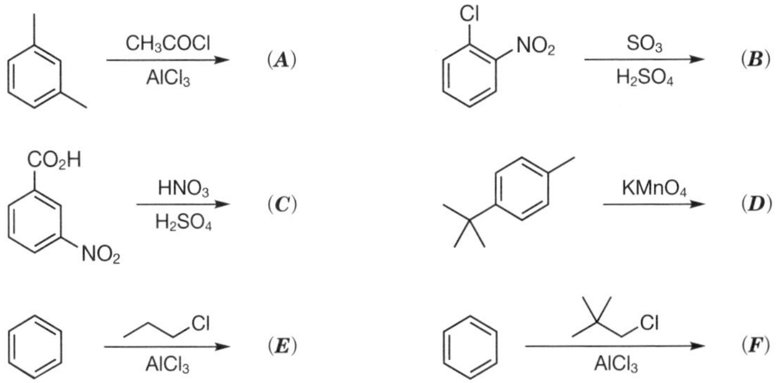

（早大・先進理工）

[解答]

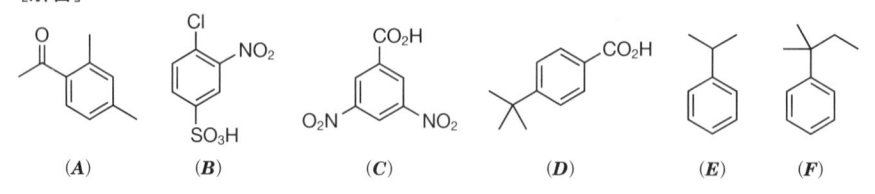

(A) (B) (C) (D) (E) (F)

[解説] 二つ以上の置換基をもつベンゼンにおける求電子置換反応では，各置換基の配向性と立体効果により反応の位置が決まる．二置換ベンゼンの場合，二つの置換基の配向性が一致すれば，その配向性に従い反応が進行する．配向性が競合する場合は，活性化基の配向性が優位になる．配向性から複数の位置が考えられる場合，立体障害の小さい位置での反応が支配的になる．生成物 (A)〜(C) を与える反応では，いずれも二つの置換基の配向性が一致する．このうち，1,3-ジメチルベンゼンの Friedel-Crafts アシル化では，二つのメチル基からオルトまたはパラの位置のうち，立体障害の小さい 4 または 6 位で反応が起こる．

ベンジル位に水素をもつアルキルベンゼンを過マンガン酸カリウムと反応させると，酸化されて最終的に安息香酸となる．この条件では，第三級アルキル基の t-ブチル基は反応しない．

Friedel-Crafts アルキル化において第一級ハロゲン化アルキル（エチル基は除く）を用いると，転位生成物が得られる．生成物 (E) と (F) を与える反応では，以下に示す転位が起こり，それぞれ第二級および第三級カルボカチオンが求電子剤となる．

## 演習問題

[7・1] 下記の化合物 (A)〜(D) のうち，芳香族性をもつものをすべて選び，その記号を記せ．

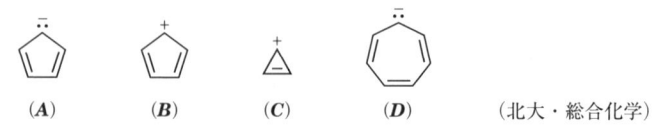

(A) (B) (C) (D)

（北大・総合化学）

[7・2] cyclooctatetraene は金属カリウムと容易に反応して，cyclooctatetraenyl dianion となる．この反応が非常に容易に起こる理由について説明せよ．また，cyclooc-

7. 芳香族化合物　　　57

tatetraenyl dianion がどのような構造をもつかについて説明せよ．

$$\text{cyclooctatetraene} \xrightarrow{2K} 2K^+ \left[ \text{cyclooctatetraenyl dianion} \right]^{2-}$$

（早大・先進理工）

[7・3]　以下に示すアズレンは，炭化水素としては異常に大きな双極子モーメントをもっており，かなり電荷が分離している．この電荷分離を示す根拠となるおもな共鳴構造式を示せ．また，双極子モーメントの方向を矢印で記せ．

（阪府大・工）

[7・4]　1,6-methano[10]annulene (**A**) および [10]annulene (**B**) は，いずれも 10π 電子系芳香族であることが期待される化合物である．しかし，実際は (**A**) が安定な化合物であるのに対し，(**B**) は比較的不安定な化合物である．その理由を説明せよ．

(**A**)　　　(**B**)

（早大・先進理工）

[7・5]　次の化合物群 1)〜3) を，ベンゼン環が求電子置換反応しやすい順に，それぞれ並べよ．

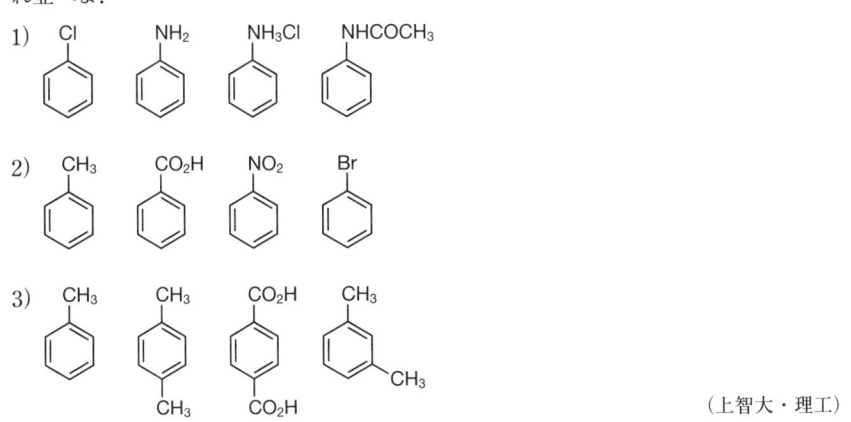

1) Cl　　NH₂　　NH₃Cl　　NHCOCH₃

2) CH₃　　CO₂H　　NO₂　　Br

3) CH₃　　CH₃ / CH₃　　CO₂H / CO₂H　　CH₃ / CH₃

（上智大・理工）

[7・6]　次の化合物 (**A**)〜(**F**) について，芳香族求電子置換反応の反応性が大きい順に並べよ．また，化合物 (**E**) と (**F**) について，求電子置換反応を受けやすい位置を矢印 (→) で示し，その理由を説明せよ．

58　　　　　　　　　　　　　　7. 芳香族化合物

(A) フェノール（OH）
(B) ベンズアミド（CONH₂）
(C) トルエン（CH₃）
(D) ニトロベンゼン（NO₂）
(E) p-ブロモトルエン（Br, CH₃）
(F) m-キシレン（H₃C, CH₃）

（九大・理）

[7・7] Friedel-Crafts 反応について，次の 1) および 2) に答えよ．
1) ベンゼン環に第一級アルキル基を導入するために，対応するアシル基を導入後，カルボニル基を還元する方法がとられる．その理由を述べよ．
2) アシル化とアルキル化で，Lewis 酸として用いる AlCl₃ の当量の差異を，理由とともに述べよ． (東大・理)

[7・8] 次の反応の機構を説明せよ．
1) ベンゼンを $H_2SO_4$ の存在下に $t$-ブチルアルコールと反応させると，$t$-ブチルベンゼンが得られる．
2) アミノ基は芳香族求電子置換反応においてオルト-パラ配向基であるにもかかわらず，アニリンを 98% $H_2SO_4$ 中 $HNO_3$ でニトロ化すると，$m$-ニトロアニリンが主生成物として得られる． (東北大・工)

[7・9] ベンゼンを塩化アルミニウム触媒存在下，大過剰量の塩化 $t$-ブチルと反応させると最終的に得られる化合物は 1,3,5-トリ-$t$-ブチルベンゼンである．この実験結果の理由を推察せよ．

ベンゼン ＋ (CH₃)₃CCl →（AlCl₃，大過剰）1,3,5-トリ-$t$-ブチルベンゼン　(東大・理)

[7・10] 下記の反応で得られる主生成物 (A) および副生成物 (B) を書け．また，そのようになる理由を中間体の共鳴構造式に基づいて説明せよ．

ナフタレン →（HNO₃, $H_2SO_4$，加熱）(A) 主生成物 ＋ (B) 副生成物　(神戸大・理)

[7・11] 下記のナフタレンとアントラセンの反応における生成物の構造を記せ．
1) ナフタレン →（$O_2$, $V_2O_5$，加熱）
2) アントラセン →（$K_2Cr_2O_7$, $H_2SO_4$） (北大・生命科学)

[7・12] 次の化合物に AlCl₃ とベンゼンを加えて反応させたとき，おもに得られる生成物を示せ．

7. 芳香族化合物    59

1) PhCH$_2$COCl + AlCl$_3$ / benzene →

2) PhCH$_2$CH$_2$COCl + AlCl$_3$ / benzene →

3) Ph(CH$_2$)$_3$COCl + AlCl$_3$ / benzene →

(東大・新領域)

**[7・13]** 3-ブロモトルエンは，トルエンの臭素化反応やブロモベンゼンの Friedel-Crafts アルキル化反応では合成できない．しかし，*p*-トルイジンに対して以下の一連の反応を行うと，3-ブロモトルエンが高収率で得られた．(**A**), (**B**) および (**C**) にあてはまる適切な化合物の構造式を記せ．また，最も適した反応剤 (**X**) を記せ．

*p*-toluidine + (CH$_3$CO)$_2$O ⟶ (**A**) $\xrightarrow{\text{Br}_2 / \text{Fe}}$ (**B**) $\xrightarrow{\text{OH}^- / \text{H}_2\text{O}}$

2-bromo-4-methylaniline $\xrightarrow{(\boldsymbol{X}) \atop \text{HCl, H}_2\text{O}}$ (**C**) $\xrightarrow{\text{H}_3\text{PO}_2 / \text{H}_2\text{O}}$ 3-bromotoluene

(京大・工)

**[7・14]** ベンゼンから以下の化合物をできる限り選択的に合成するための反応式を書け．なお，異性体ができた場合は分離できるものとする．

1) 1-nitro-3-propylbenzene   2) 1-nitro-2-propylbenzene

(阪大・基礎工)

**[7・15]** 以下の二つの反応式（式 1, 式 2）について，1)〜3) に答えよ．

PhNO$_2$ $\xrightarrow[\text{Cl}_2, \text{FeCl}_3]{\text{反応 a}}$ C$_6$H$_4$ClNO$_2$ $\xrightarrow[\text{NaN}_3]{\text{反応 c}}$ C$_6$H$_4$N$_4$O$_2$    (1)

PhCl $\xrightarrow[\text{HNO}_3, \text{H}_2\text{SO}_4]{\text{反応 b}}$ C$_6$H$_4$ClNO$_2$ $\xrightarrow[\text{NaN}_3]{\text{反応 d}}$ C$_6$H$_4$N$_4$O$_2$    (2)

1) 1段階目の反応 a および反応 b のうち，$C_6H_4ClNO_2$ の位置異性体混合物を与えるのはどちらか，記号で記せ．また，その理由を簡潔に説明せよ．
2) 2段階目の反応 c および反応 d のうち，片方はほとんど進行しない．進行しない側の反応を記号で記し，その理由を簡潔に説明せよ．
3) 2)で進行する側の反応（c または d）について，その機構を曲がった矢印を用いて記せ．$C_6H_4ClNO_2$ および反応中間体の構造式を示すとともに，律速段階を指摘すること．なお，$C_6H_4ClNO_2$ が位置異性体混合物である場合は，どちらか一方の異性体について答えればよい．

（北大・理）

# 8

# ハロゲン化アルキル

**例題 8・1** 次の問に答えよ．
1) ハロゲン化アルキルの $S_N1$ 反応と $S_N2$ 反応について，反応機構がわかるように図を用いて説明せよ．
2) $S_N1$ 反応と $S_N2$ 反応において，ハロゲン化アルキル（RF, RCl, RBr, RI）の反応性の違いを説明せよ．
3) $t$-ブチルエチルエーテルを合成する方法を示せ．
4) 光学活性なアルコールを用いて以下の2種類の反応を行ったところ，互いに異性体の関係にある化合物（**A**）と化合物（**B**）が得られた．反応機構を説明し，化合物（**A**）と化合物（**B**）の構造を立体化学がわかるように示せ．ただし，Ts はトシル基（$p$-トルエンスルホニル基）である．

$$\underset{R\phantom{xx}H}{\overset{CH_3}{\underset{|}{C}}}\text{--OH} \xrightarrow[\text{2. CH}_3\text{O}^-]{\text{1. PBr}_3\text{, pyridine}} (\textbf{A}) \qquad \underset{R\phantom{xx}H}{\overset{CH_3}{\underset{|}{C}}}\text{--OH} \xrightarrow[\text{2. CH}_3\text{O}^-]{\text{1. TsCl, pyridine}} (\textbf{B})$$

（お茶大・人間文化）

**[解答]** 1) $S_N1$ 反応では，C–X（ハロゲン）結合がイオン化してカルボカチオン中間体となり，つづいて求核剤がどちらか一方の面から炭素を攻撃することにより置換反応が起こる．$S_N2$ 反応では，C–X 結合の背面から求核剤が炭素を攻撃することにより，立体反転を伴い置換反応が起こる．

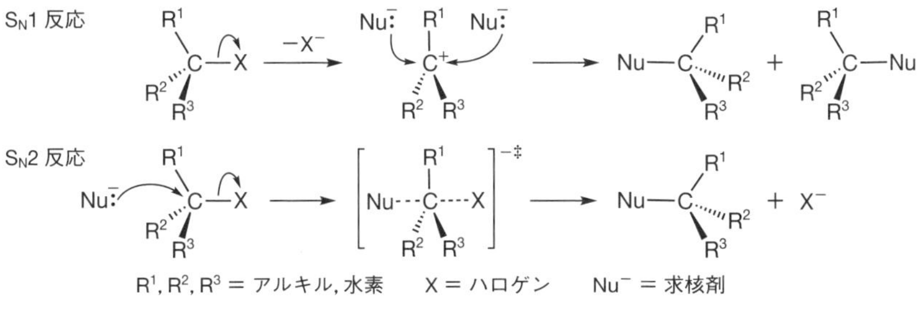

$S_N1$ 反応の反応機構図

$S_N2$ 反応の反応機構図

$R^1, R^2, R^3 = $ アルキル，水素    $X = $ ハロゲン    $Nu^- = $ 求核剤

2) ハロゲン化物イオンの脱離しやすさに従い，$S_N1$ 反応と $S_N2$ 反応の反応性は RF < RCl < RBr < RI の順に増大する．

3) [構造式: (CH₃)₂C(OH)CH₃ → Na → (CH₃)₃C-O⁻Na⁺ → EtBr → (CH₃)₃C-OEt]

4) [構造式: (A) R-C(CH₃)(H)-OCH₃ と (B) R-C(CH₃)(H)-OCH₃ の立体異性体]

[解説] $S_N1$(一分子求核置換)反応と $S_N2$(二分子求核置換)反応の反応機構と，反応物の構造の効果，立体化学については例題 5・1 ですでに説明した．3) Williamson エーテル合成を用いる場合，$S_N2$ 反応の起こりやすさを考慮して，反応物を選択する必要がある．t-ブチルエチルエーテルを合成するとき，t-ブトキシドとブロモエタン（第一級ハロゲン化アルキル）の $S_N2$ 反応は容易に進行するが，エトキシドと 2-ブロモ-2-メチルプロパン（第三級ハロゲン化アルキル）の $S_N2$ 反応は起こらない．これは，求核剤は脱離基の背面から攻撃するので，立体障害が大きいハロゲン化アルキルでは反応が起こりにくくなるためである．4) ヒドロキシ基は脱離しにくい置換基であり，よい脱離基に変換したのちメトキシドとの $S_N2$ 反応を行う．アルコールと $PBr_3$ をピリジン存在下で反応させると，立体反転で臭素化が進行する．2 回の立体反転により，全体としては立体保持のメチルエーテルが生成する．また，アルコールをトシラートに変換すると，p-トルエンスルホン酸イオンがよい脱離基であるため，$S_N2$ 反応が進行する．

[反応式: R-CH(CH₃)-OH → PBr₃/pyridine, $S_N2$ → R-CH(CH₃)-Br → CH₃O⁻, $S_N2$ → (A)]

[反応式: R-CH(CH₃)-OH → TsCl/pyridine → R-CH(CH₃)-OTs → CH₃O⁻, $S_N2$ → (B)]

Ts = -S(=O)₂-C₆H₄-CH₃
p-トルエンスルホニル基
（トシル基）

⁻O-S(=O)₂-C₆H₄-CH₃
p-トルエンスルホン酸イオン
（よい脱離基）

**例題 8・2** 次の反応の生成物 (A)〜(D) の構造を示せ．ただし，シス-トランス異性体は考慮しなくてよい．

8. ハロゲン化アルキル

$$\text{2-BuBr} \xrightarrow[\text{EtOH}]{\text{KOH}} (A) \text{ 収率 81\%} + (B) \text{ 収率 19\%}$$

$$t\text{-BuCl} \xrightarrow[\substack{\text{EtOH-H}_2\text{O} \\ \text{reflux}}]{\text{NaOH}} (C) \text{ 収率 100\%}$$

$$t\text{-BuCl} \xrightarrow[25\ ^\circ\text{C}]{\text{H}_2\text{O}} (D) \text{ 収率 80\%} + (C) \text{ 収率 20\%}$$

(北大・生命科学)

[解答]
(A) 2-ブタノール (OH), (B) 2-ブテン, (C) イソブテン, (D) $t$-ブタノール (OH)

[解説] ハロゲン化アルキルの構造，反応剤の塩基性と求核性，溶媒，温度などの条件によって，求核置換反応と脱離反応が競争する．

第二級ハロゲン化アルキルと水酸化カリウムの反応では，$S_N2$ 反応と E2 反応が競争する．大部分の反応物は，求核剤 $\text{OH}^-$ との $S_N2$ 反応により 2-ブタノールになる．強塩基性条件なので E2 反応もある程度進行し，Saytzeff 則に従い置換基の多い 2-ブテン（シス体とトランス体の混合物）が得られる．

強塩基性条件では，第三級ハロゲン化アルキルは E2 反応によりアルケンとなる．酸性または中性の条件では，カルボカチオン中間体を経由して $S_N1$ 反応（加溶媒分解）と E1 反応が競争する．これらの反応は，カルボカチオン中間体を安定化する極性の高い溶媒中（水，アルコールなど）で速くなる．

---

**例題 8・3** 以下に示す化合物 (A), (B), (C) を E2 反応の起こりやすい順番に並べよ．また，その理由を簡潔に説明せよ．

(A), (B), (C): 1-ブロモ-2,6-ジメチルシクロヘキサンの立体異性体（CH₃, Br, CH₃ の配置が異なる）

(北大・総合化学)

[解答] (A), (C), (B)
アンチ脱離が進行するために適した位置にある H は，(A) では安定ないす形配座に二つあるのに対し，(C) では不安定ないす形配座に一つだけしかなく，(B) のいす形配座にはないため．

[解説] 反応物は1,3-ジメチル-2-ブロモシクロヘキサンの立体異性体である．E2反応の起こりやすさは，反応の立体化学的な条件（アンチペリプラナー脱離，例題5・2参照）とシクロヘキサンいす形配座の安定性によって決まる．以下に3種類の化合物のいす形配座を示す．ここでは，より多くのメチル基とブロモ基がエクアトリアル位にあるいす形配座が安定である．(**A**)では，左の安定ないす形配座（エクアトリアル置換基二つ）において，脱離可能なアンチペリプラナーのβ-H（Brのβ位の水素，式中Hで示す）が二つある．(**B**)の二つのいす形配座では，脱離可能なHが存在しない．(**C**)では，右のいす形配座において脱離可能なβ-Hが一つある．このいす形配座は二つのアキシアル置換基をもつので，左のものより不安定である．以上のことから，(**A**) の反応が最も起こりやすく，(**C**)がそれに続き，(**B**)は反応しない．

## 演習問題

[**8・1**] 求核置換反応の立体化学を調べるために，(S)-1-chloro-1-phenylethane を用い，二つの条件で求核置換反応を行った．以下の問に答えよ．

1) (S)-1-chloro-1-phenylethane の構造式を絶対配置を含めて記せ．

2) (S)-1-chloro-1-phenylethane を無水酢酸中，酢酸カリウムと反応させると，1-acetoxy-1-phenylethane が得られたが，ほぼラセミ体であった．酢酸カリウムの濃度を2倍に増加させるとこの反応の速度はどうなるか．次の三つから選び記号で記せ．

   a. 約2倍速くなる     b. ほとんど変化しない     c. 約2倍遅くなる

3) (S)-1-chloro-1-phenylethane を，無水アセトン中，酢酸テトラエチルアンモニウムと反応させると，同じく 1-acetoxy-1-phenylethane が得られたが，その光学純度は原料の光学純度に近かった．酢酸テトラエチルアンモニウムの濃度を2倍に増加させるとこの反応の速度はどうなるか．次の三つから選び記号で記せ．

   a. 約2倍速くなる     b. ほとんど変化しない     c. 約2倍遅くなる

(京大・工)

## 8. ハロゲン化アルキル

[8・2] 以下の問に答えよ．
1) (R)-2-ブロモオクタンと硫化水素イオンを反応させたときの生成物の構造を立体化学がわかるように示せ．
2) 1)に示した反応において，(R)-2-ブロモオクタンの濃度を3倍に，硫化水素イオンの濃度を2倍にすると，反応速度は何倍になるかを示せ．
3) 1)の反応の生成物とは逆の立体配置をもつ化合物を，(R)-2-ブロモオクタン，硫化水素イオン，およびヨウ化物イオンを用いて合成する方法の反応式を立体化学がわかるように示せ．
(東工大・生命理工)

[8・3] $S_N1$反応について以下の問 1)～3) に答えよ．
1) 以下の文章の空欄 a～c に入る適切な語句を答えよ．
　$S_N1$反応の中間体である（a）の中心炭素原子は平面構造である．したがって，光学活性なハロゲン化アルキル（ハロゲン原子はキラル中心の炭素に結合している）の$S_N1$反応では，生成した中間体は求核剤と平面の両側から反応するため，生成物は光学不活性な（b）体となる．反応溶媒には（a）中間体を（c）によって安定化する極性溶媒がしばしば用いられる．
2) 以下の $S_N1$ 反応の生成物 (**A**) の構造式を示せ．

3) 以下の (**A**)～(**D**) の化合物を $S_N1$ 反応の反応速度の順に記号で並べよ．

(北大・総合化学)

[8・4] 化合物 (**A**)～(**F**) の置換反応に関する以下の問に答えよ．なお，化合物 (**F**) の * をつけた炭素は $^{13}C$ で標識されている．

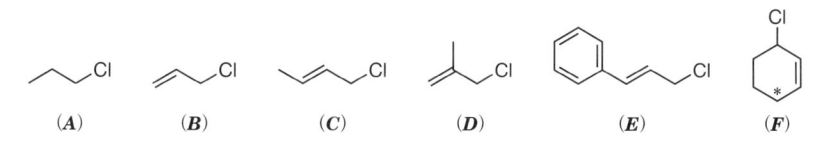

1) 50％エタノール水溶液中で，化合物 (**A**) および (**B**) の加溶媒分解反応 ($S_N1$ 反応) を行った結果，(**B**) の加溶媒分解の速度は (**A**) に比べて30倍以上大きい値を示

した．この理由を説明せよ．

2) 1)と同条件下での$S_N1$反応において，(**C**)〜(**E**)を反応速度が大きいほうから順に並べよ．

3) NaOMeを用いた(**A**)と(**B**)の求核置換反応（$S_N2$反応）は，どちらが速いか．遷移状態の構造を示し，その理由を説明せよ．

4) 以下の反応aとbについて，(**G**)〜(**I**)に当てはまる適切な化合物の構造式を記せ．

a.

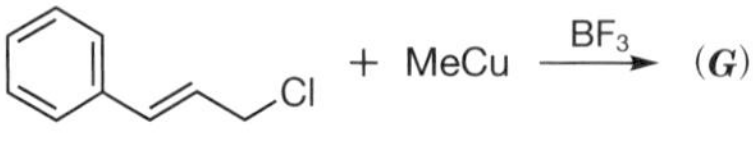

PhCH=CHCH$_2$Cl (**E**) + MeCu $\xrightarrow{\text{BF}_3}$ (**G**)

b.

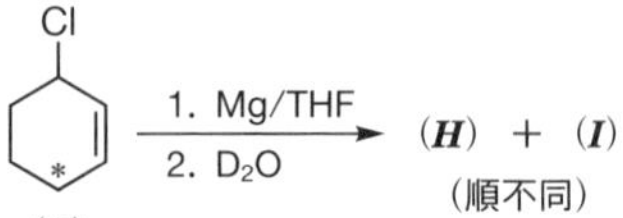

(**F**) $\xrightarrow{\text{1. Mg/THF}}_{\text{2. D}_2\text{O}}$ (**H**) + (**I**)  (順不同)

（京大・工）

[8・5]　(1R,2S)-1-bromo-1,2-diphenylpropaneにsodium ethoxideを作用させてE2脱離反応を行うと，1種類の生成物が得られた．その生成物の構造式および生成機構を立体化学がわかるように記せ． （京大・工）

[8・6]　次に示す二つの異性体(**A**)および(**B**)のおのおのを，エタノール溶液中$C_2H_5$ONaで脱離反応を行ったときの主生成物の構造式を書き，それらが生じる理由を150字程度で述べよ．

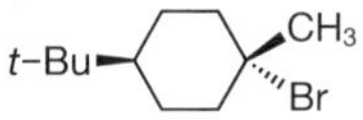

(**A**) 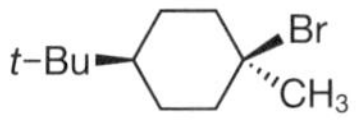　　　　　(**B**)　　　　　（東大・工）

[8・7]　次に示す化合物(**A**)および(**B**)を$K_2CO_3$で処理した場合の生成物の構造式を立体配置がわかるように記せ．どちらの反応がより速く起こると予想されるか．理由とともに答えよ．

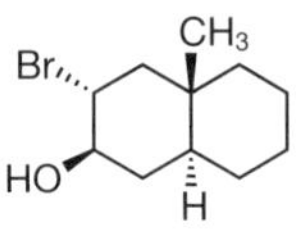

(**A**) 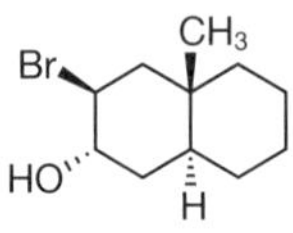　　　　　(**B**)　　　　　（北大・生命科学）

[8・8]　化合物(**A**)は$S_N1$，$S_N2$型の置換反応，E1，E2型の脱離反応がいずれも起こらない．理由を説明せよ．

(**A**)

（早大・先進理工）

## 8. ハロゲン化アルキル

[8・9] 次の実験において観察された現象を，化学反応式を用いて説明せよ．
1) (*R*)-2-ブロモブタンと臭化ナトリウムとのアセトン溶液を室温に放置しておくと，旋光度が徐々に失われた．
2) (*S*)-1-フェニルエタノールのギ酸溶液を加熱すると，その溶液の旋光度が失われた．
(神戸大・理)

[8・10] 次の反応 a, b に示すように，2-ヨードヘキサンと 2-フルオロヘキサンの E2 反応では，生成物の 1-ヘキセンと 2-ヘキセン（*E* 体と *Z* 体の混合物）の選択性が異なる．なお，反応は非可逆的に進行し，速度論的に生成物の比率が決定されると考える．

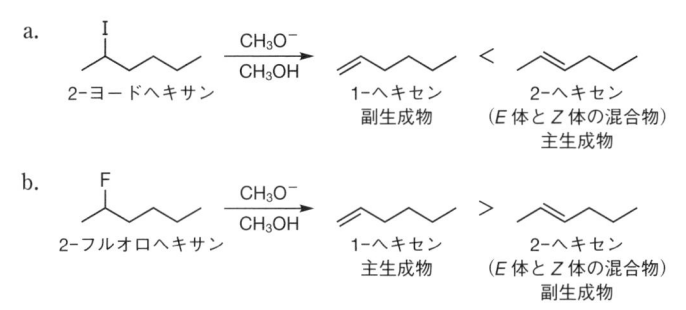

a.
2-ヨードヘキサン → (CH₃O⁻ / CH₃OH) → 1-ヘキセン（副生成物） < 2-ヘキセン（*E* 体と *Z* 体の混合物）（主生成物）

b.
2-フルオロヘキサン → (CH₃O⁻ / CH₃OH) → 1-ヘキセン（主生成物） > 2-ヘキセン（*E* 体と *Z* 体の混合物）（副生成物）

1) 反応 a の 2-ヨードヘキサンの E2 反応について，1-ヘキセンと 2-ヘキセンを生じる遷移状態をそれぞれ図示したうえで，2-ヘキセンが主生成物になる理由を説明せよ．
2) 反応 b の 2-フルオロヘキサンの E2 反応について，1-ヘキセンと 2-ヘキセンを生じる遷移状態をそれぞれ図示したうえで，1-ヘキセンが主生成物になる理由を説明せよ．
(北大・総合化学)

[8・11] 次の化合物の加水分解により得られる生成物を三つ記せ．また，その生成機構も示せ．

(名大・理)

# 9

# アルコール，フェノール，エーテルおよび硫黄類縁体

---

**例題 9・1** 次の問 1) と 2) に答えよ．
1) Williamson エーテル合成法を利用して，エーテル $C_6H_5OCH_2CH_3$ を合成する方法を書け．
2) Grignard 反応により，アルコール $C_6H_5CH(OH)CH_2CH_3$ を合成する方法を 2 通り書け．
 (阪府大・生命環境科学)

---

[解答] 1) 

$$\text{PhO}^-\text{Na}^+ + \text{CH}_3\text{CH}_2\text{Br} \longrightarrow \text{PhOCH}_2\text{CH}_3$$

2) 

$$\text{PhCHO} \xrightarrow[\text{2. H}_3\text{O}^+]{\text{1. CH}_3\text{CH}_2\text{MgBr}} \text{PhCH(OH)CH}_2\text{CH}_3$$

$$\text{CH}_3\text{CH}_2\text{CHO} \xrightarrow[\text{2. H}_3\text{O}^+]{\text{1. PhMgBr}} \text{PhCH(OH)CH}_2\text{CH}_3$$

[解説] 1) Williamson エーテル合成法は，アルコキシド（フェノキシド）とハロゲン化アルキルの $S_N2$ 反応を用いた合成である．

$$R^1-O^- + R^2-X \xrightarrow{S_N2} R-O-R' \qquad \begin{array}{l} R^1 = \text{アルキル，アリール} \\ R^2 = \text{メチル，第一級アルキル} \end{array}$$

　ハロゲン化アルキルは，$S_N2$ 反応を起こしやすいメチルおよび第一級アルキルに限られる．第二級ハロゲン化アルキルを用いると，E2 反応が競争する．この合成法を分子内反応に用いると，環状エーテル（オキシランやテトラヒドロフランなど）を合成することができる．エチルフェニルエーテルの合成の場合，ハロベンゼンは $S_N2$ 反応を起こさないので，可能な組合わせはフェノキシドとブロモエタン（ハロゲン置換基はクロロ基，ヨード基でも可）だけである．
2) カルボニル化合物と Grignard 反応剤の反応により，種々のアルコールを合成する

9. アルコール，フェノール，エーテルおよび硫黄類縁体　　　69

ことができる（下式）．ホルムアルデヒド，アルデヒド，ケトンとの Grignard 反応により，それぞれ第一級，第二級，第三級アルコールが得られる．エステルと過剰量の Grignard 反応剤を反応させると，第三級アルコール（ギ酸エステル $R^4 = H$ の場合は第二級アルコール）を合成することができる（演習問題 9・2 参照）．

---

**例題 9・2** 次の各反応でおもに生成する有機化合物 (**A**)〜(**G**) を構造式で書け．立体化学が問題になる場合には，その違いがわかるように明示せよ．

1) フェノール $\xrightarrow[\text{2. BrCH}_2\text{CH=CH}_2]{\text{1. NaH}}$ (**A**) $\xrightarrow{\text{加熱}}$ (**B**)

2) ペンテノール $\xrightarrow[\text{H}_2\text{O}]{\text{Br}_2}$ (**C**)

3) $(CH_3)_2CH\text{-}O\text{-}CH_2CH_3 \xrightarrow{\text{HI}}$ (**D**) + (**E**)

4) メチルシクロヘキセン + m-クロロ過安息香酸 $\longrightarrow$ (**F**) $\xrightarrow{\text{OH}^-}$ (**G**)

（東北大・理）

---

[解答]

(**A**) アリルフェニルエーテル　(**B**) 2-アリルフェノール　(**C**) 2-(ブロモメチル)テトラヒドロフラン　(**D**) CH$_3$CH$_2$I　(**E**) (CH$_3$)$_2$CH-OH　(**F**) 1-メチル-1,2-エポキシシクロヘキサン　(**G**) trans-2-メチルシクロヘキサン-1,2-ジオール

(**D**) と (**E**) は順不同

[解説] 1) フェノールと水素化ナトリウムからナトリウムフェノキシドを調製し，臭化アリルと反応させると酸素がアリル化されたエーテルが生成する．つづいて加熱すると，[3,3] シグマトロピー（例題 14・3 参照），つづいて芳香族化を伴う異性化が進

行する．2) ブロモニウムイオン中間体に対する分子内ヒドロキシ酸素の攻撃による環化．3) エーテル酸素のプロトン化とそれに続くヨウ化物イオンの置換によるエーテルの開裂．後者の段階は $S_N2$ 機構で進行するため，第一級のエチル基の炭素に対して求核剤が攻撃する．4) アルケンのエポキシ化とそれに続く $S_N2$ 反応によるエポキシドの開環．

---

**例題 9・3** Answer the following questions.
1) Draw the structure of (**A**).
2) Show the stereochemistry ($R$ or $S$) of the stereogenic carbons **a**, **b**, and **c**.
3) Draw the structures of (**B**) and (**C**) with stereochemistry.
4) Draw the structures of (**D**) and (**E**).

(早大・先進理工)

[解答] 1) (**A**)  2) **a**: $S$, **b**: $R$, **c**: $S$

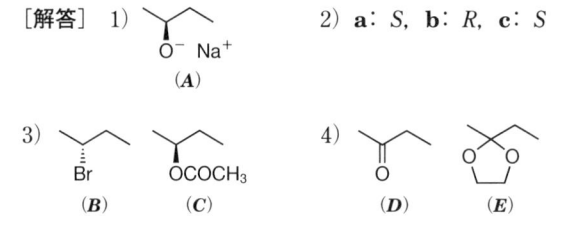

3) (**B**) Br, (**C**) OCOCH$_3$  4) (**D**), (**E**)

[解説] アルコールを NaH や Na と反応させると，水素の発生を伴いアルコキシドが生成する．アルコキシドは求核剤として作用し，酸塩化物と反応するとエステルが得られる．

アルコールの PBr$_3$ による臭素化は，プロトン化された亜リン酸エステル中間体を経由して立体反転を伴う $S_N2$ 機構で進行する（次式）．PBr$_3$ は最終的には亜リン酸 $H_3PO_3$ になる．アルコールを塩素化する場合は塩化チオニル $SOCl_2$ がよく用いられ，条件によって立体保持か立体反転で進行する．

9. アルコール，フェノール，エーテルおよび硫黄類縁体　　　71

$$\text{R}^2\underset{\text{R}^3}{\overset{\text{R}^1}{\text{C}}}\text{OH} + \text{PBr}_3 \longrightarrow \text{Br}^- \cdots \underset{\text{R}^3}{\overset{\text{R}^1}{\text{C}}} \cdots \overset{+}{\text{O}}(\text{H})\text{PBr}_2 \longrightarrow \text{Br}\underset{\text{R}^3\text{R}^2}{\overset{\text{R}^1}{\text{C}}} + (\text{HO})\text{PBr}_2$$

アルコールを酸触媒下でアルデヒドまたはケトンと反応させると，アセタールが生成する．1,2-エタンジオールを用いると環状アセタールが得られる．アセタールを酸触媒下で水と反応させるとカルボニル化合物に戻るため，カルボニル基の保護基として利用できる．

## 演習問題

[9・1] 次式に示すように，三酸化クロムから調製される2種類の酸化剤を用いて1-ブタノールを酸化したところ，異なる生成物が得られた．酸化剤の種類によって生成物が異なる理由を鍵となる中間体の構造を含めて記述せよ．

$$\text{CH}_3\text{CH}_2\text{CH}_2\text{CH}_2\text{OH} \xrightarrow[\text{PCC, CH}_2\text{Cl}_2]{\overset{\text{CrO}_3, \text{H}_2\text{SO}_4}{\text{H}_2\text{O}}} \begin{matrix}\text{CH}_3\text{CH}_2\text{CH}_2\text{CO}_2\text{H} \\ \\ \text{CH}_3\text{CH}_2\text{CH}_2\text{CHO}\end{matrix}$$

PCC = pyridinium chlorochromate　　　　　　　　　（京大・工）

[9・2] 炭素数3以下のアルデヒド，ケトンまたはエステルと適切なGrignard試薬から，アルコール1)〜4)を合成する方法を反応式で示せ．ただし，生成物がマグネシウム塩である場合は，これを希塩酸と処理するものとする．

1) CH₃CH₂−C(OH)(CH₃)−CH₃

2) CH₃CH₂CH₂−CH(OH)−CH₂CH₃

3) CH₃CH₂−C(OH)(CH₃)−CH₂CH₃

4) CH₃CH₂CH₂−C(OH)(CH₂CH₃)−CH₂CH₂CH₃
　　　　　　　　　　　　　　　　　　　　　　（東北大・工）

[9・3] 以下の1)〜3)の反応について，主生成物の構造式を記せ．なお，3)については立体化学がわかるように構造式を記せ．

1) CH₃CH₂CH₂CH₂CH₂OH + PBr₃ ⟶

2) 1,1'-ジシクロペンチル-1,1'-ジオール + H⁺ ⟶

3) (R)-2-シクロヘキセン-1-オール + m-クロロ過安息香酸 ⟶

（九大・理）

[9・4] 一般に 1,2-ジオールを過ヨウ素酸で処理すると，炭素－炭素結合が開裂したカルボニル化合物を与える．(**A**) と (**B**) を比較し，より速やかに反応するものを記号で示せ．理由をあわせて示せ．

(**A**)　　　　　(**B**)　　　　　（東北大・生命科学）

[9・5] 次の立体配置をもつアルコールを出発原料とし，さまざまな反応試薬を用いて臭素化を行った．1)〜3) の問に答えよ．

1) 反応試薬として HBr を作用させた．反応機構を明記し，生成物の立体化学を説明せよ．
2) 反応試薬として SOBr₂ を作用させた．反応機構を明記し，生成物の立体化学を説明せよ．
3) 反応試薬として SOBr₂/ピリジンを作用させた．反応機構を明記し，生成物の立体化学を説明せよ．

（新潟大・自然）

[9・6] 次の (**A**)〜(**F**) に入る最も適当な化学構造式を書け．

1) フェノール + 臭素水 → (**A**)
2) フェノール + Ph-NCO → (**B**)
3) フェノール + CHCl₃ $\xrightarrow{\text{1. NaOH, 2. H}_2\text{O}}$ (**C**)
4) PhONa $\xrightarrow{\text{1. CO}_2, 高圧, \text{2. H}^+}$ (**D**)
5) p-クレゾール $\xrightarrow{\text{HNO}_3, \text{H}_2\text{SO}_4, \text{r.t.}}$ (**E**)
6) p-クレゾール + BrH₂C-C₆H₄-NO₂ $\xrightarrow{\text{aq. NaOH}}$ (**F**)

（阪大・理）

[9・7] 以下の反応は，位置異性体の 1：1 混合物を与える．この反応の反応機構を示し，異性体混合物がほぼ同じ割合で得られる理由を簡潔に記せ．

p-クロロトルエン $\xrightarrow{\text{NaOH, 350 ℃}}$ p-クレゾール + m-クレゾール

（広島大・理）

9. アルコール，フェノール，エーテルおよび硫黄類縁体　　73

[9・8] 2種類のアルコールを用いて酸触媒反応によりエーテルを合成すると3種類のエーテルが生成し，非対称エーテルの選択性は低い．しかし，次の反応は高選択的に進行する．その理由を簡潔に述べよ．

$$(CH_3)_3C-OH + CH_3CH_2OH \xrightarrow{15\% NaHSO_4 \text{ aq.}} (CH_3)_3C-O-CH_2CH_3$$

(阪府大・工)

[9・9] 以下の問に答えよ．
1) 以下の化学反応式aとbの反応機構と生成物の構造式を書け．

a. PhO-CH$_3$ + HCl →　　b. PhO-CH$_2$-O-CH$_3$ $\xrightarrow[H_2O]{H_2SO_4}$

2) 化合物 (**A**) と (**B**) では，塩酸との反応でどちらの O-CH$_3$ 結合が切れやすいか，理由を付けて答えよ．

(**A**) 1-メトキシナフタレン　　(**B**) 5-メトキシ-1,4-ナフトキノン

(早大・先進理工)

[9・10] 異なる反応条件aとbで化合物 (**A**) のモノエポキシ化反応を行った．それぞれの反応条件でおもに得られる生成物とその生成機構を電子の流れがわかるように巻矢印を用いて記し，それらの生成物が優先して生じる理由を説明せよ．

3-クロロ過安息香酸 ← a ─ (**A**) ─ $\xrightarrow{H_2O_2, NaOH/H_2O}$ b

(**A**) = 4a,5,8,8a-テトラヒドロナフタレン-1(4H)-オン

(広島大・理)

[9・11] 次に示した出発物質から最終生成物を合成したい．各段階で最も適当と思われる合成法を示せ．

1) イソブタノール → イソブチル テトラヒドロピラニルエーテル

2) (1S,3R)-3-(ヒドロキシメチル)シクロヘキサノール → (3R)-3-(ヒドロキシメチル)シクロヘキサノン

3) シクロヘキセン → trans-2-メチルシクロヘキサノール (ラセミ体)

4) (R)-1-フェニルプロパン-2-オール → (S)-1-フェニルプロパン-2-オール

(東北大・理)

[9・12] 以下の 1)〜6) の反応の生成物を答えよ．

# 10

# アルデヒド，ケトン

> **例題 10・1** カルボニル化合物のケト-エノール互変異性において，アセトアルデヒドやアセトンはほぼケト形として存在しているが，2,4-ペンタンジオンは76%エノール形として存在している．2,4-ペンタンジオンのエノール形がケト形よりも安定である理由について構造式などを示し，論理的に説明せよ．
> （神奈川大・工）

[解答] 2,4-ペンタンジオンのエノール形とケト形の構造を以下に示す．右のエノール形は，ヒドロキシ基の水素とカルボニル基の酸素が近くにあり，分子内水素結合により安定化されるので，ケト形より安定である．

[解説] カルボニル化合物においてカルボニル基の $\alpha$ 位に水素がある場合，ケト形とエノール形の互変異性体が存在し，酸触媒または塩基触媒により相互に異性化する．アセトンの互変異性の過程を以下に示す．酸性条件では，ケト形のカルボニル酸素へのプロトン化を経由して異性化が進行する．塩基性条件では，弱い酸性を示すケト形の $\alpha$ 水素の脱プロトンにより生じるエノラートを経由して異性化が進行する．

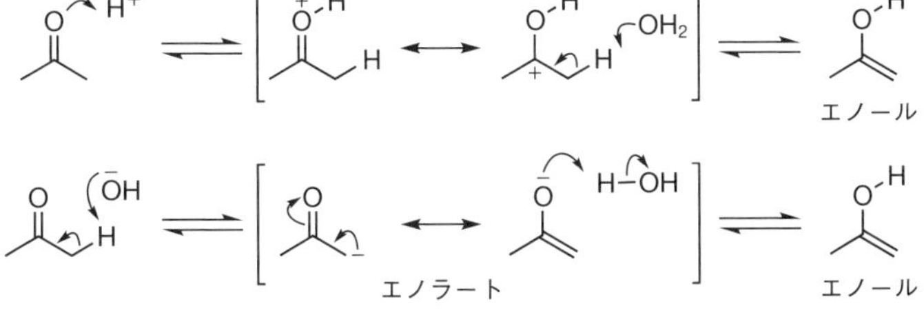

一般に，ケト形がエノール形に比べて安定であるが，分子内水素結合で安定化され

76    10. アルデヒド，ケトン

る場合などエノール形が安定になることがある．1,3-ジケトン，β-ケトエステルなどがこれに該当する．α水素をもつカルボニル化合物に強塩基を反応させると，エノラートが生成する．このアニオンは共鳴により安定化され，アルドール縮合反応などで重要な中間体である．

**例題 10・2** cyclohexanone を以下の条件で反応させたときに得られる主生成物を記せ．ただし，a と b は反応の順を示す．また，水による後処理を要する場合があるがここでは省略している．

1) pyrrolidine, $p$-CH$_3$C$_6$H$_4$SO$_3$H
2) BrCH$_2$CO$_2$CH$_3$, $t$-C$_4$H$_9$OK
3) BrCH$_2$CO$_2$CH$_3$, Zn
4) a. BrCH$_2$CO$_2$CH$_3$, P(C$_6$H$_5$)$_3$, b. NaOCH$_3$
5) a. ($i$-C$_3$H$_7$)$_2$NLi, b. CH$_3$I
6) a. ($i$-C$_3$H$_7$)$_2$NLi, b. (CH$_3$)$_3$SiCl
7) Cl$_2$, H$_2$O
8) DCl, D$_2$O
9) a. Br$_2$, CH$_3$CO$_2$H, b. pyridine
10) a. Mg, b. H$_2$SO$_4$
11) C$_6$H$_5$CHO, NaOH, H$_2$O
12) C$_6$H$_5$CO$_3$H
13) HNO$_3$, V$_2$O$_5$
14) (CH$_3$)$_3$S$^+$I$^-$, $n$-C$_4$H$_9$Li
15) a. C$_6$H$_5$NHNH$_2$, b. BF$_3$, CH$_3$CO$_2$H
16) a. HSCH$_2$CH$_2$SH, H$^+$, b. Raney Ni
17) a. NaBH$_4$, b. H$_2$SO$_4$

(名大・理)

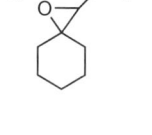

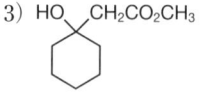

[解答] 1)〜14) の構造式が示されている．

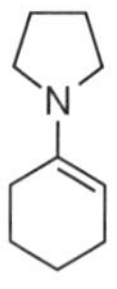

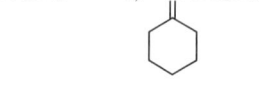

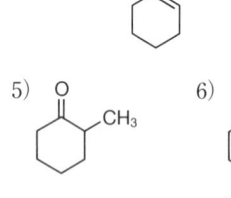

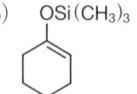

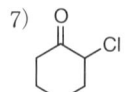

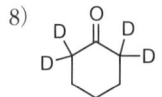

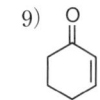

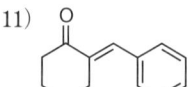

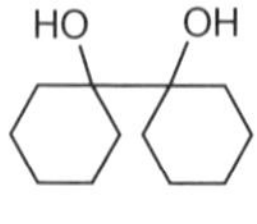

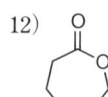

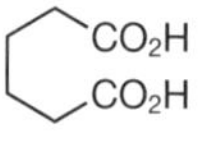

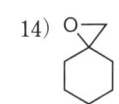

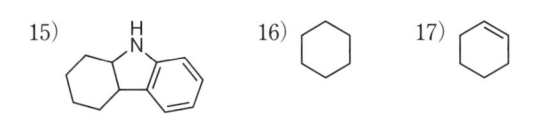

10. アルデヒド，ケトン　　77

15) [carbazoline structure with NH]　16) [cyclohexane]　17) [cyclohexene]

[解説] ケトンと種々の反応剤の反応. 1) 第二級アミンとの反応によるエナミンの生成. 2) α-ハロエステルとの Darzens(ダルツェン) 縮合によるエポキシドの生成. 3) α-ハロエステルとの Reformatsky(レフォルマトスキー) 反応. 4) Wittig(ウィッティッヒ) 反応によるアルケンの生成. 5) エノラートを経由した α-アルキル化. 6) エノラートを経由したエノールシリルエーテルの生成. 7) 塩素との反応による α-塩素化. 8) 酸触媒によるエノールを経由した α 水素の交換. 9) 酸性条件下の α-臭素化とそれに続く脱離反応. 10) マグネシウムを用いたピナコールカップリング. 11) ベンズアルデヒドとの交差アルドール縮合. 12) Baeyer-Villiger(バイヤービリガー) 酸化による転位を伴うエステルの生成. 13) バナジウム触媒による酸化. 14) スルホニウムイリドとの反応によるエポキシドの生成. 15) ヒドラゾンの生成とそれに続く脱アンモニアを伴う環化 (Borsche-Drechsel(ボルシェドレクセル) 環化). 16) ジチオアセタールの生成とそれに続く脱硫黄・水素化. 17) 還元とそれに続く脱水. 重要な中間生成物を以下に示す.

5), 6) [cyclohexenolate O⁻Li⁺]　9) [2-bromocyclohexanone]　15) [cyclohexanone phenylhydrazone]

16) [1,3-dithiolane spiro cyclohexane]　17) [cyclohexanol]

---

**例題 10・3** 次の反応生成物 (**A**)〜(**D**) の構造を反応機構とともに示せ．

アセトフェノン ─→
1) NaOH, I₂ → (**A**) + (**B**)
2) NaOEt, ベンズアルデヒド → (**C**)
3) HOCH₂CH₂OH, H⁺ → (**D**)

(お茶大・人間文化)

[解答]

1) [反応機構の図: ヨードホルム反応によりアセトフェノンが安息香酸ナトリウム (**A**) とヨードホルム $CHI_3$ (**B**) を生成する過程]

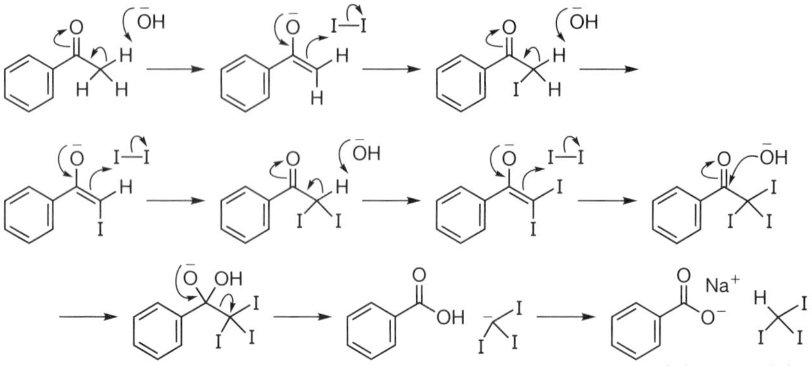

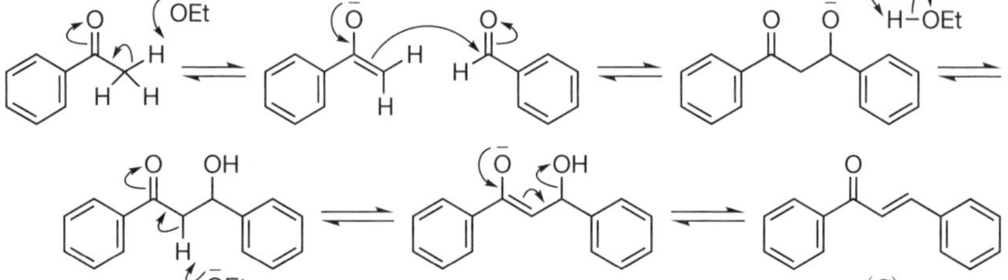

(**A**)と(**B**)は順不同

2) [反応機構の図: アセトフェノンのエノラートがベンズアルデヒドと反応し, アルドール縮合を経てカルコン (**C**) を生成する過程]

3) [反応機構の図: アセトフェノンがエチレングリコールと酸触媒下で反応し, ヘミアセタールを経てアセタール (**D**) を生成する過程]

ヘミアセタール

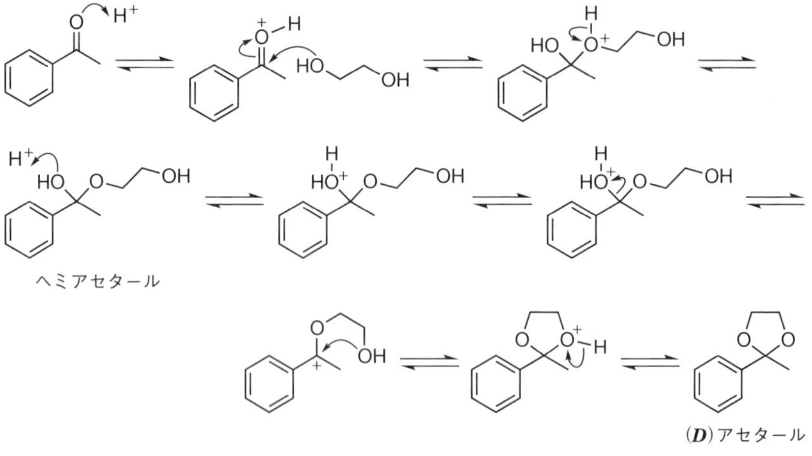

(**D**)アセタール

[解説] 1) ヨードホルム反応. 塩基の作用によりエノラートが生成し, メチル基の水

素が順次ヨウ素化され，トリヨードメチルケトンになる．つづいて塩基の作用により加水分解を受けると，最終的に安息香酸イオンとヨードホルム（トリヨードメタン）になる．この反応が進行するとヨードホルムが黄色固体として沈殿するため，メチルケトン類の定性試験として用いられる．

2) 交差アルドール縮合．ベンズアルデヒドはカルボニル基のα水素をもたないので，エノラートを生成しない．そのため，アセトフェノンのエノラートがベンズアルデヒドのカルボニル基に付加する反応が優先的に起こる．その後，塩基触媒により脱水が進行すると，交差アルドール縮合生成物であるエノンが生成する．

3) ケトンと1,2-ジオールによる環状アセタールの生成．酸触媒を用いてアルデヒドまたはケトンをアルコールと反応させると，不安定なヘミアセタールを経由して最終的にアセタールが生成する．

$$R^2\underset{}{\overset{O}{\|}}R^1 \underset{H_3O^+}{\overset{ROH, H^+}{\rightleftarrows}} R^2\underset{R^1}{\overset{HO\ OR}{|}} \underset{H_3O^+}{\overset{ROH, H^+}{\rightleftarrows}} R^2\underset{R^1}{\overset{RO\ OR}{|}}$$
　　　　　　　　　　　　　ヘミアセタール　　　　　　アセタール

ここではアルコールとして1,2-ジオールが用いられているので，生成物は環状アセタールである．アセタールを生成する反応は可逆的であり，水が過剰に存在するともとのケトンに戻る．したがって，アセタールはカルボニル基の保護基として用いられる．

---

**例題 10・4** ベンズアルデヒド PhCHO に水酸化ナトリウムを加えて加熱するとベンジルアルコールと安息香酸ナトリウムが生成する．この反応の機構を書け．
(東北大・工)

[解答]

[解説] カルボニル基のα位に水素原子をもたないアルデヒドを塩基性条件で加熱すると，カルボン酸とアルコールが得られる．この反応は Cannizzaro 反応とよばれ，不均化反応（1種類の化合物から2種類以上の化合物が生成する反応）の一つである．水酸化物イオンがカルボニル炭素に求核付加し，つづいてヒドリドが付加中間体から別のアルデヒドに移動する．ヒドリド移動の機構は，同位体を用いた実験により証明で

きる．重水素化されたベンズアルデヒドを用いて反応すると，重水素 D はベンジルアルコールのメチレン基に分布し，溶媒の水に重水素は取込まれない．

$$2\ Ph\text{-}\underset{D}{\overset{O}{\|}}C\text{-} \xrightarrow[H_2O]{^-OH} Ph\text{-}\overset{O}{\underset{O^-}{\|}}C\text{-} + Ph\text{-}\underset{OH}{\overset{D}{|}}C\text{-}D$$

---

## 演習問題

[10・1] 次に示すアセトンのハロゲン化の初期反応速度は臭素の濃度には依存しない．その理由を説明せよ．

$$H_3C\text{-}\overset{O}{\|}C\text{-}CH_3 + Br_2 \xrightarrow{CH_3CO_2H} H_3C\text{-}\overset{O}{\|}C\text{-}CH_2Br + HBr \qquad \text{(神戸大・理)}$$

[10・2] アセトフェノンを以下の試薬 1)～5) と反応させる．主要な生成物の構造と名称を示せ．

1) $HONH_2$  
2) $H_2NNH_2$, $KOH$  
3) $CH_3CH_2MgBr/(CH_3CH_2)_2O$，つづいて $H_3O^+$  
4) $I_2$, $NaOH$ 水溶液  
5) $(Ph_3PCH_3)^+ Br^-$，$BuLi/THF$ 

(東工大・理工)

[10・3] カルボニル基のメチレン基への代表的変換法として，三つの方法がある．以下に示す反応について，試薬等を明記して三つの変換法を示せ．

(東大・工)

[10・4] 次に示す反応式 a～c について，問 1)～4) に答えよ．

a. 
$$Ph\text{-}\overset{O}{\|}C\text{-}CH_3 \xrightarrow[\text{ether, HCl}]{KCN(excess)} (\mathbf{A})$$

b.
$$Ph\text{-}CHO \xrightarrow[H_2O]{KCN\ (catalytic\ amount)} Ph\text{-}\overset{O}{\|}C\text{-}\underset{OH}{\overset{H}{|}}C\text{-}Ph$$

c.
$$\text{furan-2-CHO} + Ph\text{-}CH=CH\text{-}\overset{O}{\|}C\text{-}CH_3 \xrightarrow[DMF]{KCN\ (catalytic\ amount)} (\mathbf{B})$$

1) 反応式 a の反応生成物 ($\mathbf{A}$) の構造式を記せ．

2) 反応式 b の反応の機構を曲がった矢印を用いて記せ．
3) 反応式 b の反応は，芳香族アルデヒドでは反応するが，脂肪族アルデヒドではうまく進行しない．その理由を記せ．
4) 反応式 c の反応生成物 (**B**) の構造式を記せ． (北大・総合化学)

[10・5] 以下に示す 1)〜4) の変換を効率的に行う方法を答えよ．

(名大・理)

[10・6] 次の反応の主生成物を示せ．

1) シクロヘキサノン + メチルビニルケトン  1. EtONa, EtOH, エーテル  2. 加熱, OH⁻ → (**A**)

2) 6-ブロモ-2-ヘキサノン  1. HOCH₂CH₂OH, H⁺  2. Mg, エーテル  3. H₂C=O  4. H⁺, H₂O → (**B**)

3) 3-ペンタノン  H₂C=PPh₃ → (**C**)
   1. CH₃MgBr  2. H⁺, H₂O  3. SOCl₂ → (**D**)

(東大・工)

[10・7] 以下の反応 1), 2) について，反応機構を曲がった矢印を用いて記せ．

1) 2-ブロモシクロヘキサノン  1. NaOH/H₂O  2. H₃O⁺

2) フェナントレン-9,10-ジオン  1. KOH/EtOH  2. H₃O⁺

(北大・理)

[10・8] 次の反応条件 a と b で，化合物 (**A**) をヨードメタンと反応させると，2 種類の生成物 (**B**), (**C**) が得られる．化合物 (**B**), (**C**) の構造式を記せ．また，それぞれの反応条件でどちらの化合物が主生成物になるか記せ．

(**A**) 3-メチル-2-ブタノン  反応条件 a あるいは反応条件 b → (**B**) + (**C**)

反応条件 a: 1. [(CH₃)₂CH]₂NLi (LDA), THF, −78 ℃, 2. CH₃I
反応条件 b: 1. NaOC₂H₅, C₂H₅OH, 0 ℃, 2. CH₃I

(九大・理)

[10・9] 2,5-ヘキサンジオンを塩基処理すると,分子内で反応して2種類の脱水生成物 (**A**), (**B**) が生成する可能性がある.実際の反応では, (**A**) のみが選択的に得られる.
1) (**A**), (**B**) の化学構造式を示せ.
2) 中間体 (**C**) から (**A**), 中間体 (**D**) から (**B**) が生成する機構を,それぞれ電子の動きがわかるように示せ.
3) (**A**) が選択的に得られる理由を説明せよ.

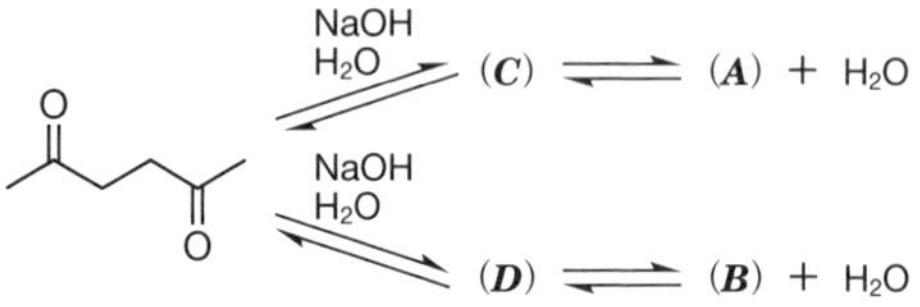

(東工大・理工)

[10・10] 下記の反応の (**A**) と (**B**) の構造式を示せ.

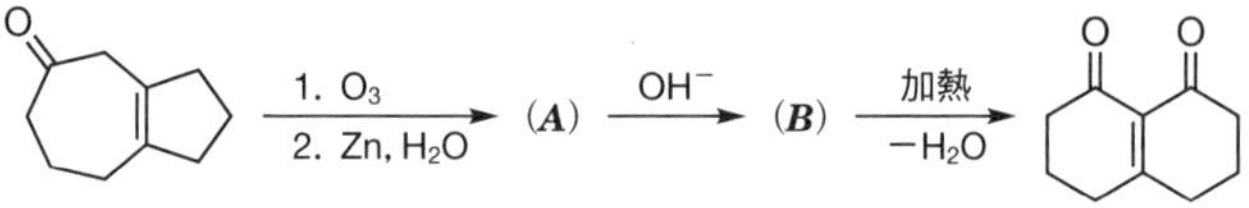

(京大・工)

[10・11] 次の文章を読み,以下の各問に答えよ.
　ベンズアルデヒドのカルボニル (a) は δ+ に分極しているため CHO 基の水素原子の (b) が低く,一般的には強塩基を用いてもアシルアニオンは生成しない.一方で,ベンズアルデヒドを 1,3-プロパンジチオールと反応させて得られる 1,3-ジチアンは,強塩基処理により (c) (**A**) を生成し, (d) 試薬と反応する.その後 $HgCl_2$ で処理することにより,生成物 (**B**) が得られる.すなわち (c) (**A**) はアシルアニオン等価体とみなすことができる.このような求電子性の化合物を変換して求核性を付与する合成手法は,極性転換の一例である.

1) a~d に入る最も適した語句を次の語群から選べ.
　　アニオン,塩基性度,カチオン,求核,求電子,酸性度,酸素原子,水素原子,炭素原子,ラジカル
2) (**A**), (**B**) の構造式を書け.

(東工大・総理工)

[10・12] 以下の問に答えよ.

10. アルデヒド，ケトン　83

1) 式 a に従って，アルデヒド (**A**) のカルボニル基の α 位をベンジル化した生成物 (**B**) を合成しようとしたが，(**B**) とは異なる生成物 (**C**) が主生成物として得られた．(**C**) に当てはまる適切な化合物の構造式を記せ．

a. Ph〜CHO (**A**) — 1. (i-Pr)$_2$NLi, THF　2. PhCH$_2$Br　3. H$_3$O$^+$ → (**C**)　IR：3600〜3300 cm$^{-1}$，1700 cm$^{-1}$

Ph-CH(CH$_2$Ph)-CHO (**B**) not obtained

2) 式 b〜d に従って合成を行った結果，いずれの反応においても目的とする化合物 (**B**) が高収率で得られた．空欄 (**D**)〜(**G**) に当てはまる適切な化合物の構造式を記せ．また，最も適した反応剤 (**H**) を記せ．

b. Ph〜CHO (**A**) + H$_2$N–（シクロヘキシル） — cat. H$^+$ → (**D**) — (i-Pr)$_2$NLi, THF, −78 ℃ → (**E**) — 1. PhCH$_2$Br, THF, reflux　2. H$_3$O$^+$ → (**B**)

c. Ph〜CHO (**A**) + モルホリン — cat. H$^+$ → (**F**) — 1. PhCH$_2$Br, MeCN, reflux　2. H$_3$O$^+$ → (**B**)

d. Ph〜CHO (**A**) — Me$_3$SiCl, Et$_3$N, DMF, heat → (**G**) — PhCH$_2$Br, (**H**), CH$_2$Cl$_2$, reflux → (**B**)

（京大・工）

[10・13] 次の反応の生成物 (**A**)〜(**C**) の構造を書き，それぞれの生成機構を説明せよ．

シクロヘキサノン + Ph$_3$\overset{+}{P}–\overset{-}{C}H$_2$ → (**A**)

シクロヘキサノン + (CH$_3$)$_2$\overset{+}{S}–\overset{-}{C}H$_2$ → (**B**)

シクロヘキサノン + CH$_2$N$_2$ → (**C**)

（神戸大・理／広島大・理）

[10・14] (**A**)〜(**F**) に当てはまる構造式を記せ．ただし複数の立体異性体が生じる反応では生成物の平面構造を記すだけでよい．(**A**) については，生成する可能性のある 3 種類の化合物をすべて解答し，そのうち最も生成しやすいと予想されるものを○

で囲め．

$\underset{\text{O}}{\text{CH}_3\text{COCH}_2\text{CH}_2\text{CHO}} \xrightarrow{\text{KOH, H}_2\text{O}} \underset{\text{C}_5\text{H}_8\text{O}_2}{(A)}$

$\underset{\substack{\text{H}_3\text{CO}\\ \text{H}_3\text{CO}}}{\text{Ar}-\text{CH}_2\text{CH}_2\text{NH}_2} + \text{PhCHO} \xrightarrow[\text{reflux}]{\text{toluene}} \underset{\text{C}_{17}\text{H}_{19}\text{NO}_2}{(B)} \xrightarrow{\text{CF}_3\text{CO}_2\text{H}} \underset{\text{C}_{17}\text{H}_{19}\text{NO}_2}{(C)}$

$\text{H}_3\text{CO}_2\text{C-CH}_2\text{-CO-CH}_2\text{-CO}_2\text{CH}_3 + \text{PhCHO} + \text{CH}_3\text{NH}_2\cdot\text{HCl} \xrightarrow{\text{C}_2\text{H}_5\text{OH}} \underset{\text{C}_{22}\text{H}_{23}\text{NO}_5}{(D)}$

シクロヘキサノン $+ \underset{\text{H}}{\text{pyrrolidine}} \longrightarrow (E) \xrightarrow[\text{2. H}_3\text{O}^+]{\text{1. CH}_2=\text{C(CH}_3)\text{CO}_2\text{CH}_3} (F)$

(北大・理)

[10・15] ケトンとヒドロキシルアミンからオキシムが生成する速度は，pH に依存する．アセトン $\text{CH}_3\text{COCH}_3$ とヒドロキシルアミン $\text{NH}_2\text{OH}$ の反応速度が pH に依存する様子を図に示した．pH 4〜5 付近の弱酸性で最大の反応速度が得られる理由を，電子の動きがわかるように反応機構を 1 段階ずつ巻矢印で図示して説明せよ．

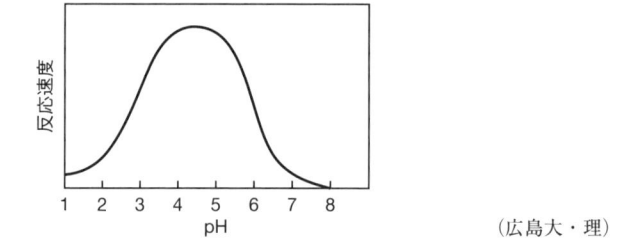

(広島大・理)

[10・16] 次の反応において，主生成物の構造を相対配置がわかるように示せ．また，そのように考えられる理由を，Newman 投影式を書いて説明せよ．

1) $\underset{\text{O}}{\overset{*}{\text{C}}(\text{CH}_3)(t\text{-Bu})\text{-CO-Ph}} \xrightarrow{\text{NaBH}_4}$

2) $\underset{\text{O}}{\overset{*}{\text{C}}\text{H}(i\text{-Pr})(\text{OCH}_2\text{Ph})\text{-CHO}} \xrightarrow[\text{ether}]{n\text{-BuMgBr}} \xrightarrow{\text{H}_3\text{O}^+}$

(東工大・理工)

[10・17] 次に示す反応の機構を答えよ．

1) シクロペンテニル-C(CH$_3$)$_2$-CO-CHN$_2$ $\xrightarrow[\text{CH}_3\text{OH}]{\text{光照射}}$ シクロペンテニル-C(CH$_3$)$_2$-CH$_2$-CO$_2$CH$_3$

10. アルデヒド，ケトン    85

2) [反応式]

3) [反応式]

(名大・理)

# 11

# カルボン酸とその誘導体

**例題 11・1** 次の安息香酸誘導体 (**A**)～(**D**) を同一の求核剤と反応させ求核アシル置換反応を行う場合,反応性の高い順に不等号を用いて並べよ.

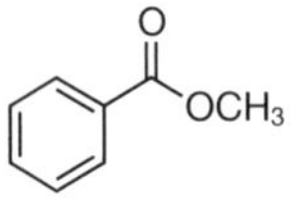

(**A**) 安息香酸メチル (OCH₃)
(**B**) 塩化ベンゾイル (Cl)
(**C**) 無水安息香酸
(**D**) N,N-ジメチルベンズアミド (N(CH₃)₂)

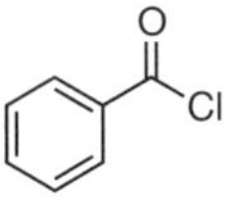

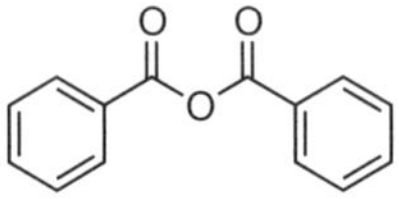

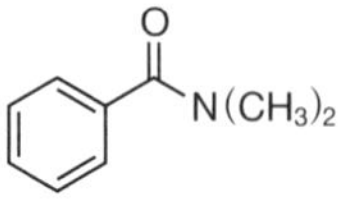

(北大・生命科学)

[解答]　(**B**) > (**C**) > (**A**) > (**D**)

[解説]　求核アシル置換反応は,まず求核剤 $Nu^-$ がカルボニル炭素に付加して四面体中間体が生成し,つづいて $X^-$ が脱離する機構 (付加-脱離機構) により進行する.

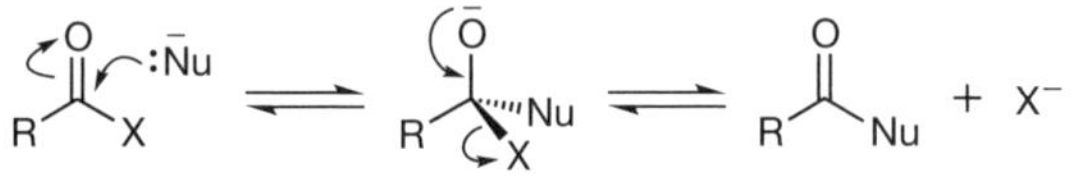

$Nu^-$ = 求核剤
X = Cl(酸塩化物), R'COO(酸無水物), R'O(エステル), NH₂(アミド)

反応速度は置換基 X の種類によって決まり,一般的に酸塩化物が最も速く,酸無水物,エステル,アミドの順に遅くなる.この傾向は $X^-$ の脱離のしやすさ,すなわち共役酸の酸性度 ($Cl^- > R'COO^- > R'O^- > NH_2^-$) により説明できる.また,付加によって生じる四面体中間体では,カルボニル基の関与した共鳴安定化が失われる.アミドの場合,特にこの共鳴の効果が大きいため,付加が起こりにくくなる (下式).

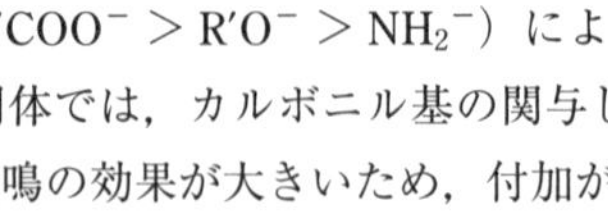

## 11. カルボン酸とその誘導体

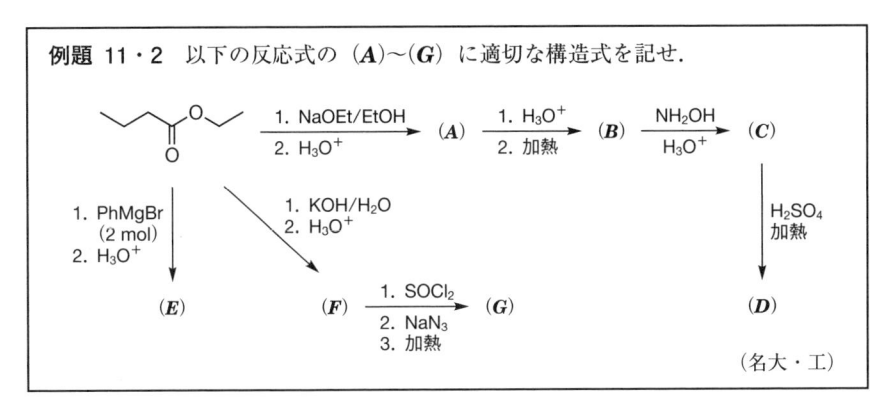

**例題 11・2** 以下の反応式の (**A**)～(**G**) に適切な構造式を記せ．

[解答]

(**A**) 2-エチル-3-オキソヘキサン酸エチル
(**B**) 4-ヘプタノン
(**C**) 4-ヘプタノンオキシム
(**D**) N-プロピルブタンアミド
(**E**) 1,1-ジフェニル-1-ブタノール
(**F**) ブタン酸
(**G**) プロピルイソシアナート

[解説] ブタン酸エチルから (**A**) の反応は Claisen 縮合，(**A**) から (**B**) の反応はエステルの加水分解とそれに続く脱炭酸，(**B**) から (**D**) の反応はオキシムの生成とそれに続く Beckmann 転位である．Beckmann 転位は以下の機構で進行し，オキシムの OH 基のアンチにあるアルキル基が優先的に転位し，最終的にアミドになる．

$$R^2-C(=N-OH)-R^1 \xrightarrow{H^+} R^2-C(=N-OH_2^+)-R^1 \longrightarrow R^2-N=C^+-R^1 \xrightarrow{H_2O} R^2-N=C(OH_2^+)-R^1 \xrightarrow[\text{互変異性}]{-H^+} R^2-NH-C(=O)-R^1$$

ブタン酸エチルから (**E**) への反応のように，エステルに過剰量の Grignard 試薬を反応させると，ケトンを経由して最終的に第三級アルコール（ギ酸エステルの場合は第二級アルコール）が生成する．

ブタン酸エチルから (**G**) の反応は，エステルの加水分解，酸塩化物を経由した酸アジドの生成および Curtius 転位である．この転位反応は次式に示すように，酸アジドから窒素の発生を伴いイソシアナートを生成する．もし水が存在すると，イソシアナートに付加してカルバミン酸が生成し，この化合物は加熱するとアミンと二酸化炭素に分解する．

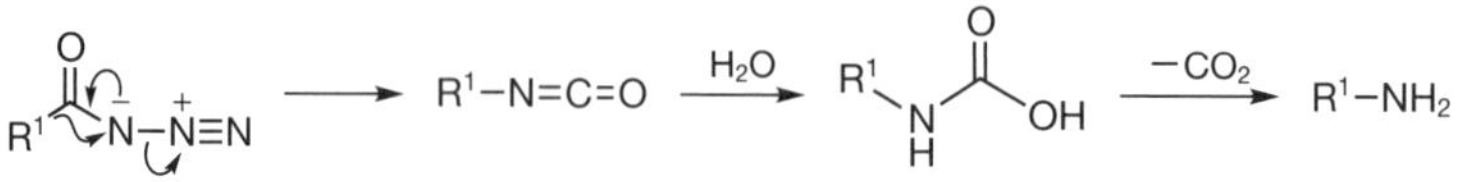

**例題 11・3** Claisen 縮合について下記の問 1)〜3) に答えよ.
1) CH$_3$COOEt の Claisen 縮合は, β-ケトエステルを与える. 加水分解 (H$_3$O$^+$) 前の生成物の構造を記せ.

$$2\ CH_3COOEt \xrightarrow[\text{2. H}_3\text{O}^+]{\text{1. EtONa/EtOH}} CH_3COCH_2COOEt + EtOH$$

2) C<u>H$_3$</u>COOEt, EtO<u>H</u>, CH$_3$COC<u>H$_2$</u>COOEt の下線の水素の p$K_a$ の値はそれぞれ 25, 16, 11 である. これらの p$K_a$ 値を用いて上記 Claisen 縮合の反応機構を詳しく記せ.

3) 直鎖状のジエステル (**A**) の Dieckmann 縮合 (分子内の Claisen 縮合) では, (**B**) または (**C**) のどちらか一方のみが生成物となる. どちらが生成するか, またその理由を記せ.

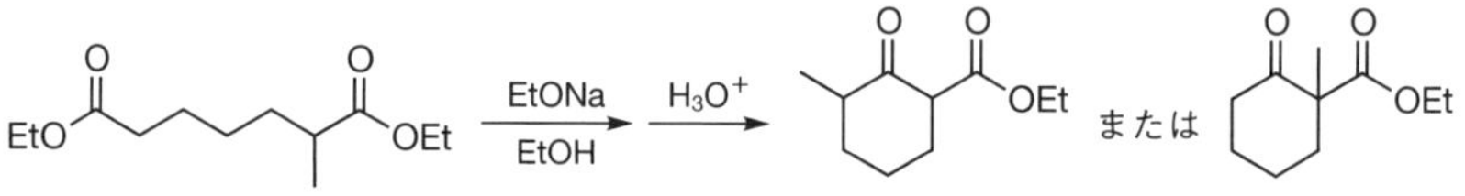

(京大・理)

[解答] 1)

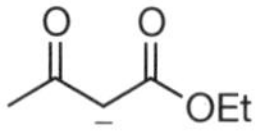

2)

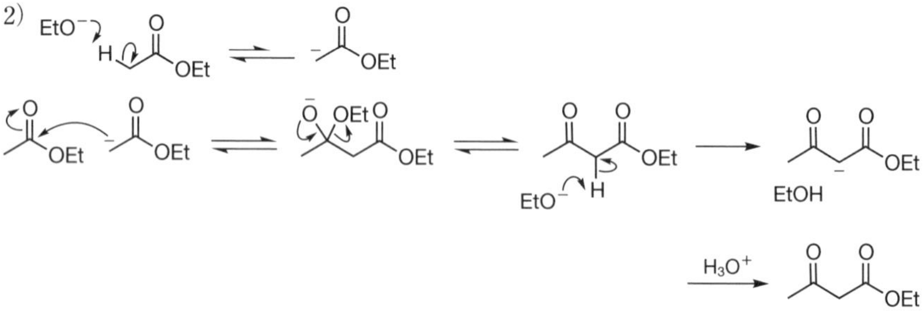

3) (**B**) が主生成物となる. 生成物 (**B**) では, 二つのカルボニル基に挟まれた酸性の

α水素があり，強塩基との反応により平衡が (**B′**) に移動するため，反応が進行しやすい．生成物 (**C**) では酸性のα水素がないため，反応が進行しない．

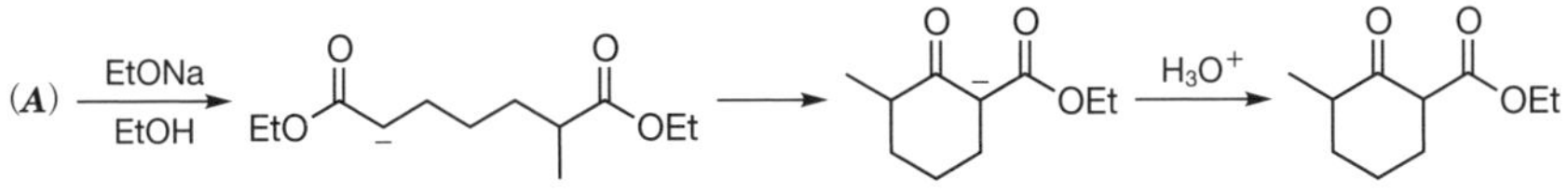

[解説] カルボニル基のα水素をもつエステルを塩基と反応させると，Claisen 縮合が進行する．酢酸エチルの反応では，ナトリウムエトキシドの塩基性は十分に高くはないが，わずかではあるがエノラートが生成する（共役酸のエタノールの p$K_a$ 16, 酢酸エチルの p$K_a$ 25）．このエノラートが，別の酢酸エチル分子に付加し，エトキシドイオンの脱離によりβ-ケトエステルが生成する．β-ケトエステルは酸性度の高い水素をもつ（p$K_a$ 11）ため，塩基と反応してエノラートになる．塩基が生成物と反応して消費されるので，Claisen 縮合では当量の塩基が必要である（アルドール縮合では触媒量でよいことと対照的である）．反応後に酸で中和すると，β-ケトエステルが生成物として得られる．

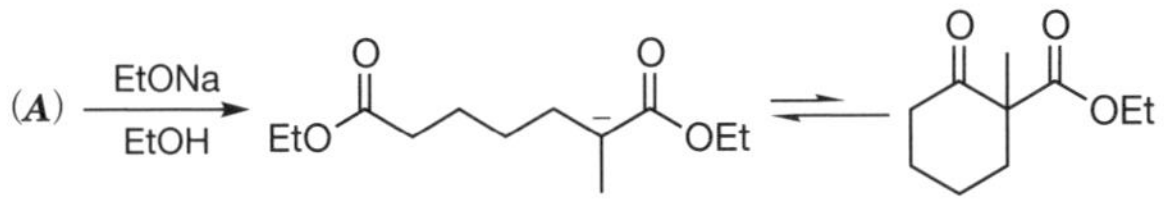

ジエステルの環化を伴う分子内の Claisen 縮合は Dieckmann 縮合とよばれ，5 または 6 員環が形成するときに起こりやすい．ヘキサン二酸のエステルからは5員環生成物が，ヘプタン二酸のエステルからは6員環生成物が得られる．

α水素をもつ2種類のエステルを混合して塩基と反応させると，最大4種類の Claisen 縮合生成物が得られる．しかし，一方のエステルがα水素をもたない場合（安息香酸エステル，ギ酸エステルなど），交差 Claisen 縮合が選択的に進行する．酢酸エチルとギ酸エチルの反応例を以下に示す．

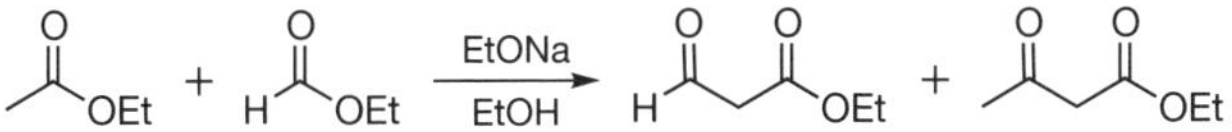

**例題 11・4** (**A**)～(**E**) に当てはまる適切な化合物の構造式を記せ．

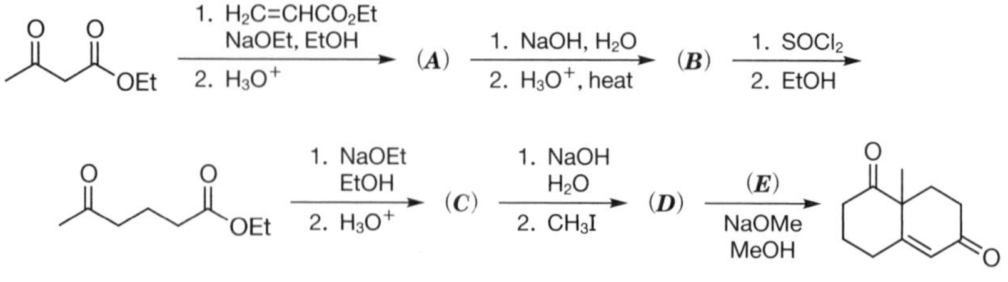

11. カルボン酸とその誘導体

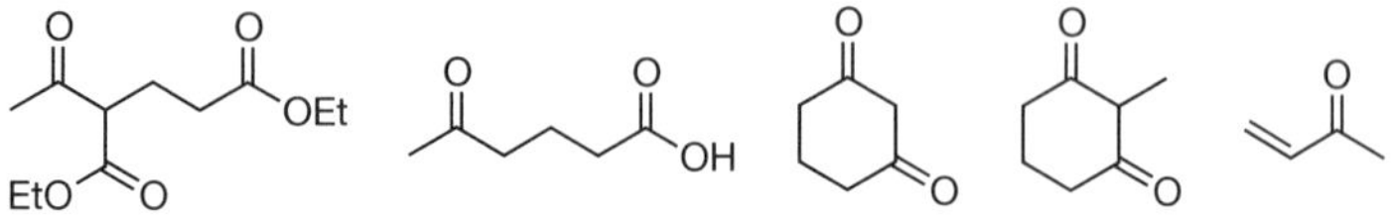

[解答] (A), (B), (C), (D), (E) の構造式

[解説] アセト酢酸エチルから二環式ジケトンの合成であり，各段階の反応を以下に示す．

アセト酢酸エチルのエノラートのアクリル酸エチルへの共役付加

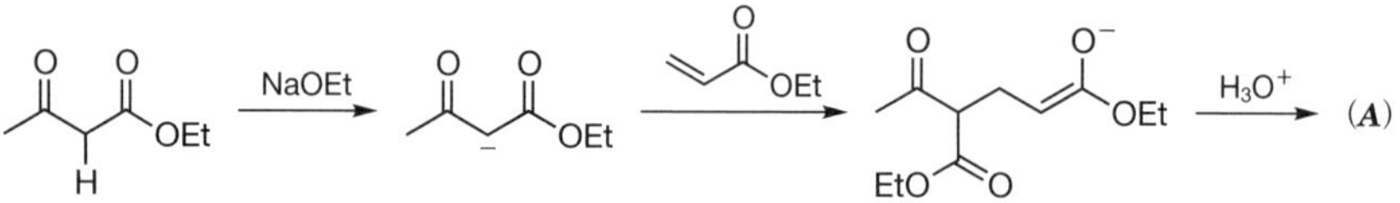

エステルの加水分解と β-ケト酸の脱炭酸

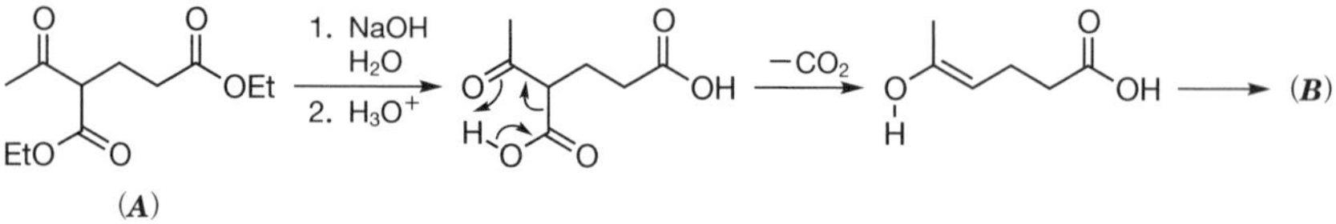

酸塩化物を経由したカルボン酸のエステル化．分子内 Claisen 反応

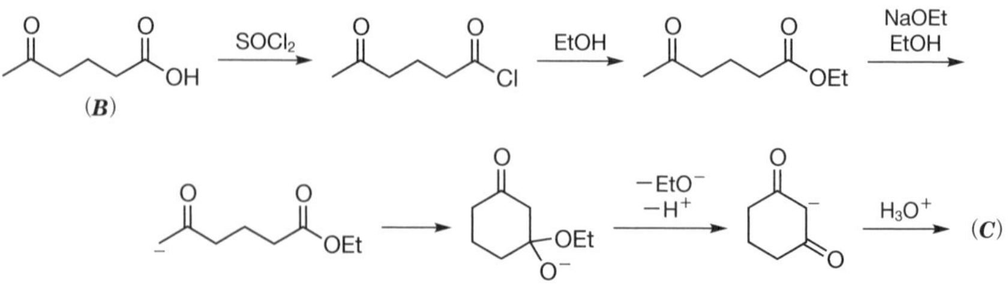

## エノラートを経由したアルキル化

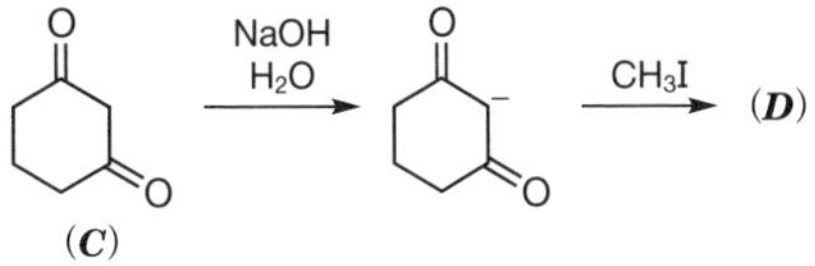

(C) →[NaOH, H₂O] → →[CH₃I] (D)

## エノラートの共役付加とそれに続く分子内アルドール縮合（Robinson 環化）

(D) →[NaOMe, MeOH] → →[(E)] → → → →[H⁺] →[−H₂O]

---

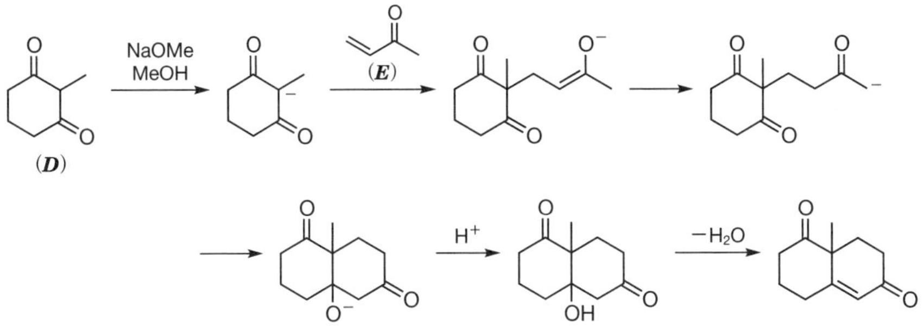

## 演習問題

**[11・1]** 次の反応 a〜c について，問に答えよ．

a. 安息香酸メチル + ブタノール ⇌ (**A**) + (**B**)

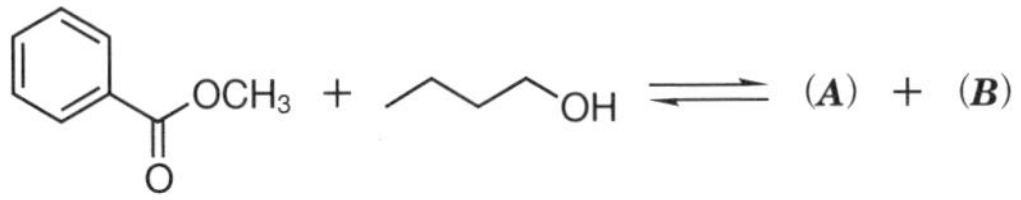

b. EtO₂C-CH₂CH₂-N(CH₃)-CH₂CH₂-CO₂Et →[NaOEt, 加熱] (**C**) →[HCl, H₂O, 加熱] (**D**)

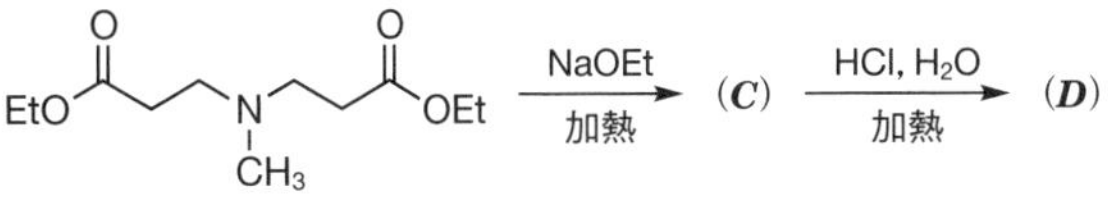

c. アセト酢酸エチル + HOCH₂CH₂OH →[TsOH, トルエン, 加熱] (**E**) →[1. 2 PhMgBr, THF; 2. NH₄Cl, H₂O] (**F**) →[TsOH, アセトン, H₂O] (**G**)

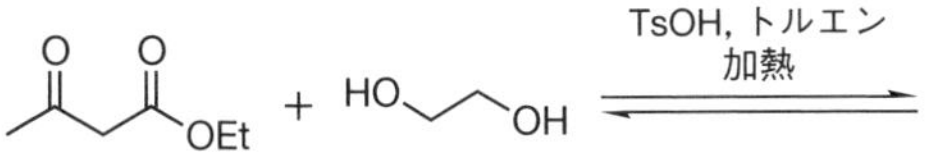

Ts = p-トルエンスルホニル

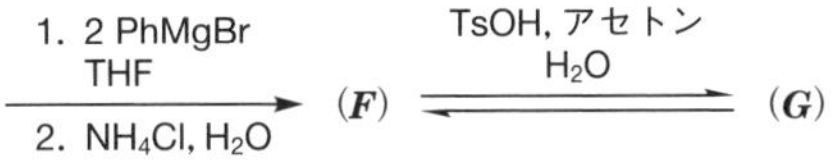

1) (**A**)〜(**G**) に当てはまる有機化合物の構造式を書け．
2) 反応 a は平衡反応であるが，反応を式中の右側に進行させるためにはどうすればよ

# 11. カルボン酸とその誘導体

いか．具体的な操作例を含めて答えよ． (阪大・理)

[11・2] ベンゾニトリル $C_6H_5CN$ を以下の 1)～4) の試薬と反応させる．生成する化合物の構造と名称をそれぞれ示せ．
1) $LiAlH_4/Et_2O$, つづいて $H_3O^+$
2) $CH_3CH_2MgBr/Et_2O$, つづいて $H_3O^+$
3) $H_3O^+$
4) $HNO_3/H_2SO_4$

(東工大・理工)

[11・3] 次の反応の生成物と反応機構を示せ．

$$\text{PhNH-C(=O)-CH}_3 \xrightarrow[H_2O]{H^+}$$

(東工大・理工)

[11・4] 次の化合物とジアゾメタンの反応機構を，電子の動きがわかるように 1 段階ずつ巻矢印で図示し，化合物 (**A**) の構造式を記せ．

$$CH_3CH_2CH_2COOH + CH_2N_2 \longrightarrow (\mathbf{A})\quad C_5H_{10}O_2$$

(広島大・理)

[11・5] 2-ジアゾシクロヘキサノンにメタノール中で光照射すると，シクロペンタンカルボン酸メチルが生成した．この反応の機構を電子の流れのわかる巻矢印を用いて示せ．

(名大・工)

[11・6] カルボン酸の反応について問 1)～3) に答えよ．
1) benzoic acid と ethylamine から DCC (dicyclohexylcarbodiimide) を用いて対応するアミドを合成する反応の反応機構を記せ．なお，電子の流れを矢印で示すこと．
2) benzoic acid を benzoyl chloride に 1 段階で変換する反応剤を二つあげよ．
3) 以下に示すカルボン酸の変換反応について，目的物を選択的に与える反応経路を必要な試薬とともに示せ．なお，変換は 1 段階とは限らない．

$$\text{4-CH}_3\text{-C}_6\text{H}_4\text{-COOH} \longrightarrow \text{4-H}_2\text{N-C}_6\text{H}_4\text{-CH}_3$$

(京大・理)

[11・7] 安息香酸と $CH_3{}^{18}OH$ を酸触媒とともに加熱したとき，生じる化合物の構造と，その生成物が生じる反応機構を記せ． (京大・工)

[11・8] ブタン酸を塩化チオニル $SOCl_2$ と加熱還流すると，塩化ブタノイルを合成できる．以下の 1), 2) に答えよ．
1) この反応の反応機構を，構造式と電子の流れを表す矢印を用いて答えよ．
2) この反応溶液に *N,N*-ジメチルホルムアミドを触媒量添加すると，反応を促進することができる．その理由を，反応機構を考慮して説明せよ． (東工大・生命理工)

11. カルボン酸とその誘導体　　93

[11・9] カルボン酸誘導体の反応性に関する以下の問に答えよ．
1) カルボン酸誘導体のボラン $BH_3$ 還元では，ボランがホウ素の空軌道にカルボニル酸素の電子対を受け入れることにより，反応が開始する．アミドとボランの反応の反応機構を $N,N$-ジメチルアセトアミド $CH_3CON(CH_3)_2$ を例に電子の動きがわかるように1段階ずつ矢印で図示せよ．
2) アミド，エステル，酸塩化物をボラン還元に対する反応性の高い順番に並べ，理由を説明せよ． (広島大・理)

[11・10] マロン酸ジエチルとベンズアルデヒドを出発原料として，アルドール縮合反応とMichael付加反応，およびそれに続く加水分解反応を用いて，以下の化合物を合成する．合成経路を反応式で示せ．

(東工大・理工)

[11・11] The sodium salt of diethyl malonate reacts with 1,3-dibromopropane to produce compound (**A**), $C_{10}H_{17}BrO_4$. Compound (**A**) reacts with sodium ethoxide to give compound (**B**), $C_{10}H_{16}O_4$. Compound (**B**) affords compound (**C**), a diacid, after acid treatment. Heating compound (**C**) results in the formation of compound (**D**), $C_5H_8O_2$. Suggest the structures for compounds (**A**), (**B**), (**C**), and (**D**). (阪大・薬)

[11・12] 次式に示す反応では，化合物 (**B**) は得られず化合物 (**A**) が主生成物として得られる．

1) 化合物 (**A**) の構造式を記せ．
2) 反応機構を図示し，この反応条件では化合物 (**B**) が得られない理由を述べよ．
3) 化合物 (**B**) を得るのに適切な反応条件および実験手順を記せ． (北大・生命科学)

[11・13] 次の (**A**)～(**E**) に当てはまる適切な化合物の構造式を記せ．
1)
2)

3) [構造式: CH₃COCH₂COOEt] → (HOCH₂CH₂OH / H⁺) → [(CH₃)₂CHCH₂]₂AlH → H₃O⁺ → (**D**)

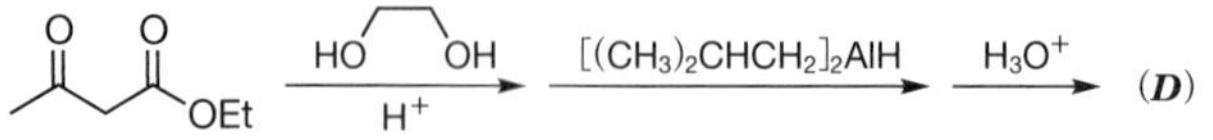

4) [構造式: 4-MeO-C₆H₄-COCH₃] → 1. NH₂OH  2. H₂SO₄ → (**E**)

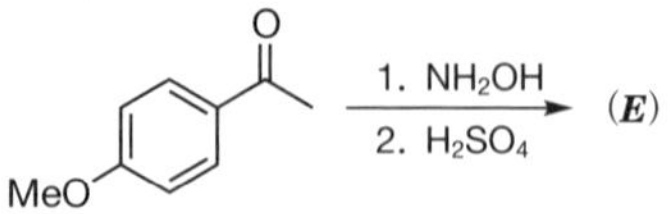

(京大・工)

[11・14] 次の反応の変換過程の反応機構を説明せよ．

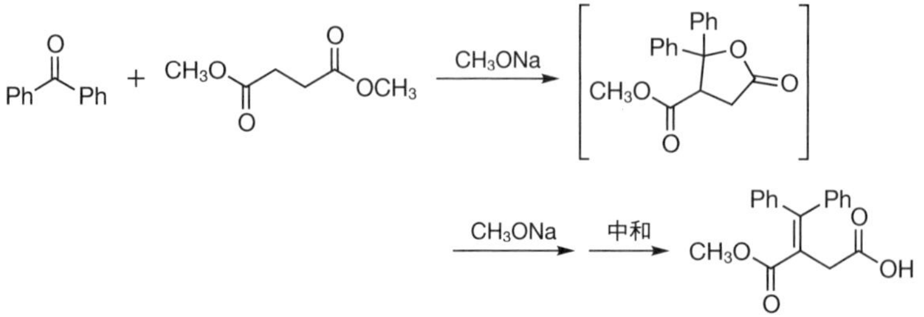

Ph-CO-Ph + CH₃O-CO-CH₂CH₂-CO-OCH₃ → (CH₃ONa) → [γ-ラクトン中間体: 5,5-ジフェニル-3-(メトキシカルボニル)-γ-ブチロラクトン] 

→ CH₃ONa → 中和 → [(E)-2-(メトキシカルボニル)-4,4-ジフェニル-3-ブテン酸; CH₃O₂C-C(=CPh₂)-CH₂-COOH]

(東工大・理工)

[11・15] 次の反応（逆 Claisen 反応）の生成物および反応機構を示せ．

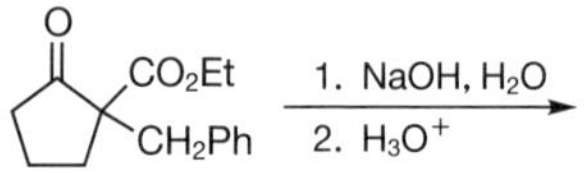

[構造式: 1-ベンジル-1-エトキシカルボニル-2-シクロペンタノン] → 1. NaOH, H₂O  2. H₃O⁺ →

(阪大・薬)

# 12

# アミンと含窒素化合物

> **例題 12・1** 以下のそれぞれの含窒素化合物について,その窒素原子が sp 混成,$sp^2$ 混成,$sp^3$ 混成のいずれであるかを記せ.
> 1) トリエチルアミン $Et_3N$
> 2) アセトニトリル $CH_3CN$
> 3) アセトアミド $CH_3CONH_2$
> 4) アゾベンゼン $PhN=NPh$
> 5) ピロール
> 
> (東工大・理工)

[解答] 1) $sp^3$ 混成  2) sp 混成  3) $sp^2$ 混成  4) $sp^2$ 混成  5) $sp^2$ 混成

[解説] 1) 窒素原子は $sp^3$ 混成であり,三角錐形の構造をもつ.2) 窒素原子は炭素原子と三重結合をつくり,直線形の構造をもつ.3) 窒素原子は $sp^2$ 混成であり,平面構造をとる.共鳴構造式が示すように,アミドの C−N 結合は二重結合性をもつ.4) N=N 二重結合をもつ化合物であり,シス-トランス異性体が存在する.5) 窒素原子は $sp^2$ 混成であり,p 軌道にある非共有電子対はジエン部の p 軌道の電子と $6\pi$ 系を形成し芳香族性を示す.

> **例題 12・2** 以下に示すアミノ化反応について設問 1)~3) に答えよ.
> 1) 次の Gabriel 合成について,(**A**),(**B**) に用いる適切な反応剤を記せ.

12. アミンと含窒素化合物

[反応式: フタルイミド → (A), RCH₂Br → N-アルキルフタルイミド → (B) → RCH₂NH₂]

2) 下記のような NH₃ を用いるアミノ化は一般に選択的には進行しない．その理由を Gabriel 合成と対比して説明せよ．

$$RCH_2Br + NH_3 \dashrightarrow RCH_2NH_2$$

3) RCH₂NH₂ を選択的に下記目的物へ変換する方法を 2 通り記せ．1 段階の反応である必要はない．

$$RCH_2NH_2 \longrightarrow RCH_2NHCH_2CH_3$$

（京大・理）

[解答] 1) (**A**) KOH　(**B**) KOH（または H₂NNH₂）

2) Gabriel 合成では第一級アミンが選択的に合成できるのに対し，アンモニアのアルキル化では，第一級アミンだけでなくさらにアルキル化された生成物も得られるため，反応が選択的ではない．

3)
$$RCH_2NH_2 \xrightarrow{CH_3COCl} RCH_2NHCOCH_3 \xrightarrow[2.\ H_2O]{1.\ LiAlH_4} RCH_2NHCH_2CH_3$$

$$RCH_2NH_2 \xrightarrow{CH_3CHO} RCH_2N=CHCH_3 \xrightarrow{H_2,\ Ni} RCH_2NHCH_2CH_3$$

H₂, Ni の代わりに，NaBH₃CN も使用可

[解説] 1) 第一級アミンを選択的に合成する方法として，Gabriel 合成が用いられる．ベンズイミドの N–H の酸性度は高いので（演習問題 3・7 参照），塩基により容易に脱プロトンし，求核剤としてハロゲン化アルキルを攻撃する．N-アルキル化されたイミドを塩基またはヒドラジンと反応させると第一級アミンが得られ，イミドの部分はそれぞれ (**X**) または (**Y**) として除去される．イミドのアルキル化の段階は S_N2 反応なので，適用できるのは第一級アルキル基をもつアミンだけである．

(**X**) フタル酸ジカルボキシラート　(**Y**) フタルヒドラジド構造

2) アンモニアとたとえば第一級ハロゲン化アルキルであるブロモエタン (R = CH₃)

12. アミンと含窒素化合物　　　　　　　　　　　　　　　　97

を反応させると，$S_N2$ 反応により臭化エチルアンモニウムが生成する．これが過剰なアンモニアと反応して，エチルアミンとなる．この置換反応が順次進行すると，ジエチルアミン，トリエチルアミン，臭化テトラエチルアンモニウムも生成するので，第一級アミンを選択的に合成することは困難である．

$$H_3N: + CH_3CH_2\text{-}Br \longrightarrow CH_3CH_2\overset{+}{N}H_3\ Br^-$$

$$CH_3CH_2\overset{+}{N}H_3\ Br^- + NH_3 \rightleftharpoons CH_3CH_2NH_2 + \overset{+}{N}H_4\ Br^-$$

3) 第一級アミンを $N$-アルキル化して第二級アミンに変換するとき，上記と同じ理由によりハロゲン化アルキルの置換反応は効果的ではない．もし，第一級アミンにブロモエタンを反応させても，$N$-エチルと $N,N$-ジエチル誘導体の混合物が得られる．選択的に合成するためには，アミドに変換して還元する方法，イミンを経由した還元的アミノ化が利用できる．

---

**例題 12・3**　ベンゼンを出発原料とし，ジアゾニウム塩を経由して次の 1)〜3) の化合物を合成する方法を考案し，用いる試薬とともに記せ．

1) 1,3,5-トリブロモベンゼン　2) 1-ブロモ-3-ヨードベンゼン　3) 4-プロピルベンジルアミン

（北大・理）

[解答]

1) ベンゼン $\xrightarrow[H_2SO_4]{HNO_3}$ ニトロベンゼン $\xrightarrow[2.\ OH^-]{1.\ Fe,\ HCl}$ アニリン $\xrightarrow{Br_2}$ 2,4,6-トリブロモアニリン $\xrightarrow[HCl]{NaNO_2}$ ジアゾニウム塩 $\xrightarrow{H_3PO_2}$ 1,3,5-トリブロモベンゼン

2) ベンゼン $\xrightarrow[H_2SO_4]{HNO_3}$ ニトロベンゼン $\xrightarrow[FeBr_3]{Br_2}$ 3-ブロモニトロベンゼン $\xrightarrow[2.\ OH^-]{1.\ Fe,\ HCl}$ 3-ブロモアニリン $\xrightarrow[HCl]{NaNO_2}$ ジアゾニウム塩 $\xrightarrow{KI}$ 1-ブロモ-3-ヨードベンゼン

3)

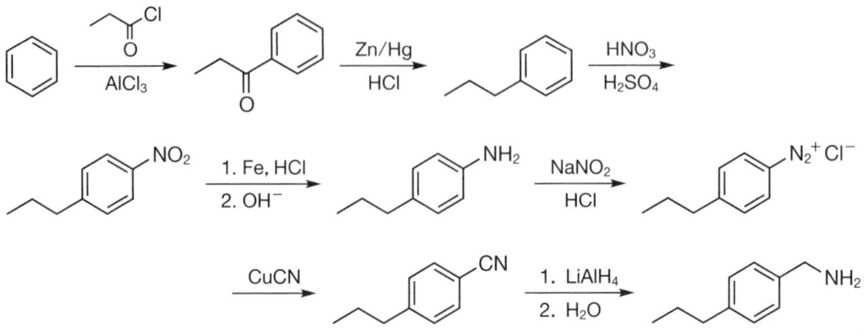

[解説] 第一級アミンを亜硝酸（亜硝酸ナトリウムと塩酸から生成）と反応させると，アミン窒素へのニトロソ化，ジアゾヒドロキシドへの転位，脱水を経て，ジアゾニウム塩が生成する．

$$R-NH_2 \xrightarrow{HONO} R-\overset{H}{N}-N=O \longrightarrow R-N=N-OH \xrightarrow[-H_2O]{H^+} R-\overset{+}{N}\equiv N$$

アミン　　　　ニトロソアミン　　　ジアゾヒドロキシド　　　　ジアゾニウム塩

ジアゾニウム塩は一般に不安定であり脱窒素を伴い分解しやすいが，アレーンジアゾニウム塩は芳香環とジアゾニオ基 $-N_3^+$ の共鳴により安定化されているので，低温では比較的安定である．実際には，芳香族アミンの酸性溶液に亜硝酸ナトリウムを加えると，ジアゾニウム塩の溶液が容易に調製できる．

アレーンジアゾニウム塩のジアゾニオ基は，用いる試薬によってさまざまな置換基に変換できる．そのため，ジアゾニウム塩を経由した反応は多置換ベンゼン誘導体の合成に有用である．CuClと反応させるとクロロ基に，CuBrと反応させるとブロモ基に変換でき，銅(I)塩を用いたこれらの反応は Sandmayer 反応（ザンドマイヤー）とよばれる．また，KIを用いるとヨード基に，CuCN/KCNを用いるとシアノ基に，$H_3PO_2/H_2O$ を用いると水素に，$H_2O$ を用いるとヒドロキシ基に変換することができる．

1) アミノ基は強力な活性基なので，アニリンに過剰量の臭素（触媒なし）を反応させると，すべてのオルト位とパラ位が臭素化される．アミノ基は，ジアゾニウム塩を経由して水素に変換することができる．

2) ニトロベンゼンを臭素化すると，*m*-ブロモニトロベンゼンが得られる．ニトロ基を還元してアミノ基にし，ジアゾニウム塩を経由してヨウ素化する．

3) ベンゼン環に直鎖アルキル基を導入するときは，Friedel–Crafts（フリーデル クラフツ）反応でアシル化したのち，Clemmensen（クレメンセン）還元などの反応（演習問題10・3参照）でカルボニル基をメチレン基に還元する．アミノメチル基 $-CH_2NH_2$ は，ジアゾニウム塩を経由してシアノ化，それに続く還元により導入する．

## 演 習 問 題

［12・1］　アニリンと *N*-メチルアニリンをある化学反応を利用して識別したい．その方法を考え，必要な試薬，期待される結果，ならびにその原理を説明せよ．なお，TLC による反応の追跡や NMR は用いることができないものとする．　（北大・生命科学）

［12・2］　以下の問に答えよ．

1) 次の反応の主生成物は，化合物（***A***）と（***B***）のどちらであるか．その記号を記し，理由を説明せよ．

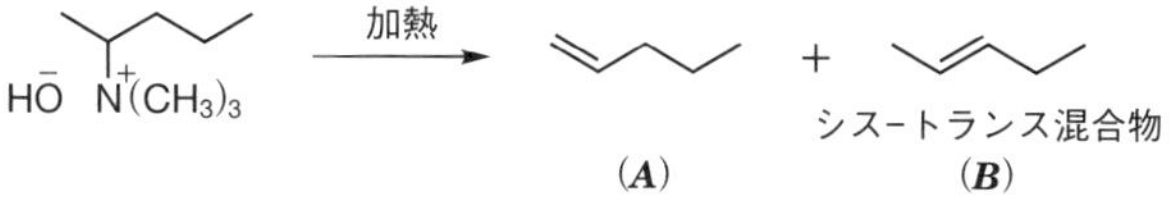


2) 次の反応において，化合物（***C***)～(***F***）の構造式を書け．

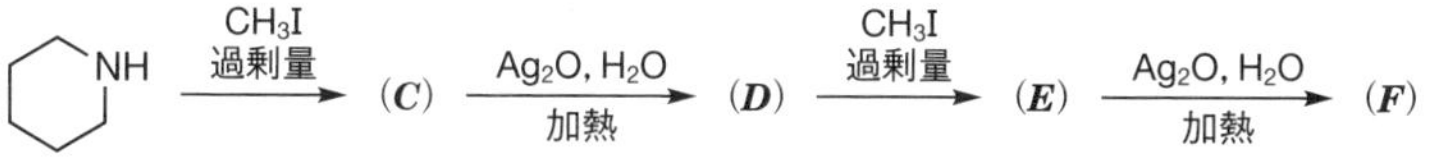


（北大・総合化学/東工大・理工）

［12・3］　下図は，（***A***）から（***E***）を得るために立案した合成経路である．以下の問に答えよ．

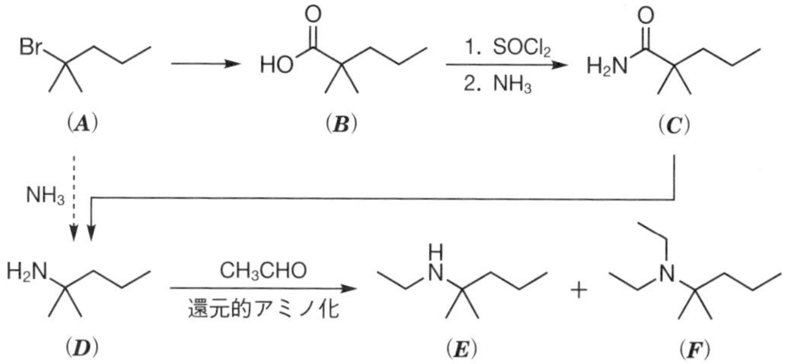


1) （***A***）から（***B***）への合成経路を記せ．

2) (**C**) から (**D**) への変換の反応機構を試薬とともに記せ．
3) (**A**) から (**D**) への直接変換を目的として，アンモニアの (**A**) への求核置換反応を検討した．しかし，(**D**) は生成しなかった．その理由を50字以内で記せ．
4) (**D**) とアセトアルデヒドとの還元的アミノ化による (**E**) の合成では第三級アミン (**F**) の生成を抑制することが困難であった．その理由を50字以内で記せ．
5) (**D**) から選択的に (**E**) を得るための合成経路を記せ． （東工大・理工）

[12・4] テトラヒドロフラン（THF）を出発原料にして，ヘキサメチレンジアミン（1,6-ヘキサンジアミン）を合成する反応経路と必要な反応試薬を示せ．
（東工大・理工）

[12・5] 芳香族アゾ化合物の合成法は，ジアゾカップリング (a) が一般的であるが，ニトロ化合物の還元 (b) や，アミンの酸化によっても合成することができる．

a. Ph−N⁺≡N Cl⁻ + Ph−N(CH₃)₂ ⟶ Ph−N=N−C₆H₄−N(CH₃)₂
   (**A**)

b. Ph−NO₂ →[Zn/OH⁻] Ph−N=N−Ph
   (**B**)

1) 式aの反応剤 (**A**) はアニリン Ph−NH₂ から調製される．その方法を述べよ．
2) 式aの反応は，(**A**) を反応剤とする芳香族求電子置換反応である．反応機構を説明せよ．
3) 反応剤 (**A**) とベンゼンを反応させてもアゾベンゼン (**B**) はほとんど得られない．その理由を説明せよ．
4) 式bにおけるニトロベンゼンの還元反応は，イオン反応式cに従って進行する．式cの空欄に適切な係数を入れ，ニトロベンゼンを (**B**) に還元するにはニトロベンゼン1分子当たり何個の電子が必要かを記せ．

c. □Ph−NO₂ + □H₂O + □e⁻ ⟶ □Ph−N=N−Ph + □OH⁻
（東大・総合文化）

[12・6] 下記の反応の生成物の構造を答えよ．必要な場合は立体化学がわかるように記せ．

1) アセトン + NH₃過剰量/H⁺ → (**A**) →[NaBH₃CN/H⁺] (**B**)

2) (S)-2-ブロモブタン →[NaN₃] (**C**) →[1. LiAlH₄, 2. H₂O] (**D**)

3) 2-フェニルプロパンアミド →[Cl₂, NaOH/H₂O] (**E**)

4) (H,D,NH₂置換ブタン) →[NaNO₂, HCl/H₂O] (**F**)

5) 

アニリン(PhNH₂) →[NaNO₂, HCl / H₂O, <5 °C] (**G**) → (**H**) [HO—C₆H₄—OH (レゾルシノール)]

（長崎大・工/阪府大・生命環境科学/東工大・理工）

[12・7] 以下の問 1)〜5) に答えよ．

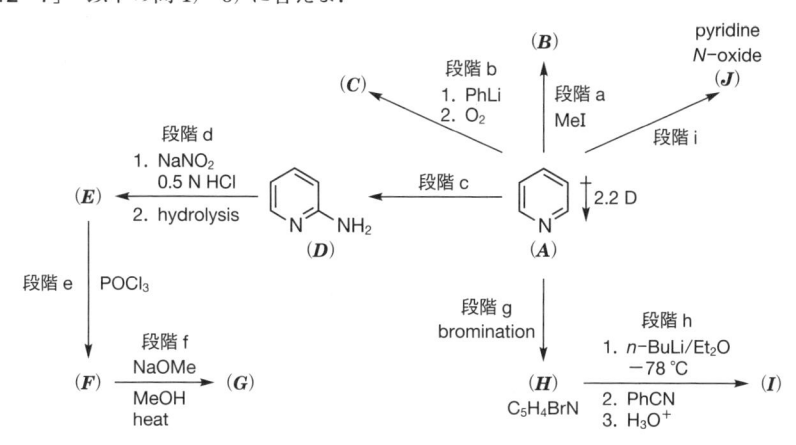

ピリジン (**A**)　↓ 2.2 D

- 段階 a: MeI → (**B**)
- 段階 b: 1. PhLi, 2. O₂ → (**C**)
- 段階 i → pyridine N-oxide (**J**)
- 段階 c → (**D**) 2-アミノピリジン
- 段階 d: 1. NaNO₂, 0.5 N HCl, 2. hydrolysis → (**E**)
- 段階 e: POCl₃ → (**F**)
- 段階 f: NaOMe, MeOH, heat → (**G**)
- 段階 g: bromination → (**H**) C₅H₄BrN
- 段階 h: 1. n-BuLi/Et₂O −78 °C, 2. PhCN, 3. H₃O⁺ → (**I**)

1) ピリジン (**A**) はベンゼンの CH を一つ N に変えた類縁構造をもつ．ピリジンの特徴に塩基性と大きい永久双極子モーメントがあげられる．これらの特徴を化学構造や軌道を用いて説明せよ．
2) 上記の (**B**), (**C**) および (**E**)〜(**I**) に当てはまる主生成物の構造式を記せ．
3) 段階 d, e, f の反応機構を簡潔に記せ．
4) 段階 c, i に適切な試薬を記せ．
5) 段階 g の位置選択性を説明せよ．

（東大・薬）

[12・8] 次の化合物について以下の問 1)〜3) に答えよ．

(**A**) (H₃C)₃C—シクロヘキサン—OH, NH₂
(**B**) (H₃C)₃C—シクロヘキサン—OH, NH₂
(**C**) (H₃C)₃C—シクロヘキサン—OH, NH₂
(**D**) (H₃C)₃C—シクロヘキサン—OH, NH₂

1) 化合物 (**A**)〜(**D**) それぞれについて最も安定ないす形配座を書け．
2) 化合物 (**A**) の水溶液に過塩素酸 HClO₄ を加えて pH = 3 に調整した後，0 °C で亜硝酸ナトリウム NaNO₂ 水溶液を加えるとただちに気体が発生して次に示す反応が起こり，化合物 (**E**) が生成する．この反応の反応機構を説明せよ．なお，5 員環が形成される段階については Newman 投影式を使って説明せよ．

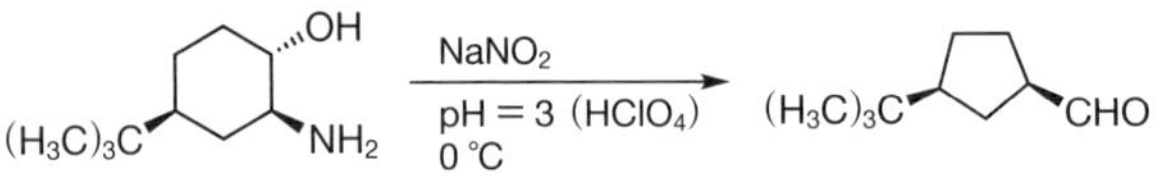

3) 化合物 (**B**)〜(**D**) も同様な反応条件で反応するが，最終的な生成物はそれぞれ異なる．化合物 (**B**) からは (**A**) と同じ生成物が得られるが，(**C**) と (**D**) からはそれぞれ (**E**) とは全く異なる生成物が得られる．化合物 (**C**) と (**D**) それぞれから得られる生成物の構造式を記せ．　　　　　　　　　　　　　　　　　　　(九大・理)

[12・9]　N,N-ジメチルアニリン (**A**) は求電子剤 $E^+$ とオルト位およびパラ位で反応しやすいが，オルト位をジメチル化した誘導体 (**B**) は，(**A**) の場合と同じ穏やかな反応条件ではパラ位に対する反応が進行しにくい．この理由について説明せよ．

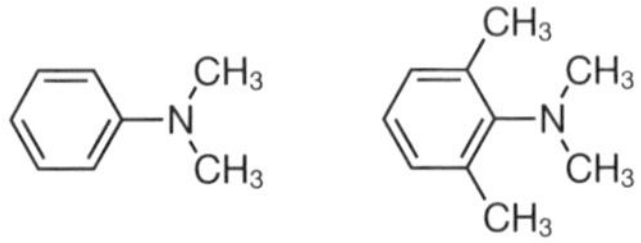

(**A**)　　　　(**B**)　　　　　　　　　　　　　　　　(金沢大・自然)

[12・10]　次式に示す Fischer のインドール合成では，化合物 (**A**) の互変異性化により生成する (**B**) を経て 2-メチルインドールが生成する

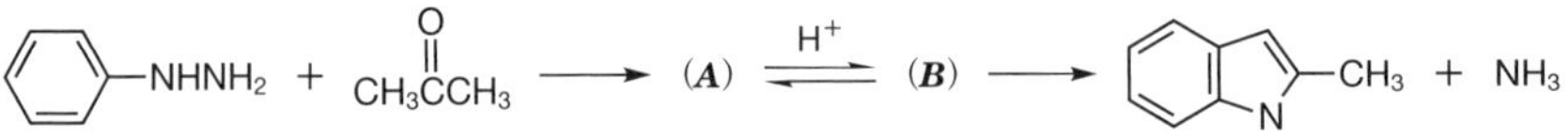

1) 化合物 (**A**) および (**B**) の構造式を記せ．
2) 化合物 (**B**) から 2-メチルインドールが生成する反応機構を記せ．

(北大・生命科学)

# 13

# 有機金属化合物

---

**例題 13・1** Grignard 試薬について以下の問に答えよ．

1) 臭化エチルマグネシウム CH$_3$CH$_2$MgBr を調製するための反応を反応式で示せ．

2) 臭化エチルマグネシウムを以下の試薬と反応させたとき，生じる有機化合物を構造式で示せ．ただし，反応物がマグネシウム塩である場合は，反応後に酸性の水溶液と処理するとする．

   a. H$_2$O    b. D$_2$O    c. CO$_2$    d. O$_2$    e. S

3) 臭化エチルマグネシウムと何を反応させると次の化合物が生成するか構造式で示せ．ただし，反応後に酸性の水溶液と処理するものとする．

   a. CH$_3$CH$_2$CH$_2$OH       b. CH$_3$CH$_2$CH$_2$CH$_2$OH

   c. (1-エチルシクロヘキサン-1-オール)    d. (2-フェニル-2-ブタノール)

(東大・工)

---

[解答]  1) CH$_3$CH$_2$Br + Mg $\xrightarrow{\text{エーテル}}$ CH$_3$CH$_2$MgBr

2) a. CH$_3$CH$_3$    b. CH$_3$CH$_2$D    c. CH$_3$CH$_2$CO$_2$H    d. CH$_3$CH$_2$OH
   e. CH$_3$CH$_2$SH

3) a. ホルムアルデヒド   b. エチレンオキシド   c. シクロヘキサノン   d. プロピオフェノン（C$_6$H$_5$COCH$_2$CH$_3$）または安息香酸メチル（C$_6$H$_5$CO$_2$CH$_3$）

[解説]  ハロゲン化アルキル（ハロゲン化アリールも同様）をエーテル中で金属マグネシウムと反応させると，Grignard 試薬（グリニャール）（ハロゲン化アルキルマグネシウム）が調製できる．この溶液を他の試薬と反応させることにより，種々の化合物に変換することができる．Grignard 試薬は水や酸素に不安定なため，反応は不活性ガス（窒素または

アルゴン）中で行い，用いる溶媒，試薬や器具は十分に乾燥しておく必要がある．また，Grignard 試薬と反応する官能基（酸性水素をもつ －OH や －CO₂H，カルボニル基を含む官能基など）をもつハロゲン化アルキルから Grignard 試薬を調製することはできない．

**例題 13・2** 以下の反応で生じる主生成物（**A**）および（**B**）の構造式を記せ．

$$(A) \xleftarrow[\text{2. H}_3\text{O}^+]{\text{1. MeLi}} \text{（2-シクロヘキセノン）} \xrightarrow[\text{2. H}_3\text{O}^+]{\text{1. Me}_2\text{CuLi}} (B)$$

(北大・理)

[解答] (**A**) 1-メチル-2-シクロヘキセノール  (**B**) 3-メチルシクロヘキサノン

[解説] $\alpha,\beta$-不飽和カルボニル化合物に対して求核剤を反応させると，カルボニル炭素に付加する場合（1,2 付加）と，$\beta$ 位炭素に付加する場合（1,4 付加，共役付加または Michael 付加）がある．どちらの反応が優先的に起こるかは，反応基質の構造，求核剤の種類や種々の反応条件によって変わる．2-シクロヘキセノンに対する有機金属化合物の反応では，ハードな求核剤であるアルキルリチウムは 1,2 付加を起こすのに対し，ソフトな求核剤であるリチウムジアルキルクプラート（Gilman 試薬）は 1,4 付加を起こす．

1,2 付加

$$\text{Nu}^- + \overset{\text{O}}{\underset{\text{R}}{\text{C}}}\!\!=\!\!\text{CH—CH=} \longrightarrow \underset{\text{R}}{\overset{\text{Nu}}{\text{C}}}\!\!-\!\!\text{O}^- \xrightarrow{\text{H}_3\text{O}^+} \underset{\text{R}}{\overset{\text{Nu}}{\text{C}}}\!\!-\!\!\text{OH}$$

1,4 付加（共役付加, Michael 付加）

$$\text{Nu}^- + \overset{\text{O}}{\underset{\text{R}}{\text{C}}}\!\!=\!\!\text{CH—CH=} \longrightarrow \text{Nu—CH}_2\!\!-\!\!\text{CH=}\underset{\text{R}}{\overset{\text{O}^-}{\text{C}}} \xrightarrow{\text{H}_3\text{O}^+} \text{Nu—CH}_2\!\!-\!\!\text{CH=}\underset{\text{R}}{\overset{\text{OH}}{\text{C}}} \longrightarrow \text{Nu—CH}_2\!\!-\!\!\text{CH}_2\!\!-\!\!\underset{\text{R}}{\overset{\text{O}}{\text{C}}}$$

## 演習問題

[13・1] 以下の問に答えよ．

13. 有機金属化合物    105

1) Gilman 試薬とよばれる有機銅(I)酸リチウム化合物は，有機ハロゲン化物と有機金属カップリング反応を行う．Gilman 試薬を用いて，1-ヨードオクタンからノナンを合成する反応式を示せ．
2) シクロヘキセンからビシクロ[4.1.0]ヘプタンを合成する Simmons-Smith 反応の式を必要な試薬を含めて示せ．　　　　　　　　　　　　　　　　　　　　　　（東工大・理工）

[13・2] 化合物 (**A**)～(**D**) を，角かっこ内に示した試薬のみを用いて合成する方法を，化学反応式で書け．ただし，使わない試薬があってもよい．化学反応式では，両辺の各原子の数が等しくなるように書け．また，必要なら次の序列を参考にせよ．

　　電気陰性度：　Ge > Zn > Al
　　イオン化傾向：Cs > Zn > Hg

1) $CH_3(CH_2)_3Li$　　[ $CH_3(CH_2)_3OH$　$CH_3(CH_2)_3Cl$　$CH_3(CH_2)_2CH_3$　Li ]
　　(**A**)

2) $(C_6H_5)_2Zn$　　[ $C_6H_5$-Cs　$(C_6H_5)_2Hg$　Zn ]
　　(**B**)

3) $(CH_3)_2Zn$　　[ $(CH_3)_3Al$　$(CH_3)_4Ge$　$ZnCl_2$ ]
　　(**C**)

4) 2-メトキシフェニルリチウム　　[ 2-メトキシベンゼン　$CH_3CH_2C\equiv CLi$　$CH_3(CH_2)_3Li$ ]
　　(**D**)
　　　　　　　　　　　　　　　　　　　　　　　　　　　　　　　　　　　　　（東北大・工）

[13・3] 有機金属錯体の基本的な反応について，以下の問に答えよ．
1) イリジウム錯体 *trans*-[Ir(CO)(Cl)(PPh$_3$)$_2$] に対して，$H_2$ は協奏的酸化的付加反応，MeI は $S_N2$ 酸化的付加反応を起こす．それぞれの生成物の構造を書け．ただし，二つの PPh$_3$ はトランス構造を保っている．
2) 金(III)錯体 *trans*-[Au(Et)(Me)$_2$(PPh$_3$)] は，加熱により還元的脱離反応がひき起こされる．生成する錯体および脱離する有機化合物の構造を答えよ．
3) 次のコバルト錯体の反応は，PPh$_3$ の解離および CO の配位により進行する．反応機構を図示して説明せよ．

　　Ph$_3$P–Co(Cp)(Me)$_2$ $\xrightarrow{CO}$ Co(Cp)(CO)$_2$ + PPh$_3$ + Me$_2$CO

　　　　　　　　　　　　　　　　　　　　　　　　　　　　　　　　　　　　　（長崎大・工）

[13・4] 以下の反応において (**A**)~(**H**) に当てはまる化合物を構造式で示せ.

1) H$_3$CO-C$_6$H$_4$-B(OH)$_2$ + Br-C$_6$H$_5$ $\xrightarrow[\text{NaOH}]{\text{Pd(PPh}_3)_4}$ (**A**)

2) 3-ブロモトルエン + プロペニルボロン酸カテコールエステル $\xrightarrow[\text{NaOH}]{\text{Pd(PPh}_3)_4}$ (**B**)

3) 4-ブロモベンズアルデヒド + スチレン $\xrightarrow[\text{CH}_3\text{CO}_2\text{K}]{\text{PdCl}_2}$ (**C**)

4) ゲラニルクロリド + (n-Bu)$_3$Sn-C$_6$H$_5$ $\xrightarrow[\text{加熱}]{\text{Pd(0)}}$ (**D**)

5) アルケニル-ZnCl + I-C$_6$H$_5$ $\xrightarrow{\text{Pd(PPh}_3)_4}$ (**E**)

6) O$_2$N-C$_6$H$_4$-CH=CH-C$_6$H$_5$ $\xrightleftharpoons{\text{Ru carbene catalyst}}$ (**F**) + C$_6$H$_5$-CH=CH-C$_6$H$_5$

7) ジアリルエーテル $\xrightarrow[\text{Cy = シクロヘキシル}]{\text{(PCy}_3)_2\text{Cl}_2\text{Ru=CHPh}}$ (**G**)

8) ベンズアルデヒド + Br-CH$_2$-CO$_2$Et $\xrightarrow{\text{1. Zn;  2. aq. HCl}}$ (**H**)

(お茶大・人間文化/東北大・生命科学/金沢大・自然/京大・工/阪大・薬)

[13・5] 次の文を読み,空欄に入る最も適切な語句を下の語群から選び,記入せよ.

有機金属反応剤の反応性を理解するうえで,中心金属の形式酸化数および配位数の変化は重要である.たとえばパラジウム触媒 [L$_n$Pd(0)] を用いた鈴木-宮浦反応に代表される ( a ) 反応では,まず L$_n$Pd(0) と有機ハロゲン化物 R-X が ( b ) を起こし,L$_n$Pd(II)RX を生じる.次に,これと有機金属化合物 R′-X が金属交換(あるいは配位子交換ともいう)を起こし,L$_n$Pd(II)RR′ を生じる.これから ( c ) を起こし,L$_n$Pd(0) の再生とともに生成物 R-R′ を与える.

語群: 求核置換,求電子置換,脱水縮合,還元的脱離,還元的付加,酸化的脱離,酸化的付加,ヘテロリシス,ホモリシス,オレフィンメタセシス,クロスカップリング,デカップリング

(阪府大・工)

**[13・6]** Ni(0)錯体を触媒としたハロゲン化アルキル R−X と Grignard 反応剤 R′MgX′ とのクロスカップリング反応における触媒サイクルを示せ．また，酸化的付加，トランスメタル化，還元的脱離はどの反応過程を示すか触媒サイクルのなかに書き込め． (阪府大・工)

**[13・7]** 臭化フェニルは Mg と反応し臭化フェニルマグネシウムを与える．この臭化フェニルマグネシウムは Grignard 反応剤として用いられる．臭化フェニルをパラジウム化合物である Pd(PPh$_3$)$_4$ (**A**) と反応させると同様の反応が進行し，PPh$_3$ 分子が 2 分子脱離し Pd が臭化フェニルと反応した Pd 化合物 (**B**) が生成する．これについて次の各問に答えよ．

Ph−Br + Pd(PPh$_3$)$_4$ ⟶ trans-(**B**) + 2 PPh$_3$   cis-(**B**)
         (**A**)

1) Pd 化合物 (**B**) は平面四配位の化合物であり，トランス体である．対応するシス体が生成することも考えられるが，なぜ *trans*-(**B**) が生成するのか考察せよ．
2) *cis*-(**B**) が *trans*-(**B**) に異性化するとしたら，どのような機構となるかを考察せよ．
3) *trans*-(**B**) に臭化 *p*-メチルフェニルマグネシウムを反応させると，有機化合物 (**C**) が収率よく生成した．この化合物 (**C**) の構造式を記せ．

trans-(**B**) + CH$_3$−C$_6$H$_4$−MgBr ⟶ (**C**)

4) 臭化フェニルと臭化 *p*-メチルフェニルマグネシウムとの反応は触媒量の化合物 (**A**) を用いても進行し，化合物 (**C**) が収率よく生成することが知られている．この反応の反応機構（触媒サイクル）を示せ．またこのような形式の反応は一般的に何とよばれているか記せ． (北大・生命科学)

**[13・8]** 次の文を読み，問に答えよ．ただし，反応生成物が塩である場合は，これを希塩酸水溶液と処理して得られる有機化合物を答えよ．

 a. Gilman 試薬 (CH$_3$)$_2$CuLi は，メチルリチウムとヨウ化銅(I) から調製できる．この試薬の特徴の一つは，有機リチウムや Grignard 試薬に比べて官能基選択性が高いことである．たとえば，b. 塩化ベンゾイル PhCOCl に (CH$_3$)$_2$CuLi を反応させると，(**A**) が得られる．また，c. 3-ブテン-2-オン CH$_3$COCH=CH$_2$ に (CH$_3$)$_2$CuLi を反応させると，

(**B**) が得られる．

1) 下線部 a の反応を化学反応式で書け．反応式中の各化学種の係数を正しく示すこと．
2) (**A**) および (**B**) に入る適切な有機化合物を，それぞれ構造式で書け．
3) 下線部 b の反応を，$(CH_3)_2CuLi$ の代わりに $CH_3MgI$ を用いて行った場合に得られる生成物を構造式で書け．
4) 下線部 c の反応を，$(CH_3)_2CuLi$ の代わりに $CH_3Li$ を用いて行った場合に得られる生成物を構造式で書け．

# 14

# ペリ環状反応

**例題 14・1** 次の文章を読んで，以下の問に答えよ．

Diels-Alder 反応は，（a）ジエンが求ジエン体と反応して環状化合物を与える反応である．この反応が起こるためには，（a）ジエンが s-（b）形配座でなければならない．また，反応は立体（c）的であって，それは（a）ジエンと求ジエン体の両方に関して（d）付加反応であるためである．生成物が架橋二環式化合物となる場合では，置換基がエンドあるいはエキソの配置をとりうるが，求ジエン体の置換基がπ電子をもっている場合には，（e）体をとりやすい．

1) 文章中の空欄 a から e に入る最も適切な語句を下記のなかから選び，その語句を記入せよ．ただし，空欄 a から e にはすべて異なる語句を用いること．

　　孤立　　集積　　共役　　共鳴　　選択　　特異　　認識
　　シス　　トランス　　シン　　アンチ　　エンド　　エキソ

2) Diels-Alder 反応に関する上の文章を参考にして，次の（**A**）〜（**C**）に当てはまる適切な化合物を立体化学がわかるように，その構造式を記せ．

a. (**A**) + (**B**) →[加熱] (生成物)　　b. (シクロペンタジエン) + (無水マレイン酸) →[室温] (**C**)

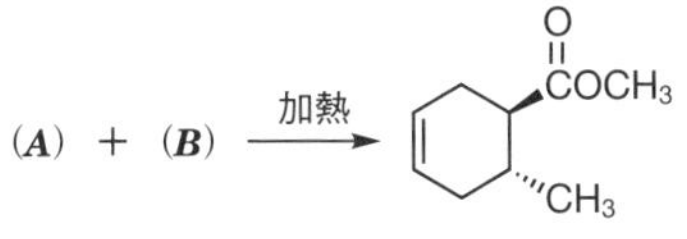

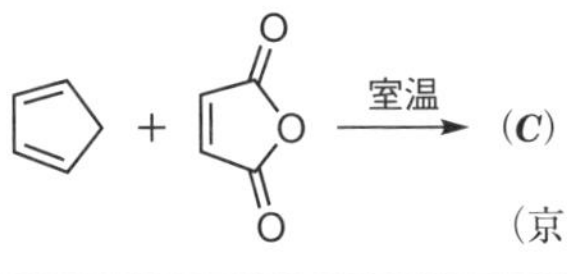

（京大・工）

[解答] 1) a. 共役　b. シス　c. 特異　d. シン　e. エンド

2) (**A**), (**B**), (**C**) の構造式

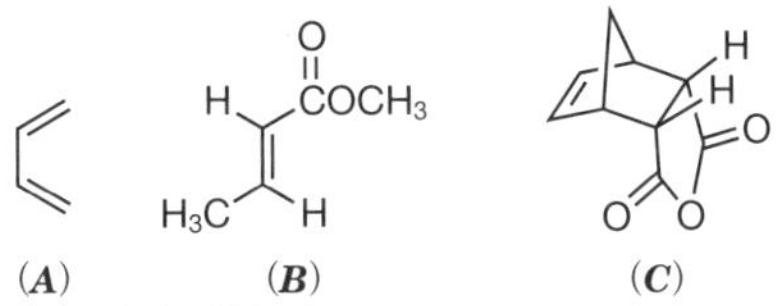

(**A**) と (**B**) は順不同

[解説]　ペリ環状反応は，環状の遷移状態を経由して協奏的に進行する反応（付加環

化反応, 電子環状反応, シグマトロピー転位など)の総称である. ペリ環状反応の反応性は, 分子軌道の対称性に基づく規則 (Woodward-Hoffmann 則) によって説明できる.

付加環化反応は二つの π 電子系が両端で付加して環化する反応である. 反応に関与する π 電子数は, [2+2]付加環化 (2π と 2π の反応) のように表示する. 共役ジエンとアルケン (求ジエン体またはジエノフィル) の [4+2]付加環化は Diels-Alder 反応として知られ, ジエンの最高被占軌道 (HOMO) とジエノフィルの最低空軌道 (LUMO) の相互作用に支配される. 以下に示すブタジエンとエテンの反応では, ジエンの HOMO とジエノフィルの LUMO の両端で, 各 π 電子系平面の同じ側 (スプラ型) で結合性の重なりが生じる. ここで, 分子軌道のローブの色 (白抜きと灰色) は位相を示し, 同じ色の重なりは結合性相互作用を, 異なる色の重なりは反結合性相互作用を生じる. HOMO と LUMO の間の反応は熱許容であるため, Diels-Alder 反応は熱で起こりやすい.

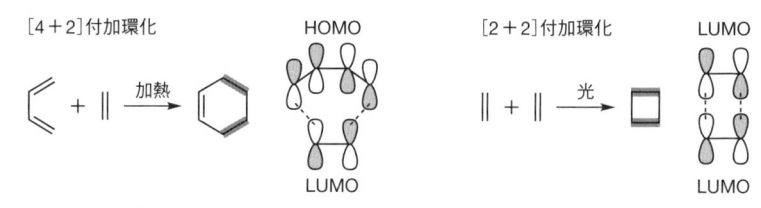

灰色で囲った結合は新しく形成したσ結合を示す

Diels-Alder 反応には以下の特徴がある. まず, 環化の遷移状態をとるために, ジエンは中央の単結合に対して両端の二重結合が同じ側にある立体配座 (s-シス配座, s は単結合の意味) をとる必要がある. また, 両端の σ 結合が同時に形成するため, 反応は立体特異的に進行する. 反応物のジエノフィルにシス-トランス異性がある場合, その立体化学は生成物であるシクロヘキセンのシス-トランス異性に反映される.
2) a. 生成物のシクロヘキセンはトランス体なので, ジエノフィルはトランスのアルケンである. b. 1,3-シクロペンタジエンと無水マレイン酸の環化生成物では, ビシクロ骨格に対する置換基の向きが異なる立体異性体 (エンド体とエキソ体, それぞれ内側と外側の意味) が存在する. 無水マレイン酸のカルボニル基の分子軌道と, ジエン

の分子軌道の二次的な相互作用により，エンド体が優先的に生成する．

一方，[2+2]付加環化は，2分子のアルケンからシクロブタンが生成する反応である．エテンどうしの反応では，LUMO と LUMO が接近したとき，各π電子系平面の同じ側で結合性の重なりが生じる．この様式の反応は熱では起こりにくく，光を照射すると進行する（光許容）．一般的には，[x+y]付加環化において，$x+y=4n+2$であれば熱許容，$4n$であれば光許容である．

---

**例題 14・2** 以下の問に答えよ．

1) 1,3-ブタジエンは熱あるいは光によってシクロブテンへと環化する．1,3-ブタジエンの最高被占軌道（HOMO）および最低空軌道（LUMO）を例に示すエチレンの HOMO にならって示せ．

2) ジエン（**A**）およびトリエン（**B**）の環化生成物の構造式を立体化学がわかるように示せ．

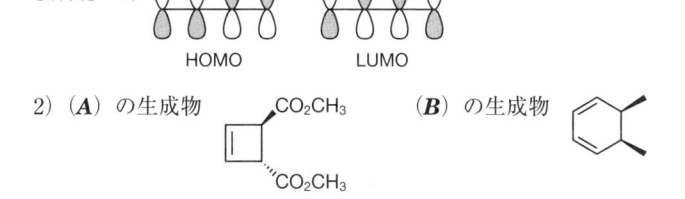

(名大・工)

---

[解答] 1) HOMO　LUMO

2) （**A**）の生成物　　（**B**）の生成物

[解説] 電子環状反応は，二つ以上の二重結合が共役したπ電子系において，π結合の移動を伴い両端でσ結合が生成する反応である．両端のπ結合の面が回転してσ結合が生成するとき，同じ向き（同旋）または逆向き（逆旋）に回転する場合があり，π電子の数と反応の条件（熱反応か光反応）によって決まる．熱反応では HOMO の，光反応では LUMO の軌道の対称性に支配される．

ブタジエン（電子数4, $4n$のときも同様）では，結合性の軌道の重なりが生じるよ

うに，熱反応は同旋，光反応は逆旋で反応が進行する．E,Z体であるジエン（**A**）に光を照射すると逆旋で環化が起こり，トランス体のシクロブテンが生成する．このジエンを加熱すると，シス体のシクロブテンが生成する．

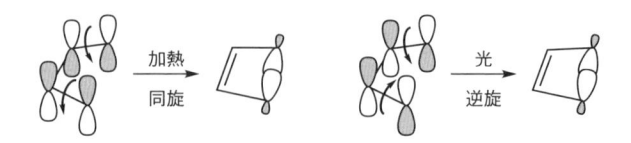

ヘキサトリエン（電子数6, $4n+2$のときも同様）では，熱反応は逆旋，光反応は同旋で反応が進行する．E,E体であるトリエン（**B**）を加熱すると逆旋で環化が起こり，シス体のシクロヘキサジエンが生成する．このトリエンに光を照射すると，トランス体のシクロヘキサジエンが生成する．

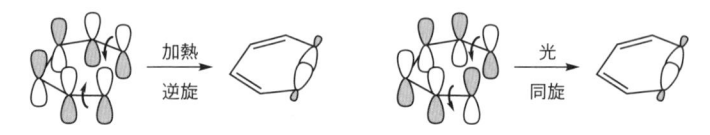

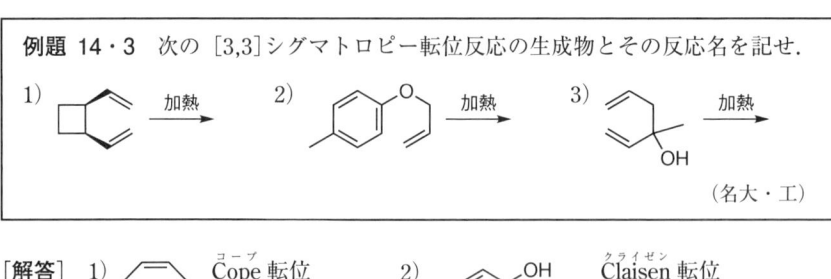

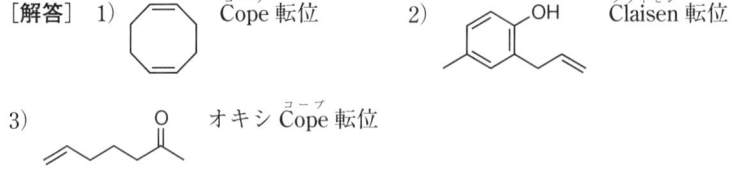

---

**例題 14・3** 次の [3,3]シグマトロピー転位反応の生成物とその反応名を記せ．

1) （構造式）→加熱
2) （構造式）→加熱
3) （構造式）→加熱

(名大・工)

---

[解答] 1) シクロオクタトリエン Cope 転位
2) （構造式） Claisen 転位
3) （構造式） オキシCope 転位

[解説] シグマトロピー転位は，π電子系に隣接したσ結合が切断し，二重結合の位置の移動を伴い，π電子系の別の場所で新しいσ結合が生成する反応である．切断するσ結合の炭素から生成するσ結合の炭素までの炭素数（水素が移動する場合は1）を用いて，[3,3]シグマトロピー や [1,5]シグマトロピーのように反応の形式を表示する．

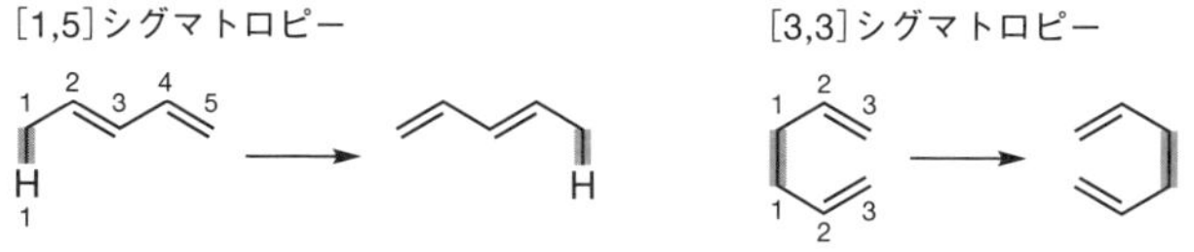

## 14. ペリ環状反応

[1,5]シグマトロピー　　　　　　[3,3]シグマトロピー

灰色で囲った結合は，切断するσ結合と生成するσ結合を示す

[*x*,*y*]シグマトロピー転位の選択性は軌道の対称性に支配され，反応に関与する電子数 $x+y$ および軌道の位置関係，反応条件によって変わる．結合の切断と生成がπ電子系の同じ面で起こる反応をスプラ型，反対側の面で起こる反応をアンタラ型とよぶ．二つのπ電子系がかかわる反応では，π電子系のつくる面について，両方ともスプラ型であるスプラ-スプラ型と，一方だけがアンタラ型であるスプラ-アンタラ型に分類できる．$x+y=4n+2$ の場合，スプラ-スプラ型（水素が移動する場合はスプラ型）は熱許容，スプラ-アンタラ型（水素が移動する場合はアンタラ型）は光許容である．$x+y=4n$ の場合，スプラ-スプラ型は光許容，スプラ-アンタラ型は熱許容である．

1) 1,5-ヘキサジエンの [3,3] シグマトロピー転位は Cope 転位とよばれる．1,2-ジビニルシクロブタンを加熱すると反応が進行して，1,5-シクロオクタジエンが生成する．
2) アリルビニルエーテルの [3,3] シグマトロピー転位は Claisen 転位とよばれる．アリルフェニルエーテルの反応では，いったんアリル基が移動したケトンが生成するが，エノール形に互変異性化して安定なフェノール誘導体になる．3) 1,5-ヘキサジエン-3-オールは，[3,3] シグマトロピー転位を起こしてエノール中間体を生成し，その後安定なケト形に異性化する．この反応は，オキシ Cope 転位とよばれる．

1) [構造式] 加熱 → [構造式]

2) [構造式] 加熱 → [構造式] → [構造式]

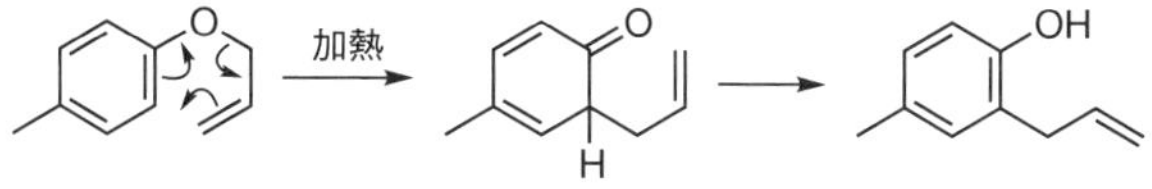

3) [構造式] 加熱 → [構造式] → [構造式]

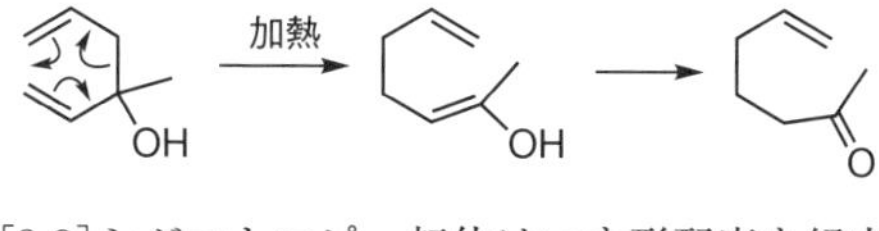

[3,3]シグマトロピー転位はいす形配座を経由して進行する（演習問題 14・9 参照）．したがって，反応物に立体異性体がある場合，反応は立体特異的に進行する．

## 演習問題

[14・1] 以下の問に答えよ．

114　　　　　　　　　　　　14. ペリ環状反応

1) 次に示す反応の機構を，中間生成物の構造とともに記せ．

2) 化合物 (**A**) は熱反応条件下で開環反応が進行するが，化合物 (**B**) ではこれが起こらない．この理由を説明せよ．

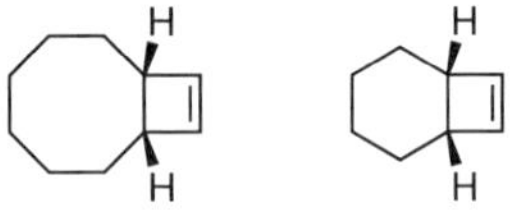

(**A**)　　(**B**)　　　　　　　　　　(名大・理)

[14・2]　以下に示すシクロペンタジエンとアクリル酸エチルとの Diels-Alder 反応の結果を分子軌道の考え方に基づいて説明せよ．ただし，次の用語をすべて使用し，図を用いて説明すること．

[用語]　HOMO, LUMO, 協奏的，エンド，エキソ，二次軌道相互作用

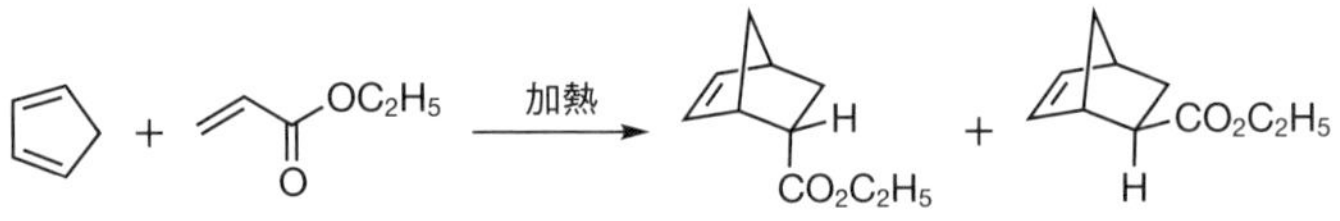

生成比　9 : 1

(東工大・理工)

[14・3]　1位を $^{13}$C で同位体標識した 3-ブロモ-1-プロペンを用いて下式の条件で反応を行うと，構造式で示す位置に $^{13}$C を含む生成物 (4-アリル-2,6-ジメトキシフェノール) が得られる．このような結果になる理由を説明せよ．

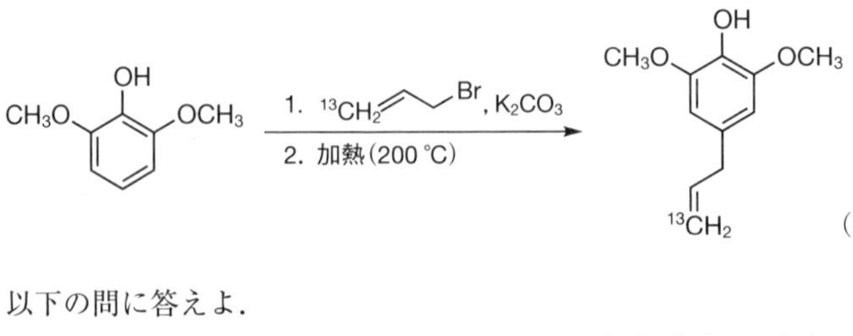

(東大・理)

[14・4]　以下の問に答えよ．
　化合物 (**A**) を 270 ℃ に加熱すると水素が転位した化合物 (**B**) と (**C**) が立体異性体として得られた．

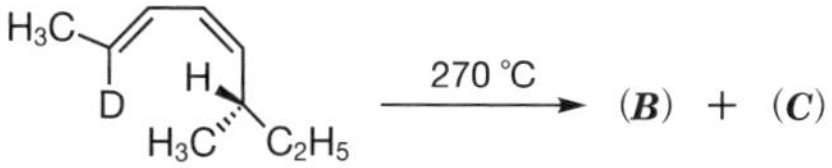

14. ペリ環状反応　　　　　　　　　　　　　115

1) (**B**) と (**C**) の構造式を立体化学がわかるように記せ.
2) 上記の反応の立体化学を説明するために，化合物 (**A**) のもつブタジエン部分の LUMO を考える．ブタジエンの LUMO を示せ．
3) 化合物 (**A**) の水素-炭素 σ 結合の HOMO とブタジエン部分の LUMO との相互作用を考慮し，水素が転位するときに生じる (**B**) と (**C**) の立体化学を説明せよ．

(北大・生命科学)

[14・5] 以下の問に答えよ．
1) 紫外可視スペクトルを測定すると 220 nm 付近に比較的強い吸収が観測される化合物 (**A**) は，fumaronitrile (*trans*-1,2-dicyanoethene) と付加反応を起こし，分子式 $C_8H_8N_2$ の化合物 (**B**) が生成する．化合物 (**A**) と (**B**) を構造式で示せ．なお，鏡像異性体が生じるときはその一方だけを書くこと．
2) 分子式 $C_{11}H_{16}O$ の化合物 (**C**) を高温にすると二環式化合物 (**D**) が生成する．化合物 (**C**) を構造式で示せ．

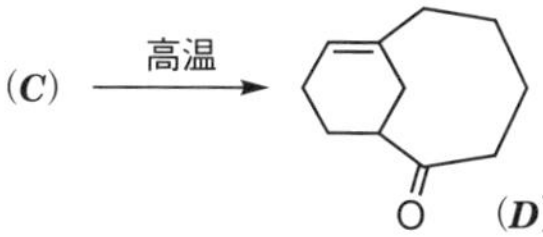

3) 上記の 1) と 2) のような反応は共通の人名反応として知られている．その反応名を英語で記せ．
4) 化合物 (**E**) と fumaronitrile は 3) の人名反応を起こさない．この理由を説明せよ．

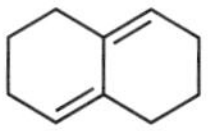

(岡山大・自然)

[14・6] 1940 年に A. C. Cope らは式 a に示すような 1,5-ジエンが [3,3] シグマトロピー転位を起こすことを発見した．現在 Cope 転位とよばれるこの反応は，反応機構的にも合成化学的にも興味深い反応として広く認識されている．たとえば，式 b に示した Cope 転位は，一般的には困難な 7 員環炭素骨格を効率的に構築する方法として有名である．Cope 転位を含む合成反応に関する以下の問に答えよ．

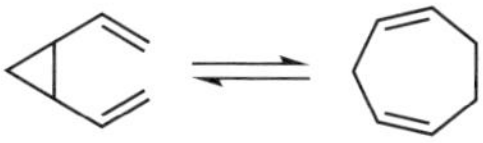

c.

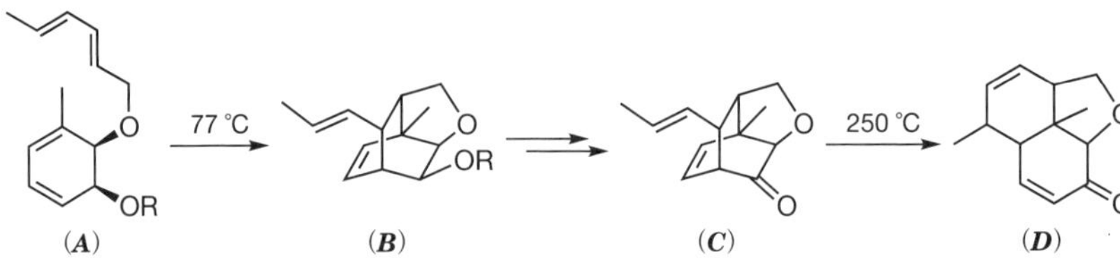

d.

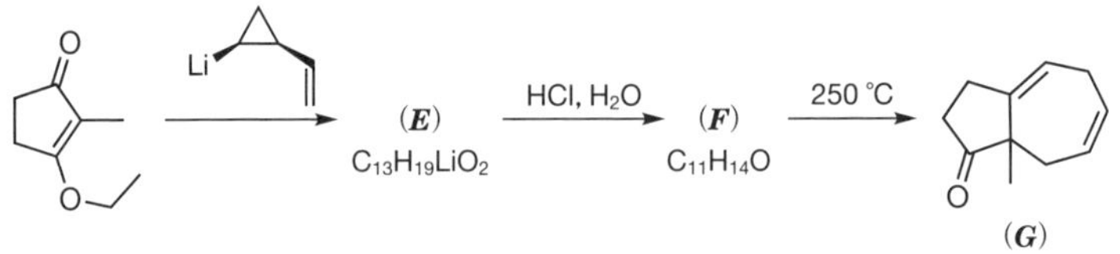

1) 式 b に示した Cope 転位の平衡は右側に大きく偏っている．その理由を答えよ．
2) 化合物 (**A**) から化合物 (**B**) への変換の機構を答えよ．
3) 化合物 (**C**) から化合物 (**D**) への変換の機構を考慮しながら，相対立体配置がわかるように化合物 (**D**) の構造式を記せ．
4) 化合物 (**E**) と (**F**) の構造式を記せ．[ヒント：(**F**) から (**G**) への反応が Cope 転位]　　　　　　　　　　　　　　　　　　　　　　　　　　　　(名大・理)

[14・7]　式 a～c に示すペリ環状反応に関する次の問に答えよ．
1) 加熱条件下のペリ環状反応生成物 (**A**), (**C**), (**F**) の構造式を立体化学とともに記せ．
2) 生成物の立体化学を説明する遷移状態 (**B**), (**D**), (**E**) の構造式を記せ．

a.

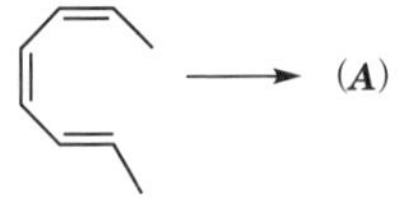

b.

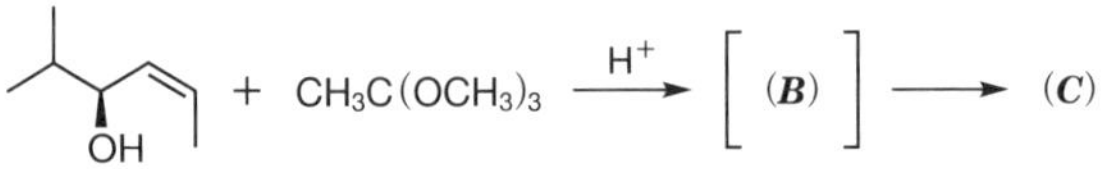

c.

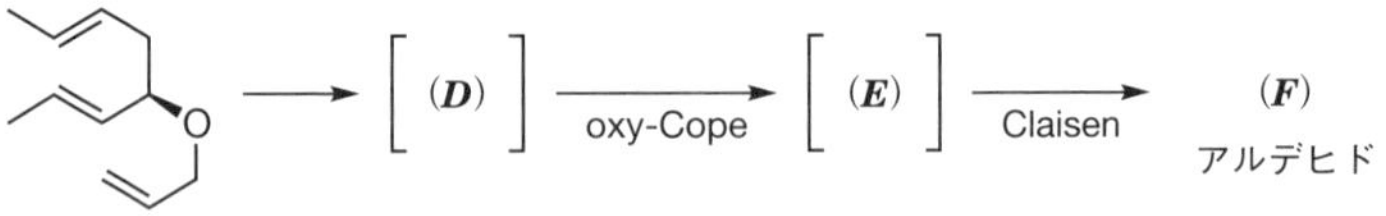

(東工大・理工)

[14・8]　次ページに示す反応式に関する以下の問に答えよ．
1) 生成物 (**A**) の構造を，立体化学がわかるように書け．
2) 化合物 (**B**) の $^1$H NMR スペクトルにおいて，低温では複数本のシグナルが観測

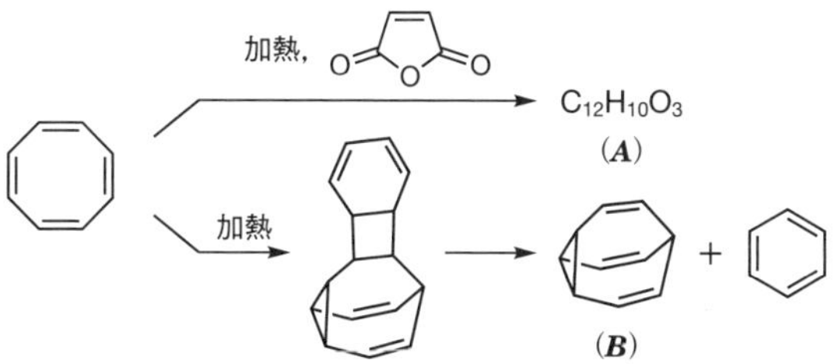

されるが，高温では1本の鋭いシグナルのみが観測される．その理由を説明せよ．

(名大・創薬科学)

[14・9] 次の反応式 a と b について 1) と 2) に答えよ．

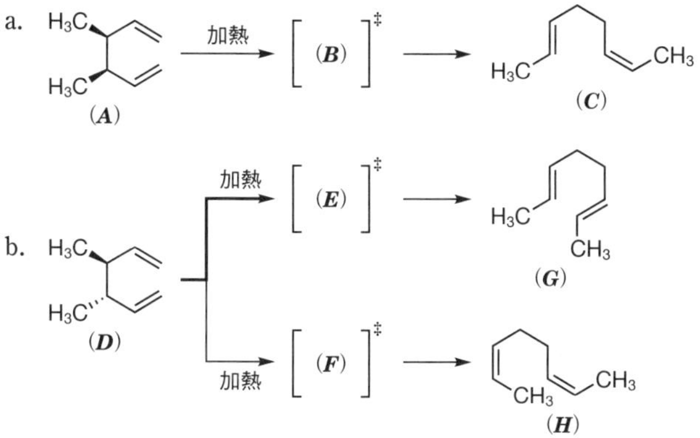

a. (A) → 加熱 → [(B)]‡ → (C)

b. (D) → 加熱 → [(E)]‡ → (G)
   (D) → 加熱 → [(F)]‡ → (H)

1) (B), (E) および (F) に当てはまる遷移状態の構造を下図にならって記せ．

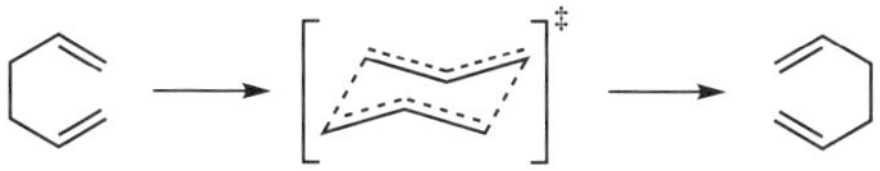

2) 上記の反応式 b の反応において，化合物 (G) が主生成物となる理由を記せ．

(北大・総合化学)

[14・10] 以下の Diels-Alder 反応について問に答えよ．

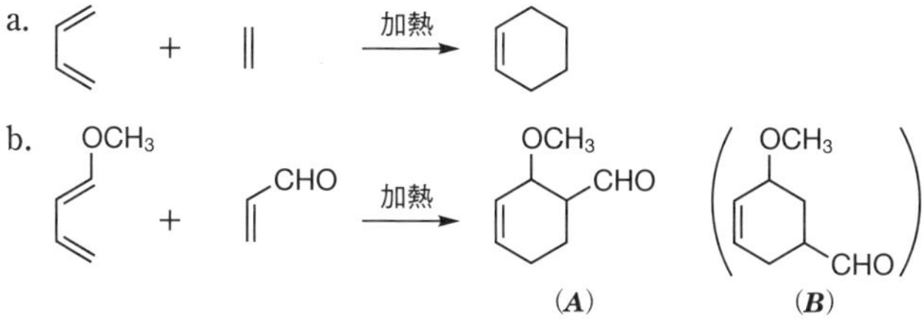

a. ブタジエン + エチレン → 加熱 → シクロヘキセン

b. 1-メトキシブタジエン + アクロレイン → 加熱 → (A) および (B)

1) 式 a と式 b のどちらの反応が容易に進行するかを答えよ．また，その理由を分子軌道の相互作用の観点から説明せよ．
2) 式 b の反応では，生成物は化合物 (**A**) だけであり，その異性体である化合物 (**B**) は生成しない．その理由を説明せよ．

[**14・11**] 一置換ブタジエンであるブタジエンスルホキシド (**A**) に置換アルケンであるエナミン (**B**) を加え 70 ℃ に加熱すると，生成物 (**C**) が単一の Diels-Alder 付加体として得られた．これについて次の各問に答えよ．

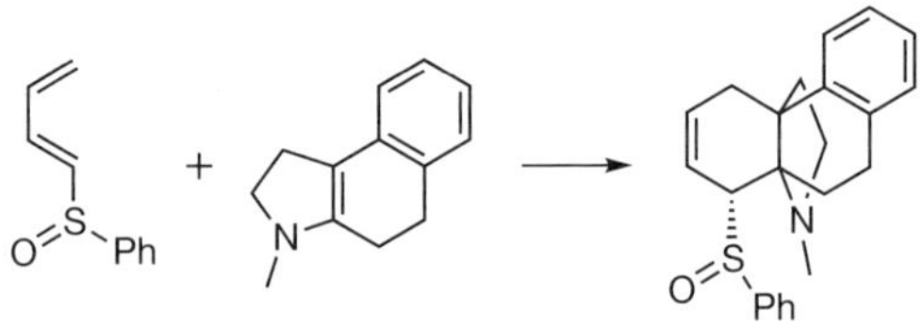

1) この反応の位置選択性を，化合物 (**A**) と化合物 (**B**) の HOMO-LUMO 相互作用をもとに説明せよ．
2) この反応の立体選択性を，分子軌道の相互作用をもとに説明せよ．

(北大・生命科学)

# 15

# 糖質，アミノ酸

**例題 15・1**　D-マンノースに関する以下の問に答えよ．

1）$\alpha$-D-マンノピラノースと $\beta$-D-マンノピラノースはアルデヒド型構造（$\boldsymbol{A}$）を介し，相互に異性化する．例にならって（$\boldsymbol{A}$）を Fischer 投影式で記せ．

$\alpha$-D-マンノピラノース　　　　$\beta$-D-マンノピラノース

例

Fischer 投影式

2）純粋な $\alpha$-D-マンノピラノースと $\beta$-D-マンノピラノースの 25 °C における比旋光度はそれぞれ +29，−17 である．両者は 25 °C の水溶液中において平衡混合物となり，その比旋光度は +14 となる．このときの両者の存在比を求めよ．ただし，平衡下においては，$\alpha$-D-マンノピラノースと $\beta$-D-マンノピラノースのみが存在するものとする．

（東工大・理工）

［解答］ 1）

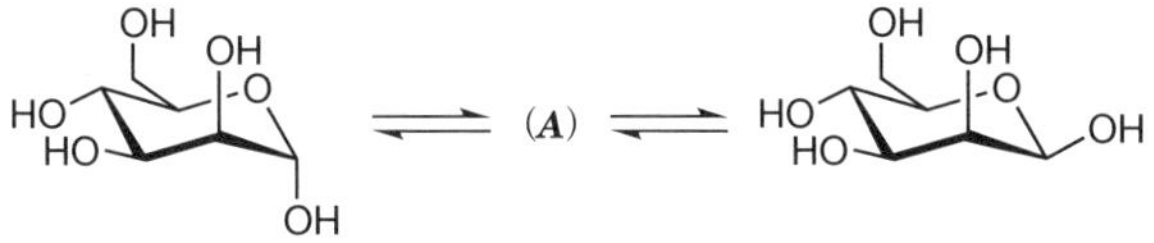

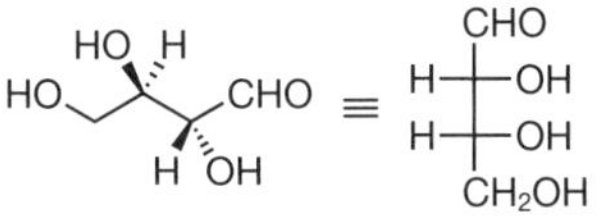

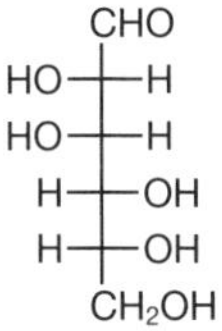

2）$\alpha$ 体と $\beta$ 体の存在比をそれぞれ $x$，$1-x$ とする．比旋光度の値は各異性体の加重平均となるので，次の式が成り立つ．$+29 \times x + (-17) \times (1-x) = +14$

この方程式を解くと $x = 0.67$ となる．したがって，α体：β体 = 67：33 となる．

[解説] 炭素数6の単糖はヘキソースとよばれ，カルボニル基がアルデヒドであるアルドヘキソースとケトンであるケトヘキソースに分類される．マンノースはアルドヘキソースの一つである．マンノースの構造には四つキラル炭素があり，立体配置の異なる立体異性体（グルコース，ガラクトースなど）が存在する．糖の立体配置を表示するためにFischer（フィッシャー）投影式がよく用いられる．酸化状態の高い炭素が上になるように炭素鎖を上下に並べたとき，一番下のキラル炭素に結合したヒドロキシ基（灰色で示す）が右側にあるものがD体，左側にあるものがL体である．

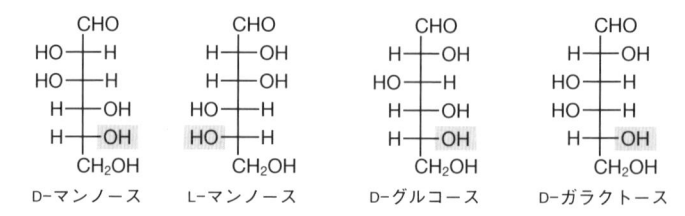

D-マンノース　　L-マンノース　　D-グルコース　　D-ガラクトース

糖は分子内ヘミアセタールを形成して環状構造をとることができる．アルドヘキソースでは，6員環構造のピラノースと5員環構造のフラノースが可能である．マンノースのピラノース構造は，マンノピラノースとよばれる．鎖状構造が環状構造に変化すると，カルボニル炭素に新しいキラル中心が生じる．このキラル炭素はアノマー炭素とよばれ，アノマー炭素の立体配置が異なるジアステレオマーはアノマーとよばれる．アルドヘキソースのピラノースでは，C1（アノマー炭素）とC5の置換基がトランスのアノマーがα体，シスのものがβ体である．環状構造の立体化学を表示するとき，Fischer投影式ではわかりにくいので，Haworth（ハース）投影式（立体配置）またはいす形配座の立体構造式（立体配置 + 立体配座）が用いられる．

Haworth投影式　　　　　　　　　　　　いす形配座

α-D-マンノピラノース　α-D-マンノフラノース　α-D-マンノピラノース　β-D-マンノピラノース

＊はアノマー炭素

マンノピラノースの2種類のアノマーは，鎖状構造を経由して相互に異性化する．α-D体とβ-D体はそれぞれ固有の比旋光度の値をもつので，混合物の比旋光度はアノマーの存在比の加重平均となる．この関係を用いると，実測の比旋光度から存在比を

求めることができる．2)の解答から，マンノピラノースでα体がβ体より安定であり，これはアノマー効果（演習問題4・13参照）によるものである．

---

**例題 15・2** 以下の問に答えよ．

1) トレオニンの Fischer 投影式を以下に示す．このアミノ酸が D 形か L 形か答えよ．また，2,3 位の炭素の立体配置を $R, S$ で示せ．

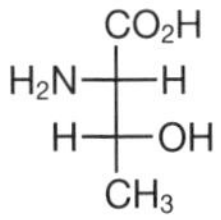

$$\begin{array}{c} CO_2H \\ H_2N \!-\!\!\!\!-\!\!\!\!-\! H \\ H \!-\!\!\!\!-\!\!\!\!-\! OH \\ CH_3 \end{array}$$

2) トレオニンを十分な量の飽和塩化水素/メタノール溶液に溶かし，室温で終夜放置したのち，減圧濃縮した．得られた化合物（**A**）の構造を Fischer 投影式を用いて示せ．またこのとき，塩化水素の量が十分でないと反応がほとんど進行しない（少なくとも 1 当量以上必要）．その理由を述べよ．

3) 化合物（**A**）と N-(t-ブトキシカルボニル)フェニルアラニン（**B**）との縮合反応を N,N-ジメチルホルムアミド中で行い，分子式が $C_{19}H_{28}N_2O_6$ のジペプチド誘導体（**C**）を得た．

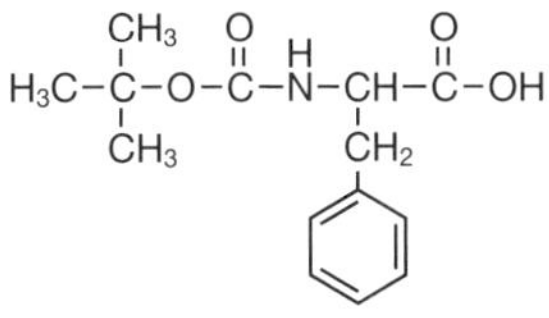

（**B**）の構造式：
H₃C-C(CH₃)₂-O-CO-NH-CH(CH₂Ph)-CO-OH

（**B**）

以下に示す反応剤のなかから適当なものを選び，上述の縮合反応の反応式を完成させよ．トレオニンならびにジペプチド誘導体（**C**）の構造については上記の（**B**）の構造式にならって記すこと．反応が 2 段階以上になる場合は，それぞれの反応段階ごとに反応式を完成させること．なおキラル炭素の立体配置については表記する必要はない．

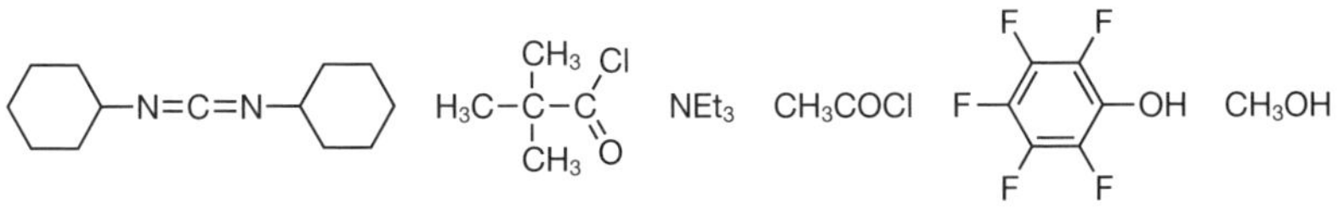

Cy-N=C=N-Cy ; H₃C-C(CH₃)₂-C(Cl)=O ; NEt₃ ; CH₃COCl ; C₆F₅-OH ; CH₃OH

（阪大・理）

## 15. 糖質，アミノ酸

[解答]　1) L形，$2S, 3R$

2) 
```
Cl⁻    CO₂CH₃
  H₃N⁺―――H
     H―――OH
         CH₃
         (A)
```
トレオニンのアミノ基を中和するのに，1当量の塩化水素が必要であるため．

3)
```
Cl⁻    CO₂CH₃              CO₂CH₃
  H₃N⁺―――H                H₂N―――H
     H―――OH     + NEt₃ →      H―――OH   + ⁺NHEt₃ Cl⁻
         CH₃                      CH₃
         (A)
```

```
   CO₂CH₃        CH₃  O   H
H₂N―――H       H₃C―C―O―C―N―CH―C―OH
   H―――OH   +      CH₃       ∥       + シクロヘキシル-N=C=N-シクロヘキシル
       CH₃                   CH₂
                             |
                             C₆H₅
                            (B)
```

```
        CH₃ O  H     O  H     O
     H₃C―C―O―C―N―CH―C―N―CH―C―OCH₃           H        H
→       CH₃       |          |           + シクロヘキシル-N―C―N-シクロヘキシル
                  CH₂        OH                        ∥
                  |          CH₃                       O
                  C₆H₅
                 (C)
```

[解説]　一般式 RHC(NH₂)COOH で示される α-アミノ酸は天然に広く存在し，タンパク質を構成する基本ユニットである．グリシン（R = H）を除いて α-アミノ酸にはキラル炭素があり，その立体化学は Fischer 投影式における置換基の向きによって表示される．カルボキシ基が上になるように炭素鎖を上下に並べたとき，アミノ基が右にある異性体が D 体，左にあるものが L 体である．天然の α-アミノ酸は L 体であり，RS 表示法では S 体（システイン R = CH₂SH は R 体）である．1)のトレオニンはアミノ基が左にあるため L 体であり，立体配置は $(2S,3R)$-2-アミノ-3-ヒドロキシブタン酸となる．

```
        α-アミノ酸の立体配置
         CO₂H            CO₂H
    H₂N―――H          H―――NH₂
          R                R
         L体              D体
       S体(R体)         R体(S体)    (  )内はシステインの場合
```

α-アミノ酸はカルボキシ基とアミノ基をもつので，酸としても塩基としても働く．

α-アミノ酸は，中性に近い条件では双性イオンで，強酸性ではアンモニウムカルボン酸で，強塩基性ではアミノカルボキシラートとして存在する．側鎖 R にカルボキシ基が存在する酸性アミノ酸（アスパラギン酸など），アミノ基が存在する塩基性アミノ酸（リシンなど）では，溶液の pH に応じてさらに多くの化学種が存在する．

$$\underset{R}{\overset{CO_2H}{\underset{H_3N^+}{\mid}-H}} \underset{H^+}{\overset{OH^-}{\rightleftarrows}} \underset{\underset{双性イオン}{R}}{\overset{CO_2^-}{\underset{H_3N^+}{\mid}-H}} \underset{H^+}{\overset{OH^-}{\rightleftarrows}} \underset{R}{\overset{CO_2^-}{\underset{H_2N}{\mid}-H}}$$

二つの α-アミノ酸がアミド結合（ペプチド結合）で連結すると，ジペプチドになる．異なるアミノ酸を用いた場合，連結するカルボキシ基の末端（C 末端）とアミノ基の末端（N 末端）の組合わせにより複数の生成物が得られる．選択的な反応を行うために，C 末端または N 末端に保護基を導入して反応位置を制御する．C 末端の保護基としては，メチルエステル，ベンジルエステルなどが用いられる．N 末端の保護基としては，t-ブトキシカルボニル（Boc）基などが用いられる．

アミド結合を形成するために，ジシクロヘキシルカルボジイミド（DCC）が縮合反応剤としてよく用いられる（反応機構は演習問題 15・6 参照）．トレオニンのメチルエステルと，フェニルアラニンの Boc 保護体を用いると，トレオニンの N 末端とフェニルアラニンの C 末端がアミド結合により連結したジペプチドが生じる．生成物の保護基は，適切な方法により選択的に除去することができる．

$$\underset{R}{\overset{O}{XHN-\underset{H}{\mid}-\overset{\parallel}{C}-OH}} + \underset{R'}{\overset{O}{H_2N-\underset{H}{\mid}-\overset{\parallel}{C}-OY}} \xrightarrow{DCC} \underset{R}{\overset{O}{XHN-\underset{H}{\mid}-\overset{\parallel}{C}}}\underset{H}{\overset{H}{\underset{\mid}{N}}}\underset{R'}{\overset{R'}{\underset{\mid}{C}}}\overset{OY}{\underset{O}{\parallel}}$$

X = N 末端の保護基
Y = C 末端の保護基

---

## 演習問題

**[15・1]** 以下の問に答えよ．
1) 右図はあるアルドースの直鎖構造を Fischer 投影式で示したものである．一般にアルドースは水溶液でただ一つの構造をとっているのではなく，直鎖構造と複数の環状構造の平衡状態にあることが知られている．環状構造には，ピラノースやフラノースのように環の大きさが異なるものや，アノマー位の立体配置が異なるものが含まれる．図のアルドースの環状構造（ピラノースおよびフラノース）を Haworth 投影式で書け．ただし，α-アノマーと β-アノマーをそれぞれ区別して書くこと．

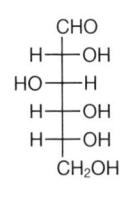

$$\begin{array}{c} CHO \\ H-\!\!\!\!\!\!\mid\!\!\!\!\!\!-OH \\ HO-\!\!\!\!\!\!\mid\!\!\!\!\!\!-H \\ H-\!\!\!\!\!\!\mid\!\!\!\!\!\!-OH \\ H-\!\!\!\!\!\!\mid\!\!\!\!\!\!-OH \\ CH_2OH \end{array}$$

2) 1)で答えたβ-ピラノース構造を，いす形配座で書け．また，いす形配座は2種類考えられるが，いずれがエネルギー的に安定かを説明せよ．
3) 配糖体を合成する反応において，基質（**A**）を用いる反応ではβ-アノマーのみが得られるのに対して，基質（**B**）を用いる反応ではα-アノマーとβ-アノマーの混合物が得られてくる．この両者の反応性の違いを説明せよ．

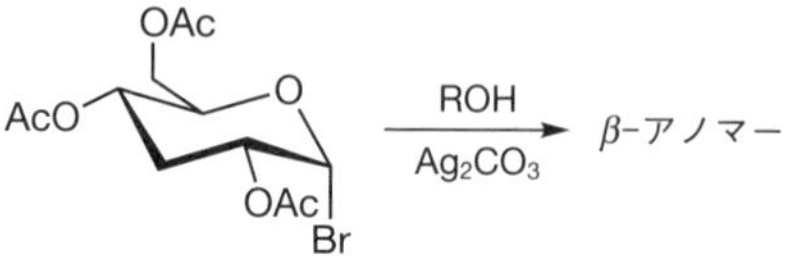

(阪大・薬)

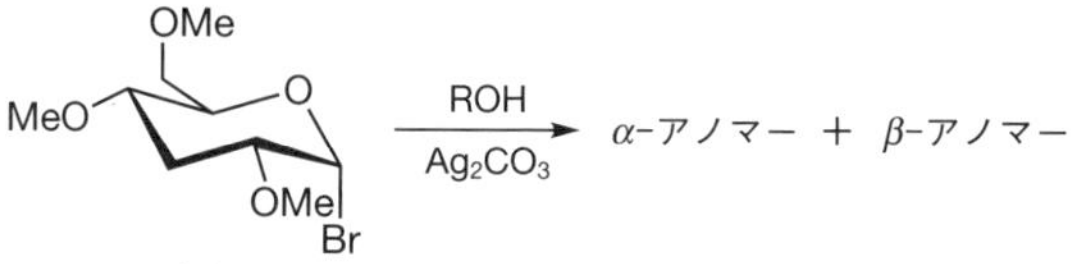

[15・2] 糖に関する以下の問に答えよ．
1) D-グルコースを純水に溶かし1日室温で静置したところ，NMRにより2種の異性体の生成が観察された．この2種の異性体の化学構造を安定配座で示せ．
2) 1)の溶液に水酸化ナトリウムを加えたところ，ケトースであるD-フルクトースが生成した．その生成機構を示せ．
3) 2)の溶液ではD-フルクトースとともにもう1種のアルドースが生成した．生成したアルドースの化学構造を示し，一般名を示せ．

(北大・生命科学)

[15・3] キシリトールは，アルジトール $HOCH_2-(CHOH)_n-CH_2OH$ の一種で $n=3$ に該当し，D-(−)-トレオースから下式によって合成できる．（**B**）と（**C**）はジアステレオマーの関係にあるアルドペントースで，（**C**）を硝酸酸化すると，光学活性なアルダル酸 $HO_2C-(CHOH)_3-CO_2H$ が得られる．（**A**）～（**D**）に当てはまる化合物の構造式を記せ．（**B**）～（**D**）については Fischer 投影式で記すこと．

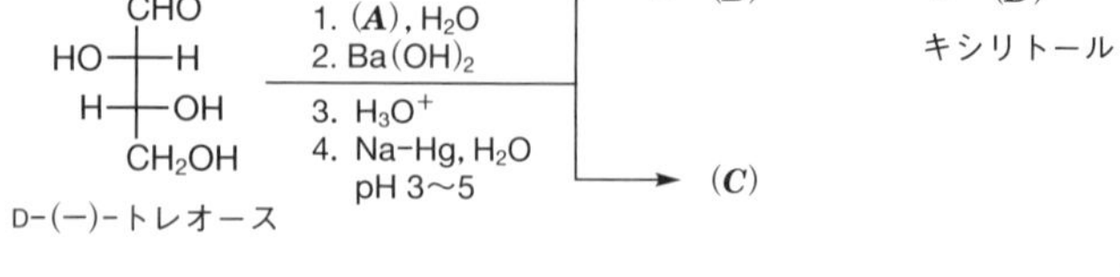

(京大・工)

[15・4] 次の文章を読み，化合物（**A**）～（**F**）の構造を記せ．ただし，化合物（**B**）は

15. 糖質, アミノ酸

Haworth 投影式で記せ.

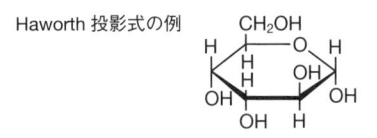

Haworth 投影式の例

　Benedict 試薬〔クエン酸ナトリウム銅(Ⅱ)錯体〕は, アルドースのアルデヒドによって2価の銅が還元され酸化銅 $Cu_2O$ の赤褐色沈殿を生成することを利用した, 還元糖の呈色試薬であり, そのさい, アルドースは酸化されてアルドン酸を生成する. この呈色反応は糖尿病の診断にも用いられており, D-グルコースが存在する場合には, 酸化銅の赤褐色沈殿とともに D-グルコン酸 (**A**) を生成する. (**A**) は, 安定な6員環ラクトンである D-グルコノ-1,5-ラクトン (**B**) を形成する.

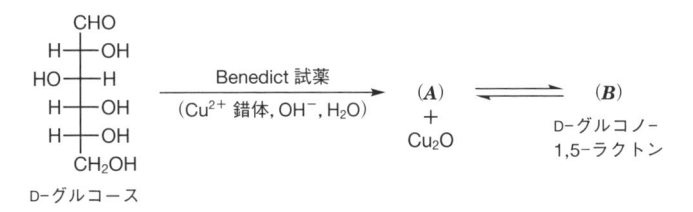

D-グルコース + Benedict 試薬 ($Cu^{2+}$ 錯体, $OH^-$, $H_2O$) → (**A**) + $Cu_2O$ ⇌ (**B**) D-グルコノ-1,5-ラクトン

　一方, D-グルコースのカルボニル基を $NaBH_4$ によって還元すると, アルジトールの一種であり甘味料としても用いられる D-グルシトール (D-ソルビトール, **C**) が生成する. また, ケトースである L-ソルボース (**D**) を同様に還元したところ, (**C**) と (**Z**) が混合物として得られた.

D-グルコース → (**C**) D-グルシトール (D-ソルビトール) ← (**D**) L-ソルボース → (**Z**)

　D-グルコースを高濃度の塩基性溶液としておいたところ, アルドール開裂 (逆アルドール反応) を起こして分解し, 炭素数2の (**E**) と炭素数4の (**F**) を生成した.

D-グルコース —アルドール開裂→ (**E**) + (**F**)

（阪大・理）

[15・5] 次の文章を読み, 問に答えよ.
　グルコピラノース誘導体であるサリシン $C_{13}H_{18}O_7$ はヤナギの樹皮に含まれ, 抗炎症

剤として有用である．サリシンのピラノース環上の置換基はすべてエクアトリアル位にある．サリシンは銀鏡反応に陰性で，加水分解により D-グルコースとサリゲニンを与える．サリゲニンは性質の異なる 2 種類のヒドロキシ基を有する o-二置換ベンゼン誘導体である．サリゲニンの酸性度はサリシンのものよりも高い．サリゲニンとサリシンの構造式を示せ．
(京大・工)

[15・6] 下図はアラニン Ala とグリシンフェニルアラニン Gly−Phe からのトリペプチド (**F**) の合成経路およびペプチド (**E**) の Edman 分解を示したものである．以下の問に答えよ．

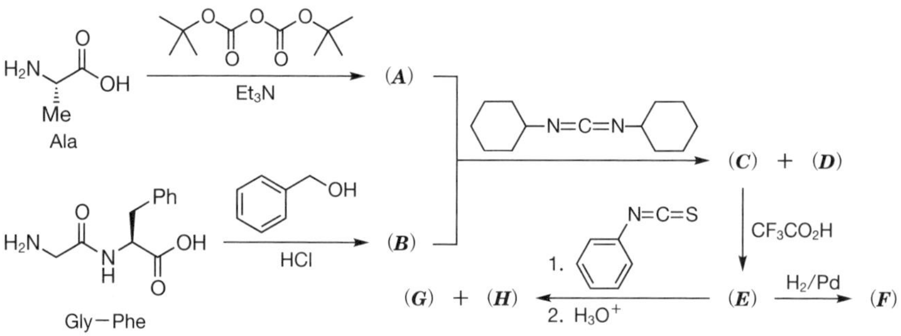

1) グリシンフェニルアラニン Gly−Phe に存在するアミノ基とアミド結合の窒素原子の塩基性を比較せよ．また，その理由を記せ．
2) 化合物 (**A**)〜(**H**) の構造式を記せ．
3) 化合物 (**A**) と (**B**) から化合物 (**C**) を導く反応機構を記せ．
4) 化合物 (**E**) の Edman 分解の反応機構を記せ．
5) トリペプチド (**F**) の考えられるすべての立体異性体の構造式を記せ．
(東工大・理工)

[15・7] グリシンについて次の問に答えよ．ただし，カルボキシ基およびプロトン付加したアミノ基の $pK_a$ はそれぞれ 2.4 と 9.8 である．
1) 中性水溶液中でのグリシン分子の分子構造をイオン型で示せ．またなぜそのような構造になるのか説明せよ．
2) グリシンのみからなるトリペプチドの中性水溶液中における分子構造をイオン型で示せ．また，単一のグリシンのカルボキシ基の $pK_a$ はグリシンのトリペプチド中のカルボキシ基の $pK_a$ より大きいか小さいかを答え，理由も述べよ．
3) 中央にプロリン，両端にグリシンをもつトリペプチドは，グリシンのみからなるトリペプチドと，主鎖の立体構造が異なっている．プロリンがどのように影響しているかを説明せよ．
(新潟大・自然)

[15・8] 塩基性アミノ酸の一種であるヒスチジン，アルギニンの構造を示せ．いずれのアミノ酸に関しても，側鎖部分がプロトン化されるとき，二重結合をもつ窒素がプロトン化される．その理由をそれぞれについて説明せよ． （北大・生命科学）

[15・9] アミノ酸をニンヒドリン溶液と加熱処理すると，反応して紫色に呈色する．アラニンを用いてこの反応を行ったときの反応式を示せ．

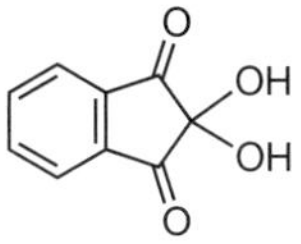

ニンヒドリン

# 16

# スペクトルによる構造解析

**例題 16・1** 下記のスペクトルデータから，その構造を推定し，構造式を示せ．推定過程を書く必要はない．ただし，NMR スペクトルは CDCl₃ 溶媒中の化学シフト（単位 ppm）を示している．また，¹H NMR データのかっこ内には，カップリングの多重度とプロトンの数が順に示されている．¹³C NMR の測定においては，プロトンデカップリング法を用いている．

1) 分子式 C₄H₈O
   ¹H NMR: δ 1.06 (t, 3H), 2.14 (s, 3H), 2.45 (q, 2H)
   ¹³C NMR: δ 7.9, 29.4, 36.9, 209.3

2) 分子式 C₈H₈O
   ¹H NMR: δ 2.43 (s, 3H), 7.32 (d, 2H), 7.76 (d, 2H), 9.95 (s, 1H)
   ¹³C NMR: δ 21.7, 129.7, 129.8, 134.3, 145.4, 191.7

3) 分子式 C₄H₈O₂
   ¹H NMR: δ 1.15 (t, 3H), 2.32 (q, 2H), 3.67 (s, 3H)
   ¹³C NMR: δ 9.2, 27.5, 51.5, 174.9

4) 分子式 C₇H₁₄
   ¹H NMR: δ 1.52 (s, 14H)

(神戸大・理)

[解答] 1) 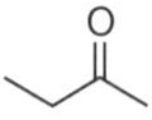 エチルメチルケトン（2-ブタノン）  2) p-トルアルデヒド  3) 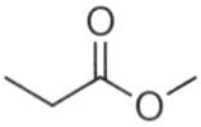 プロピオン酸メチル  4)  シクロヘプタン

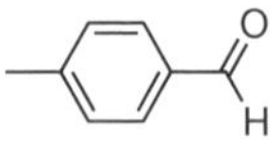

[解説] 1) 水素不足指数（不飽和度ともいう）1．¹H NMR からエチル基とメチル基があり，¹³C NMR からカルボニル炭素（δ 209.3）があることがわかる．したがって，2-ブタノンである．
2) 水素不足指数 5．¹H NMR の δ 7.32 と 7.76 のシグナル（¹³C NMR の芳香族領域のシグナルは 4 本）から，パラ二置換ベンゼンである．低磁場の δ 9.95 のシグナルは，

## 16. スペクトルによる構造解析

ホルミル基の水素によるものである．したがって，4-メチルベンズアルデヒドである．
3) 水素不足指数 1. $^1$H NMR からエチル基と酸素原子に結合したメチル基の存在が予想される．$^{13}$C NMR ではカルボニル炭素のシグナル（$\delta$ 174.9）がみられる．したがって，プロパン酸メチルである．
4) 水素不足指数 1. $^1$H NMR ですべてのシグナルが等価（同じ化学シフトをもつ）なので，対称性の高いシクロヘプタンである．

　核磁気共鳴（NMR）スペクトルは，磁場中にある原子核のスピンと電磁波（ラジオ波領域）の共鳴に基づく測定法で，原子核の環境により共鳴周波数が異なる．有機化合物の構造決定では，$^1$H（プロトン）NMR と $^{13}$C NMR がよく用いられる．スペクトルの横軸は化学シフトを，縦軸はシグナルの強度を示す．$^1$H NMR の場合，シグナルを解析するときに以下の三つの要素に注目する．

スペクトルの例（4-メチルベンズアルデヒド）*

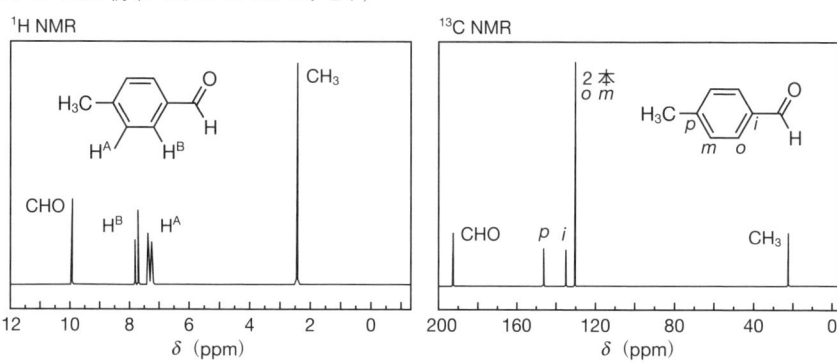

- **化学シフト**　各プロトンの共鳴周波数に対応し，テトラメチルシラン Si(CH$_3$)$_4$（TMS）のシグナルを基準として $\delta$（ppm）で表示する．スペクトルでは，左側ほど $\delta$ の値が大きく，$\delta$ が大きくなる方向を低磁場，小さくなる方向を高磁場とよぶ．大部分のプロトンの化学シフト $\delta$ は 0～12 の範囲に観測される．基本的には，電子が豊富なプロトンほど化学シフトは小さくなる傾向にあるが，さまざまな要因によって変化する．等しい環境にあるプロトンは同じ化学シフトをもち，観測されるシグナルの本数は分子の対称性によって決まる．化学シフトは $\delta$ 1.23 のように表示する．
- **スピン-スピンカップリング（以下カップリング）**　化学シフトが異なるプロトン間のスピンの相互作用によりシグナルが分裂する現象で，プロトンの相対的な位置関

---
＊　SDBSWeb：http://sdbs.db.aist.go.jp（National Institute of Advanced Industrial Science and Technology, 2016 年 1 月 28 日）．

係がわかる．シグナルの多重度（本数）と分裂の幅に注目する．多重度は，s = singlet（一重線），d = doublet（二重線），t = triplet（三重線），q = quartet（四重線），m = multiplet（多重線）などの用語と略号（幅広いシグナルは br）で表示する．H－C－C－H の関係（ビシナル）にあるプロトン間のカップリングが典型的であり，注目するプロトンに対して隣接する炭素に結合した水素数が $N$ の場合，多重度は $N+1$ 本になる．分裂の幅はカップリング定数（結合定数）$J$ とよばれ，Hz 単位で表示する．結合定数の大きさは，プロトン間の結合数，立体配座，結合の多重度などによって変化する．カップリングの情報は，d, $J$ 7.0 Hz のように表示する．

・積分強度　　各シグナルの強度（積分曲線で表示）はそれに対応する水素数に比例する．積分強度から求められた水素数は，3H などと表示する．

$^{13}$C NMR は，$^1$H とのカップリングを完全に除去した条件（完全デカップリング法）で測定することが多い．このときすべてのシグナルは一重線となる（他の NMR 活性な原子核がある場合を除く）ので，化学シフトだけに注目すればよい．化学シフトの基準は TMS の炭素のシグナルであり，一般的なシグナルは $\delta$ 0～220 の範囲に観測される．$^1$H NMR の場合と同様に，電子が豊富な炭素ほど化学シフトは小さくなる傾向にある．

**例題 16・2**　HOCH$_2$CH$_2$CH$_2$COOH に少量の硫酸を加えて熱すると，化合物（**A**）が得られた．（**A**）は水に可溶な液体であった．（**A**）の $^1$H NMR スペクトルと IR スペクトルをそれぞれ図 1，図 2 に示す．
1) 化合物（**A**）の構造式を示せ．
2) NMR スペクトル（図 1）における a, b, c はどの水素に対応するのかを，構造式のなかで示せ．

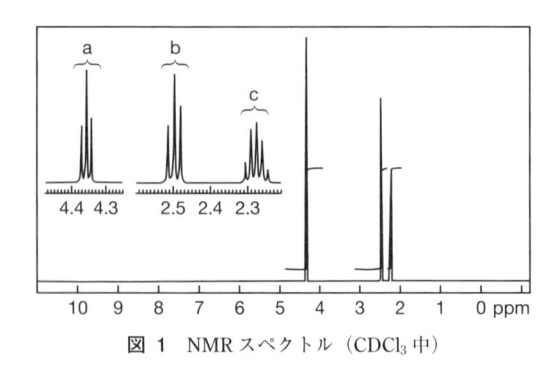

図 1　NMR スペクトル（CDCl$_3$ 中）

16. スペクトルによる構造解析　　　　　　　　　　　　　　　131

3) IR スペクトル（図 2）における d の吸収はどの官能基によるものか，その名称を答えよ．

図 2　IR スペクトル（液膜）

（東大・総合文化）

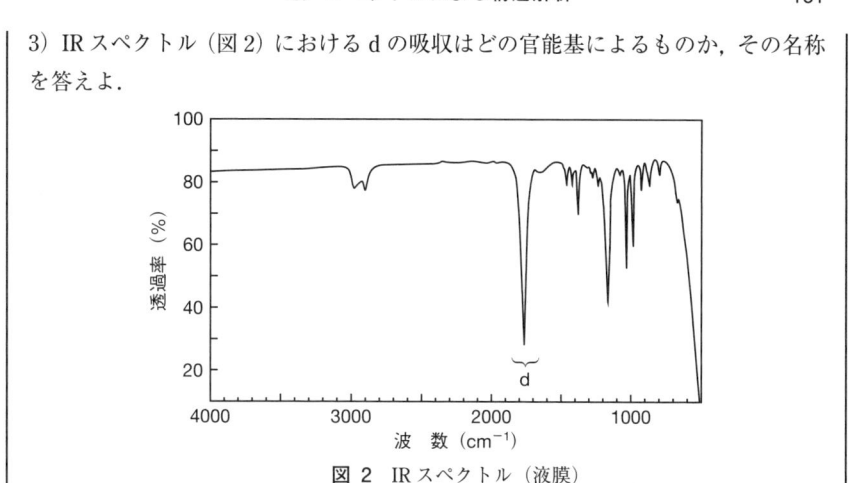

[解答]　1),2)

3) カルボニル基

[解説]　4-ヒドロキシブタン酸に硫酸を加えて加熱すると，分子内エステル化が進行して γ-ブチロラクトン（環状エステルをラクトンとよぶ）が生成する．この化合物には三つのメチレン基 $CH_2$ があり，隣接炭素の水素数を考慮すると，二つは三重線で一つは五重線であることが予想される．二つの三重線のうち，酸素に結合した $CH_2$ が低磁場に観測される．IR スペクトルで 1770 cm$^{-1}$ 付近にある強い吸収は，カルボニル基の伸縮振動によるものである．

　赤外（IR）スペクトルは，結合の伸縮や変角の振動による電磁波（赤外線領域）の吸収に基づく分光法である．スペクトルの横軸は電磁波の波数 $\tilde{\nu}$ (cm$^{-1}$)，縦軸は透過率（下にいくほど吸収大）を示す．各吸収は，波数と吸収の強さと形状（強い：s, 中程度：m, 弱い：w, 幅広い：br）により表示する．吸収の波数の範囲は 500〜4000 cm$^{-1}$ であり，スペクトルの左側が高波数である．一般的に，伸縮振動では，結合している原子が軽いほど，結合次数が大きいほど，吸収は高波数に移動する．水素との結合の伸縮振動は 2800〜4000 cm$^{-1}$ に観測され，結合している原子の種類，水素結合の有無などによって波数と形状が変わる．カルボニル基 C=O は 1650〜1800 cm$^{-1}$ に強い吸収を与えるので，カルボニル化合物の同定に役立つ．

**例題 16・3** 次の各問に答えよ.
1) 次の化合物を赤外吸収スペクトルにおけるカルボニル伸縮振動の波数が大きい順に不等号を用いて並べよ.
 a. methyl acetate   b. acetophenone   c. acetyl chloride   d. acetone
2) 次の化合物のうち紫外吸収スペクトルにおける極大吸収波長が最も長いものを選べ.
 a. aniline   b. nitrobenzene   c. 3-nitroaniline   d. 4-nitroaniline
（北大・生命科学）

[解答]　1) c＞a＞d＞b　　2) d

[解説]　1) カルボニル基 C＝O の伸縮振動は, 結合が強いほど波数が大きくなる. アセトンの吸収は 1715 cm$^{-1}$ にあり, 電気陰性度の大きい置換基が結合するほど, エステル, 酸塩化物の順に波数が大きくなる. アセトフェノンでは, カルボニル基とフェニル基の共役のため, 吸収は低波数に移動する.
2) ベンゼンの紫外吸収スペクトルは 255 nm に観測され, 置換基を導入すると長波長へ移動する（アニリン 280 nm, ニトロベンゼン 269 nm）. 特に, ベンゼン環に電子求引基と電子供与基の両方があると, 長波長への移動が大きくなる（4-ニトロアニリンも 375 nm）.

　紫外（UV）スペクトル（または紫外・可視スペクトル）は, 分子中の電子の遷移による電磁波の吸収に基づく分光法である. 有機化合物の場合, 多重結合の π 電子の遷移が重要であり, 200～800 nm の紫外線と可視光（＞400 nm）領域に吸収が観察される. スペクトルの横軸は波長, 縦軸は吸収強度（吸光度またはモル吸光係数 $\varepsilon$）である. 一般的に, π 結合の共役が長いほど吸収は長波長に移動し, 置換基によって吸収の波長と強度が変化する.

**例題 16・4** 次の事象を説明しなさい.
1) N,N-ジメチルホルムアミド Me$_2$NCHO の二つのメチル基は, 室温では $^1$H NMR（溶媒 CDCl$_3$）により別べつの 2 本のピークとして観測される.
2) CH$_3$COCH$_3$ のカルボニル基伸縮振動に基づく赤外吸収が 1719 cm$^{-1}$ であるのに対して, CH$_3$COCH$_2$CH$_2$OH のカルボニル基伸縮振動に基づく赤外吸収は, より低波数側（1707 cm$^{-1}$）にある.

3) 1-ブロモペンタン $C_5H_{11}Br$ を電子衝撃イオン化法（EI法）により質量分析したところ，原子量（C 12.0, H 1.0, Br 79.9）から計算した分子量が 151 であるにもかかわらず，150 と 152 にほぼ同じ強さのピークが現れ，151 にはピークがほとんど現れなかった．
（神戸大・理）

[解答] 1) $N,N$-ジメチルホルムアミド（DMF）では，式 a に示す共鳴により C-N 結合が部分的な二重結合の性質をもつ．そのため，式 b に示す C-N 結合の回転は遅く，$Me^A$ と $Me^B$ が $^1$H NMR で別べつに観測される．

2) 4-ヒドロキシ-2-ブタノンでは，次に示すような分子内水素結合のため，カルボニル基の吸収がアセトンに比べて低波数に移動する．

3) 天然の臭素には同位体 $^{79}$Br と $^{81}$Br がほぼ同量含まれる．質量分析では，分子量が異なるイオンは別べつに観測されるので，150 と 152 に現れたピークはそれぞれ $C_5H_{11}{}^{79}Br$ と $C_5H_{11}{}^{81}Br$ であり，151 にはピークがほとんど現れない．

[解説] 質量分析法（マススペクトル）は，種々の方法でイオン化された試料を，磁場との相互作用により質量ごとに分離して検出する方法である．スペクトルの横軸は質量電荷比 $m/z$（分子量に相当）で，縦軸は検出強度である．イオン化された試料が分解しないで検出されたピークは分子イオンピーク M とよばれ，多くの場合分子量に相当する．2種類以上の同位体が存在する元素の場合，同位体ピークとよばれる特徴的なピークを与える．塩素（$^{35}$Cl と $^{37}$Cl）では M と M+2 が約 3：1 で，臭素（$^{79}$Br と $^{81}$Br）では M と M+2 が約 1：1 で観測される．

## 演習問題

[16・1] 化合物 (**A**), (**B**), (**C**) は，いずれもエーテル結合をもつ．分子式と $^1$H NMR データから，おのおのの構造式を推測せよ．すべてシグナルは singlet である．
1) 化合物 (**A**)：分子式 $C_3H_8O_2$，$^1$H NMR: $\delta$ 3.3, 4.4（積分比 3：1）

2) 化合物 (**B**): 分子式 $C_4H_{10}O_3$, $^1$H NMR: δ 3.3, 4.9 (積分比 9:1)
3) 化合物 (**C**): 分子式 $C_5H_{12}O_2$, $^1$H NMR: δ 1.2, 3.1 (積分比 1:1)

(長崎大・工)

[16・2] 分子式 $C_3H_6O$ で表される化合物について以下の1)〜4)の $^1$H NMR スペクトルデータを与える化合物の構造式を示せ.
1) δ 2.2 (6H, s)
2) δ 2.0 (1H, br s), 4.1 (2H, d), 5.2 (1H, dd), 5.3 (1H, dd), 6.0 (1H, m)
3) δ 1.1 (3H, t), 2.5 (2H, m), 9.8 (1H, t)
4) δ 3.2 (3H, s), 3.9 (1H, dd), 4.0 (1H, dd), 6.4 (1H, dd)

(東工大・生命理工)

[16・3] 以下の $C_4H_8O_2$ で表される化合物 a〜e のすべてについて,その $CDCl_3$ 中の $^1$H NMR スペクトルにおいては一重線が観測される.以下の問に答えよ.

a. b. c. d. e.

1) 化合物 a〜e において一重線として観測されるプロトンをすべて○で囲め.
2) 一重線の化学シフト値 δ が大きいものから順 (左から右へ) に,a〜e の記号で並べよ.

(京大・理)

[16・4] $C_{11}H_{14}$ の分子式で示される化合物 (**A**) がある.(**A**) の $^1$H NMR スペクトルでは, δ 1.22 (s, 6H), 1.85 (t, 2H, $J$ 7 Hz), 2.83 (t, 2H, $J$ 7 Hz), 7.02 (s, 4H) にピークを示す.(**A**) はアルコール (**B**, 分子式 $C_{11}H_{16}O$) を濃硫酸で処理すると得られる.化合物 (**A**) および (**B**) の構造式を示せ.

(阪府大・工)

[16・5] 分子式 $C_{11}H_{14}O_2$ のエステルを加水分解すると, 化合物 (**A**) と化合物 (**B**) が得られた.(**A**) の分子式は $C_7H_6O_2$ であり,$^1$H NMR スペクトルでは δ 7.0〜8.5 に 5H, δ 12 付近に幅広い 1H のピークが,赤外線スペクトルでは a.2500〜3500 $cm^{-1}$ に幅広い吸収と b.1690 $cm^{-1}$ に強い吸収が観測された.一方,(**B**) の分子式は $C_4H_{10}O$ であり,次ページの $^1$H NMR スペクトルを示した.なお,δ 2.1 付近の singlet は,試料溶液に重水を加え,よく撹拌してから再び測定すると消失した.
1) (**A**), (**B**) を構造式で示せ.
2) 下線部 a および b はそれぞれ (**A**) のどの結合に由来するかを答えよ.

(東北大・工)

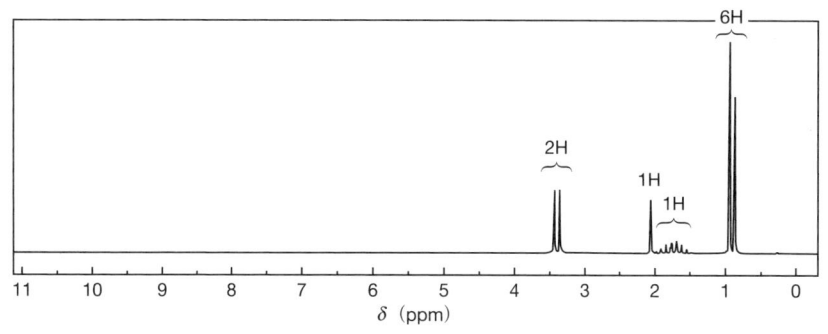

化合物 (**B**) の ¹H NMR スペクトル (CDCl₃ 溶媒中)

[16・6]　NMR について以下の 1), 2) に答えよ．

1) 化合物 (**A**) と (**B**) に示した水素 x〜z の重クロロホルム中での化学シフトを，それぞれの化合物について，x〜z を $\delta$ (ppm) 値の大きい順に並べよ．

```
         y H
          |
  x       |         O
Cl-CH₂CH₂-〈 〉-C            H-C≡C-CH₂-O-CH₂-CH=CH₂
                 \            x       y       z
                  H z
       (A)                         (B)
```

2) xylene の 3 種類の異性体化合物 (**C**)〜(**E**) の ¹³C NMR スペクトルデータは以下のようになった．化合物 (**C**)〜(**E**) の構造式を記せ．

(**C**)　$\delta$　134.7, 129.0, 20.9　　　(**D**)　$\delta$　137.7, 130.0, 128.2, 126.1, 21.3
(**E**)　$\delta$　136.4, 129.6, 125.9, 19.7

(京大・工)

[16・7]　赤外吸収スペクトル (KBr 中) におけるカルボニル基の伸縮振動が，酢酸メチルでは 1750 cm⁻¹ に観測されるのに対して，N-メチルアセトアミドでは 1688 cm⁻¹ と，低波数側に観測される．このような低波数シフトの理由について述べよ．

(東大・理)

[16・8]　芳香族化合物 (**A**)〜(**C**) について以下の問に答えよ．

```
      O                    O                      O
      ‖                    ‖                      ‖
      C-H                  C-OH                   C-OCH₃
      |                    |                      |
   〈   〉              〈   〉                〈   〉
      |                    |                      |
     CH₃                  OCH₃                   OH
     (A)                   (B)                    (C)
```

1) 次ページに示す ¹H NMR スペクトル (400 MHz, 測定溶媒 DMSO-$d_6$) を与える化合物を記号で答えよ．

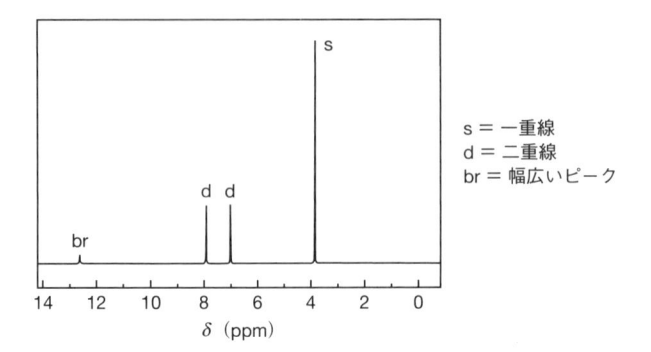

2) 1)の化合物の $^{13}$C NMR スペクトル（プロトンデカップリング条件）では，何本のシグナルが観測されるかを答えよ。　　　　　　　　　　　　　　　　（東北大・生命科学）

[16・9]　$C_8H_{14}O_2$ の分子式をもつ化合物がある。この化合物は 207 nm に強い UV 吸収（$\varepsilon$ = 11000）をもつとともに，以下のような $^1$H NMR スペクトルを示したことから化学構造が明らかになった。どのようにして化学構造が明らかになったかを説明するとともに，$^1$H NMR スペクトルの各シグナルを帰属せよ。

　　$\delta$ 1.06 (3H, t, $J$ 7 Hz), 1.32 (6, d, $J$ 7 Hz), 2.00 (2H, m), 4.87 (1H, m),
　　　5.83 (1H, d, $J$ 15 Hz), 6.88 (1H, dt, $J$ 15, 7 Hz)

　　$\delta$ 5.83 のシグナルと $\delta$ 2.00 のシグナルとの間で強い NOE が観測された。

（阪大・薬）

[16・10]　化合物 (**A**), (**B**), (**C**)（分子式 $C_{10}H_{12}O_2$）は，赤外線スペクトルにおいて，それぞれ 1736 cm$^{-1}$，1691 cm$^{-1}$，1637 cm$^{-1}$ に強い吸収を示し，以下の $^1$H NMR スペクトルデータ（CDCl$_3$ 中，室温）を示す。これらのデータに基づき (**A**), (**B**), (**C**) の構造式を記せ。

(**A**)　$\delta$ 1.31 (3H, t, $J$ 7.0 Hz), 3.67 (2H, s), 4.21 (2H, q, $J$ 7.0 Hz),
　　　7.19〜7.43 (5H, m)
(**B**)　$\delta$ 1.45 (3H, t, $J$ 7.5 Hz), 1.75〜1.90 (2H, m), 4.00 (2H, t, $J$ 6.6 Hz),
　　　6.99 (2H, d, $J$ 8.8 Hz), 7.80 (2H, d, $J$ 8.8 Hz), 9.85 (1H, s)
(**C**)　$\delta$ 2.01 (12H, s)

（名大・工）

[16・11]　$^1$H NMR のスピン-スピンカップリングに関する次の文を読み，問 1)〜4) に答えよ。

　　$\pi$ 結合が介在する場合，2 個以上の炭素を隔てたプロトン間でも遠隔カップリングがみられることがある。1-メトキシ-1-ブテン-3-イン（1-methoxy-1-buten-3-yne）には 4 種類のプロトンがあるが，メチル基を除く 3 種類のプロトン H$^A$, H$^B$, H$^C$ は，それ

それぞれ $\delta$ 3.08, 4.52, 6.35 にシグナルがあり，結合定数 $J_{AB}$, $J_{AC}$, $J_{BC}$ は，それぞれ 3, 1, 7 Hz を示した．
1) 三重結合の炭素に付いているプロトンは $H^A$, $H^B$, $H^C$ のいずれか．
2) メトキシ基をもつ炭素に付いているプロトンは $H^A$, $H^B$, $H^C$ のいずれか．
3) $H^C$ の分裂パターンを図示し，説明せよ．
4) 上の分裂パターンを満足する 1-メトキシ-1-ブテン-3-インの構造を記せ．

(広島大・理)

[16・12] 次の文を読み，問 1)〜3)に答えよ．

分子式 $C_7H_{12}$ をもつ化合物 (**A**) を $BH_3$ と反応させ塩基性 $H_2O_2$ で処理することにより化合物 (**B**) を得た．化合物 (**A**) の $^{13}C$ NMR スペクトルには 26.8, 28.7, 35.7, 106.9, 149.7 ppm にシグナルがあり，そのうち 26.8, 28.7, 35.7, 106.9 ppm のシグナルは DEPT-135 実験で負のピークを示した．なお，同じ実験で正のピークは観測されなかった．一方，化合物 (**B**) の $^{13}C$ NMR スペクトルには 26.1, 26.9, 29.9, 40.5, 68.2 ppm にシグナルがあり，DEPT-90 実験では 40.5 ppm のシグナルが観測され，DEPT-135 実験では同じシグナルが正のピーク，残る 4 本が負のピークを示した．
1) 化合物 (**A**) の不飽和度を記せ．
2) 化合物 (**A**) の構造を記せ．また，106.9, 149.7 ppm のシグナルはそれぞれどの炭素に基づくか構造中に記せ．
3) 化合物 (**B**) の構造を記せ．また，68.2 ppm のシグナルはどの炭素に基づくか構造中に記せ．

(広島大・理)

[16・13] C, H, O からなる化合物 (**A**) の $^1H$ NMR スペクトルを図 1 に，そのアルケン領域の拡大図を図 2 に示す．次の問に答えよ．ただし，原子量は C = 12.0，H = 1.01，O = 16.0 とする．
1) 1.00 g の化合物 (**A**) を完全燃焼させたところ，$CO_2$ が 2.52 g，$H_2O$ が 0.562 g 生成した．また，化合物 (**A**) の質量分析スペクトル（化学イオン化法，試料ガス：メタン）では $m/z$ 193 に最大強度のピークが観測された．化合物 (**A**) の元素分析値および分子式を書け．
2) 図 1 で 7.0 ppm より低磁場領域に観測される三つのシグナル (f, g, h) は置換ベンゼンのベンゼン環のプロトンである．化合物 (**A**) のベンゼン環の置換数および置換位置を記せ．
3) 5.0 ppm から 7.0 ppm に観測される一連のシグナル (c, d, e) はビニル基 $-CH=CH_2$ のプロトンである．各シグナルをビニル基のそれぞれのプロトンに帰属し，図 2 に示す化学シフト値を用いて，それぞれのプロトン間のスピン-スピン結合定数を示せ．
4) 以上の問題文と図 1 および図 2 のスペクトル情報を総合し，化合物 (**A**) の構造式

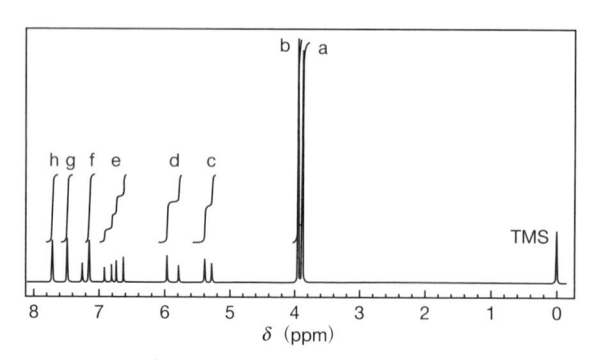

を書け.

図 1  ¹H NMR スペクトル（100 MHz, CDCl₃）

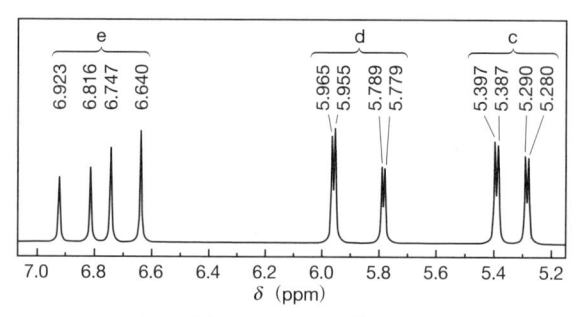

図 2  図 1 のアルケン領域の拡大図

（阪大・基礎工）

[16・14] 以下の問に答えよ.

1) ジクロロベンゼンのオルト，メタ，パラ異性体を ¹H 完全デカップリング ¹³C NMR スペクトルで識別する場合，特徴的な相違点を示せ.

2) $p$-ジクロロベンゼンの質量スペクトルには分子イオンピークが $m/z = 146$ に相対強度比 100% で現れるほかに，$m/z = 148$（相対強度比 66%）と $m/z = 150$（相対強度比 11%）に特徴的なピークが現れるが，その理由を示せ.

3) 不飽和ラクトン (**A**), (**B**) のエステルカルボニル伸縮振動 $\nu(C=O)$ による IR 吸収帯が，(**A**) の $1760\ \text{cm}^{-1}$ に対して，(**B**) はより低波数の $1720\ \text{cm}^{-1}$ に現れる理由を記せ.

(**A**)   (**B**)

4) *o*-ヒドロキシアセトフェノン (**C**) の CCl$_4$ 中での OH 伸縮振動 $\nu$(OH) による IR 吸収帯は，濃度に依存せず 3077 cm$^{-1}$ に出現するのに対して，パラ異性体 (**D**) は希薄溶液では 3600 cm$^{-1}$ に出現し，高濃度では 3100 cm$^{-1}$ に出現する．異なる濃度依存性を示す理由を記せ．

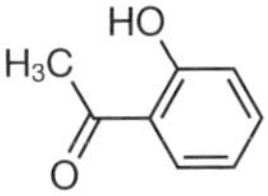

(**C**) 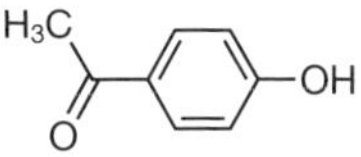　　　　　(**D**)　　　　　　　　　　（金沢大・自然）

[16・15] 次に示す各組の有機化合物について，それぞれの指示に従い説明せよ．
1) 紫外・可視スペクトルにおいて吸収極大の波長 $\lambda_{max}$ がより長波長側に観測されるのは有機化合物 (**A**) と (**B**) のうちどちらであるかを示せ．また，その理由を化合物 (**A**) と (**B**) の構造の特徴に基づき説明せよ．

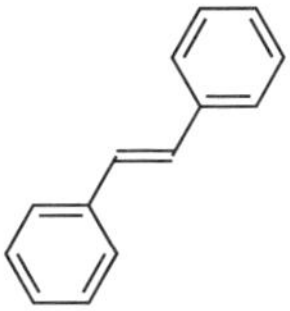

(**A**) 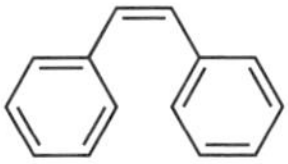　　　　　(**B**)

2) 有機化合物 (**C**) と (**D**) を赤外吸収スペクトルによって区別する．最も特徴的な特性吸収 $\tilde{\nu}$ がより高波数側に観測されるのはどちらの化合物であるかを示せ．また，その理由を化合物 (**C**) と (**D**) の構造の特徴に基づき説明せよ

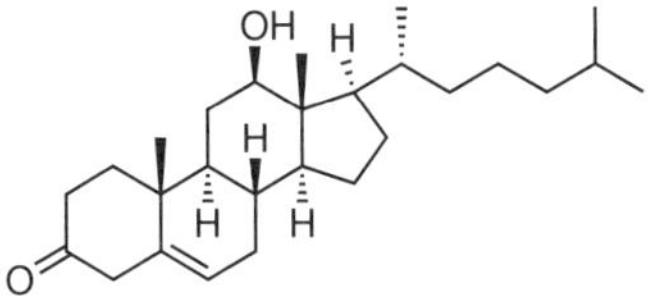

(**C**) 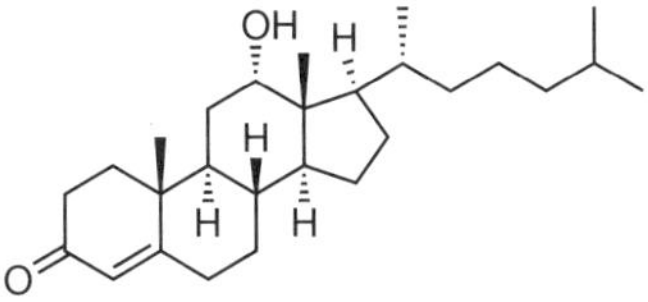　　　　　(**D**)　　　　　　　　　　（北大・理）

[16・16] 有機化合物 (**A**)〜(**C**) の $^1$H NMR スペクトルに関する以下の問に答えよ．
1) 平面状分子であるシクロオクタデカノナエン (**A**) の $^1$H NMR スペクトルを測定すると，化学シフト 9.28 ppm および，−2.99 ppm に幅広い 2 種のシグナルが観測された．この化合物の $^1$H NMR スペクトルについて，2 種のシグナルを帰属せよ．また，2 種のシグナルの化学シフト値の違いについて，以下の五つの語句をすべて用いて説明せよ．

　　外部磁場，遮蔽，反遮蔽，誘起磁場，水素原子

2) *cis*-デカリン (**B**) と *trans*-デカリン (**C**) の室温における $^1$H NMR スペクトルには著しい違いがみられる．$^1$H NMR スペクトルにおいて，*cis*-デカリン (**B**) のメチレン水素は，幅広い一重線を与えるのに対して，*trans*-デカリン (**C**) のメチレン水素のシグナルはカップリングによって分裂したシャープなシグナルを与える．(**B**) と (**C**) の $^1$H NMR スペクトルの違いについて，おのおのの立体配座を書き，説明せよ．

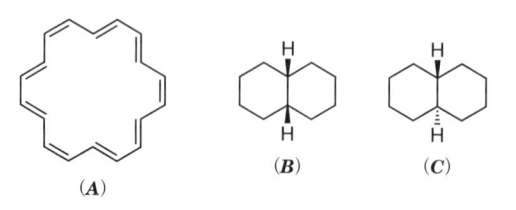

(**A**)　　(**B**)　　(**C**)

(東北大・理)

# 17

# 総合問題

[17・1] $C_3H_4Br_2$ の分子式で表される化合物のうち，1)〜4) それぞれの条件に当てはまる化合物を構造式で示せ．シス-トランス異性体は区別して示すこと．鏡像異性体については一方のみでよい．
1) $^1H$ NMR スペクトルにおいてシグナルが1種類観測されるすべての化合物
2) $^1H$ NMR スペクトルにおいてシグナルが2種類観測されるすべての化合物
3) キラル炭素原子を含むすべての化合物
4) キラルなすべての化合物 　　　　　　　　　　　　　　　　　（東工大・理工）

[17・2] 分子式 $C_6H_{10}$ で表される不飽和炭化水素の構造異性体 (**A**)〜(**E**) について，以下の問に答えよ．ただし，構造式は立体化学がわかるように記せ．
1) 化合物 (**A**) をオゾンで分解し，得られた化合物を塩基性条件下で反応させたところ，アルデヒド (**X**) が得られた．化合物 (**A**) の構造を示せ．

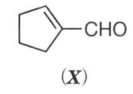

(**X**)

2) 化合物 (**B**) は熱反応条件下，1,5 水素シフト（[1,5]シグマトロピー転位）により，(2Z,4E)-ヘキサジエンを与えた．化合物 (**B**) の構造を示せ．
3) 水銀(II)イオン触媒の存在下で化合物 (**C**) に水を付加させたところ，化合物 (**Y**) が生成した．化合物 (**Y**) の $^1H$ NMR スペクトルには，2種類のシグナルが観測された．また，化合物 (**Y**) に水酸化ナトリウムとヨウ素を加えて加熱することにより，ヨードホルムが生じた．化合物 (**C**) の構造を示せ．
4) 分子式が $C_6H_{10}$ で，$^{13}C$ NMR スペクトルで3種類のシグナルを示す共役ジエンは三つある．このうち，化合物 (**D**) はアルケンとの Diels-Alder 反応において最も不活性である．化合物 (**D**) の構造を示せ．また，化合物 (**D**) の反応性が最も低い理由を他の二つの化合物の構造を示して説明せよ．
5) 化合物 (**E**) は熱反応条件下，電子環状反応により，*trans*-3,4-ジメチルシクロブテン (**Z**) を与えた．化合物 (**E**) の構造を示せ．また，化合物 (**E**) から立体選択的

に (**Z**) が得られる理由を述べよ． (京大・工)

[17・3] 下図の $^1$H NMR スペクトルを与える分子式 $C_5H_{10}O_2$ のエステル (**A**) および (**B**) がある．問に答えよ．

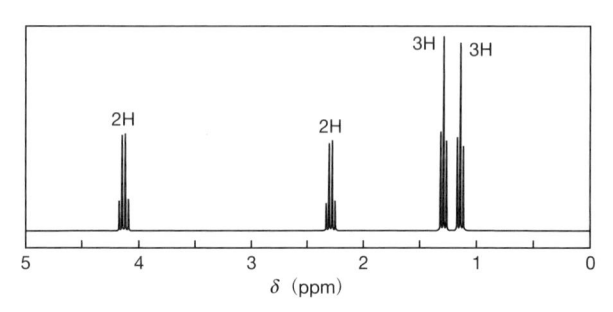

図 1 エステル (**A**) の $^1$H NMR スペクトル

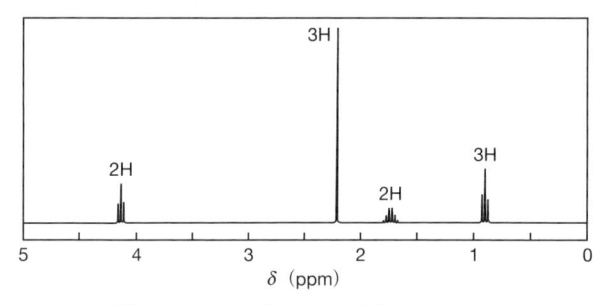

図 2 エステル (**B**) の $^1$H NMR スペクトル

1) 分子式 $C_5H_{10}O_2$ をもつ化合物には，エステルの構造異性体が九つある．これらのすべての構造異性体を構造式で書け．
2) エステル (**A**) を構造式で書け．
3) エステル (**A**) および (**B**) を $LiAlH_4$ で還元すると，2 種類のアルコールを含む同一の混合物が得られた．エステル (**B**) を構造式で書け． (東北大・工)

[17・4] $C_6H_{12}$ の分子式をもつ化合物が 5 種類 (**A**), (**B**), (**C**), (**D**), (**E**) ある．以下の反応や機器分析の結果からそれぞれの化合物を特定し，その構造式を書け．
1) 化合物 (**A**) にジクロロメタン $CH_2Cl_2$ 中 $-78\,°C$ でオゾンを作用させ，次に酢酸中，亜鉛で処理したところ，2-propanone と propanal が生じた．
2) 化合物 (**B**) に四塩化炭素 $CCl_4$ 中，臭素を作用させたところ臭素の色が消え，3,4-dibromohexane がラセミ体として得られた．
3) 化合物 (**C**) にジ-$t$-ブチルペルオキシド $(CH_3)_3COOC(CH_3)_3$ と HBr を作用させた

ところ (R)-1-bromo-3-methylpentane が生成した.

4) 化合物 (**D**) に，冷やしたアルカリ性の過マンガン酸カリウム水溶液を加えたところ，(2S,3R)-3-methyl-2,3-pentanediol とその鏡像異性体が生成した.

5) 化合物 (**E**) に，四塩化炭素 CCl$_4$ 中，臭素を作用させても臭素の色は消えなかった. 化合物 (**E**) の $^1$H NMR を室温で測定したところ, $\delta$ 1.44 (Me$_4$Si 基準, ppm) にシグナルが1本だけ観測された. さらに $^{13}$C NMR を測定したところ, $\delta$ 27.1 (Me$_4$Si 基準, ppm) にシグナルが1本だけ観測された. (岡山大・自然)

[17・5] 同じ分子式をもつ各組 1)〜4) の化合物を，化学反応によって区別したい. 例にならって，各組において二つの化合物が全く異なる反応性（もしくは反応結果）を示す反応条件を一つ考え，反応条件，結果，ならびにその理由を示せ.

(阪大・薬)

[17・6] 次の化合物 (**A**) と (**B**) を比較し，熱力学的に安定なものを記号で答え，その理由を説明せよ.

(東北大・生命科学)

[17・7] 次の英文で説明される適切な用語を，英語と日本語で書け.

1) In the ionic addition of an unsymmetrical reagent to a multiple bond, the positive portion of the reagent (the electrophile) attaches itself to a carbon atom of the reagent in the way that leads to the formation of the more stable intermediate carbocation.

2) A particular temporary orientation of a molecule that results from rotations about its single bonds.

3) An uncharged species in which a carbon atom is divalent.

4) A rule stating that planar monocyclic rings with (4n+2) delocalized π electrons will be aromatic.

5) The property of having handedness.

6) A nonpolar group that avoids an aqueous surrounding and seeks a nonpolar environment. It is also called a lipophilic group.

7) The substituent with an unshared electron pair that departs from the substrate in a nucleophilic substitution reaction.

8) A form of nucleophilic addition to an α,β-unsaturated carbonyl compound in which the nucleophile adds to the β carbon. （岡山大・自然）

[17・8] 次の1)～3)の反応操作において,主生成物となる有機化合物の構造を示せ.
1)（1-クロロエチル）シクロヘキサンとナトリウムエトキシドをエタノールに加え,撹拌しながら加熱する.
2) 2-オキソシクロヘキサンカルボン酸を希塩酸に加え,撹拌しながら加熱する.
3) 1-クロロ-1-メチルシクロヘキサンを酢酸に加え,撹拌する. （阪大・基礎工）

[17・9] 以下の1)～3)の反応で得られる生成物の構造を立体配置がわかるように書き,その立体配置を RS 表示法で示せ.

1) CH₃-CH(S)(Br)-CH₂-CH₃  →(NaCN, S_N2)

2) CH₂-CH(S)-CH₂-CH₃ (エポキシド) →(CH₃ONa)

3) CH₃-CH₂-CH(R)(CH₃)-O-C(=O)-CH₃ →(NaOH, H₂O)

（東北大・工）

[17・10] 化合物（**A**）を CH₃MgBr と反応させると,（**B**）と（**C**）が立体異性体の混合物として得られた.これらを分離後,それぞれをさらに下式に示した条件で反応させると生成物（**D**）と（**E**）が得られた.次の各問に答えよ.

（**A**） PhCH(CH₃)CHO  →(1. CH₃MgBr, 2. H₃O⁺) （**B**）＋（**C**） →分離
（**B**） →(1. TsCl, pyridine; 2. NaOEt/EtOH)→ （**D**）
（**C**） →(1. TsCl, pyridine; 2. NaOEt/EtOH)→ （**E**）

Ts = p-トルエンスルホニル

1)（**B**）と（**C**）の関係にある立体異性体を何とよぶか,名称を記せ.
2)（**B**）および（**C**）の構造式をそれぞれの立体化学がわかるように記せ.
3)（**B**）および（**C**）から（**D**）および（**E**）がそれぞれ生成する反応機構を,遷移状態の立体化学がわかるように記せ. （北大・生命科学）

[17・11] 次の反応式に関して,以下の問に答えよ.

1) 化合物 (**A**) の一般名称を答えよ.
2) 化合物 (**C**) の IR スペクトルを測定したところ,2230 cm$^{-1}$ に鋭い吸収が観測された.反応式中の化合物 (**B**)〜(**D**) を構造式で記せ. (京大・工)

[17・12] 次の各反応でおもに生成する有機化合物 (**A**)〜(**K**) を構造式で書け.立体化学が問題になる場合には,その違いがわかるように明示せよ.

(東北大・理)

[17・13] 以下の人名反応 1)〜5) について,主生成物 (**A**)〜(**E**) の構造式を記せ.また,それぞれの反応の名称を記せ.

1) 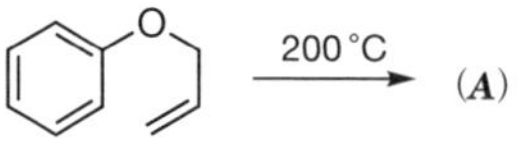 PhOCH₂CH=CH₂ →(200°C) (A)

2) 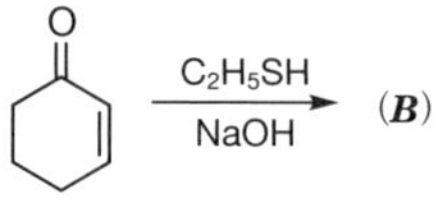 シクロヘキセノン + C₂H₅SH / NaOH → (B)

3) 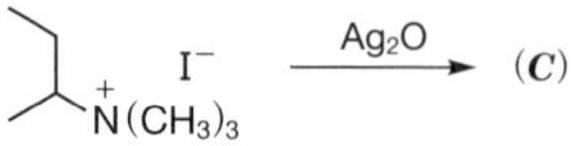 sec-BuN⁺(CH₃)₃ I⁻ →(Ag₂O) (C)

4) 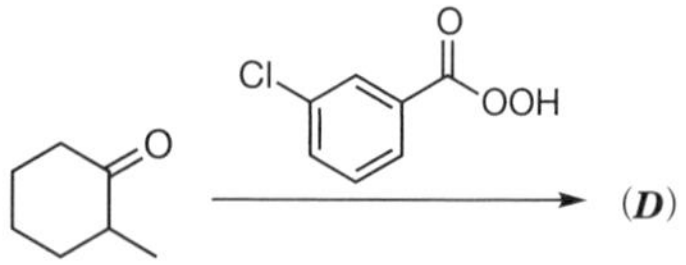 2-メチルシクロヘキサノン + m-ClC₆H₄CO₃H → (D)

5) 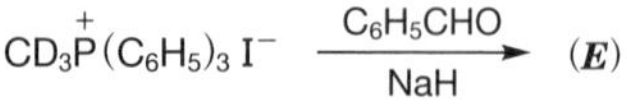 CD₃P⁺(C₆H₅)₃ I⁻ →(C₆H₅CHO / NaH) (E)

(九大・理)

[17・14] 次の各問に答えよ．
1) a～f の反応の反応名を，下の反応名欄から選び，記号で答えよ．
2) 生成物 (A)～(F) の構造式を書け．

a. 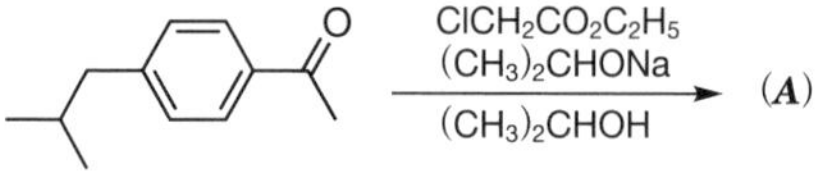 4-イソブチルアセトフェノン + ClCH₂CO₂C₂H₅ / (CH₃)₂CHONa / (CH₃)₂CHOH → (A)

b. シクロペンチル-CHO →(Al[OCH(CH₃)₂]₃ / (CH₃)₂CHOH) (B)

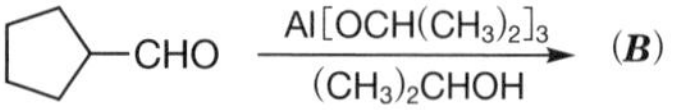

c. 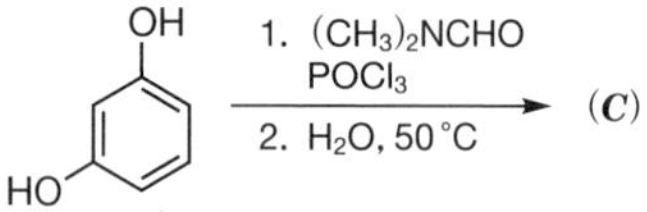 レゾルシノール →(1. (CH₃)₂NCHO, POCl₃  2. H₂O, 50°C) (C)

d. C₂H₅O₂C-(CH₂)₄-CH(CH₃)-CO₂C₂H₅ →(1. NaH, benzene  2. H₃O⁺) (D)

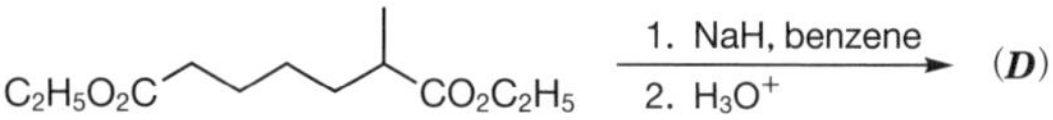

e. 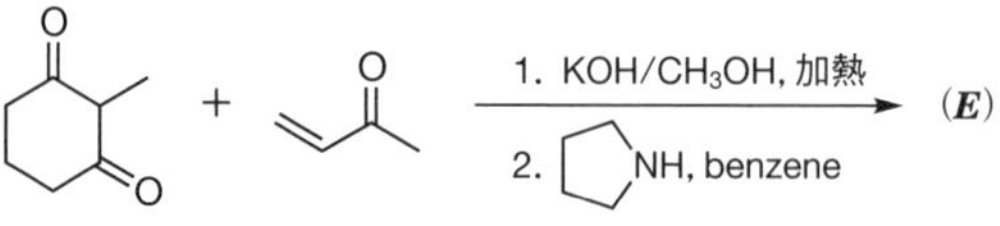 2-メチル-1,3-シクロヘキサンジオン + メチルビニルケトン →(1. KOH/CH₃OH, 加熱  2. ピロリジン NH, benzene) (E)

f. HCHO + (CH₃)₂NH + アセトン →(H⁺) (F)

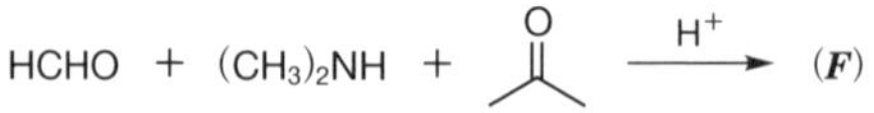

反応名　ア．Darzens 反応　　イ．Vilsmeier 反応　　ウ．Wittig 反応
　　　　エ．Dieckmann 縮合　オ．Meerwein-Ponndorf-Verley 還元
　　　　カ．Mannich 反応　　キ．Robinson 環化　　ク．aldol 反応
　　　　ケ．Grignard 反応　　コ．Friedel-Crafts 反応

(阪大・薬)

[17・15] 以下の反応における主生成物 (**A**)〜(**I**) の構造式を書け．

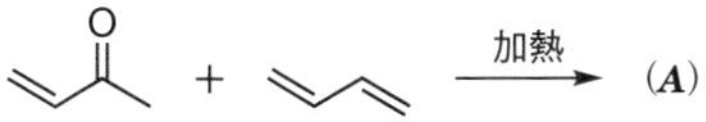

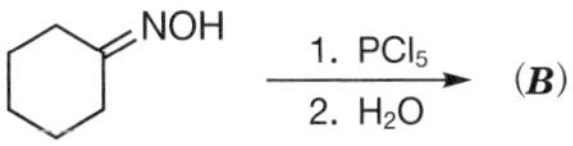

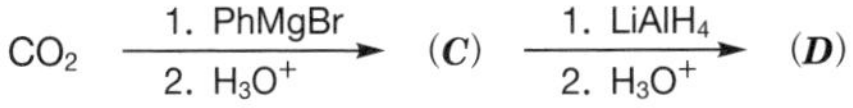

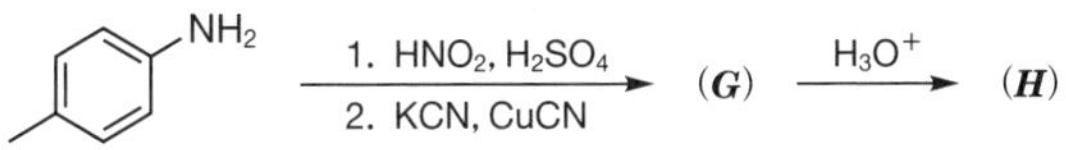

CH₂=CH-CO-CH₃ + CH₂=CH-CH=CH₂ —加熱→ (**A**)

cyclohexanone oxime —1. PCl₅  2. H₂O→ (**B**)

CO₂ —1. PhMgBr  2. H₃O⁺→ (**C**) —1. LiAlH₄  2. H₃O⁺→ (**D**)

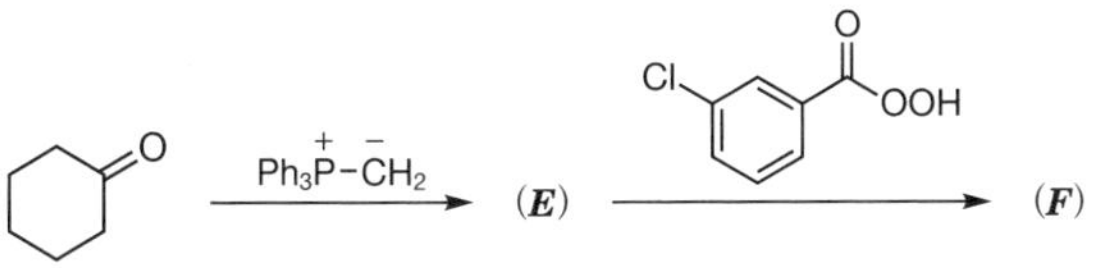

cyclohexanone —Ph₃P⁺−CH₂⁻→ (**E**) —m-chloroperbenzoic acid→ (**F**)

p-toluidine —1. HNO₂, H₂SO₄  2. KCN, CuCN→ (**G**) —H₃O⁺→ (**H**)

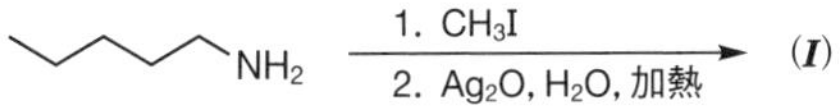

n-pentylamine —1. CH₃I  2. Ag₂O, H₂O, 加熱→ (**I**)

(東大・工)

[17・16] 次の各反応の主生成物の構造式を記せ．立体異性体（鏡像異性体は除く）が生成する場合にはその立体化学も明示すること．

1) 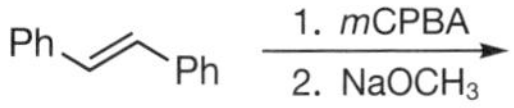 Ph-CH=CH-Ph —1. *m*CPBA  2. 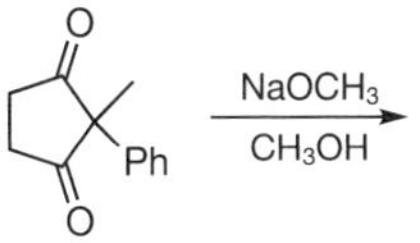 NaOCH₃→

2) 2-methyl-2-phenyl-1,3-cyclopentanedione —NaOCH₃ / CH₃OH→

3) benzoic acid —1. SOCl₂  2. NaN₃  3. H₃O⁺/加熱→

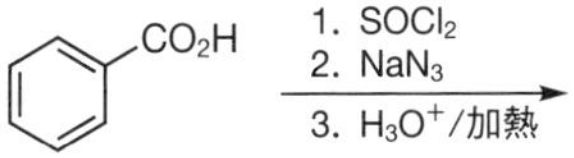

4) 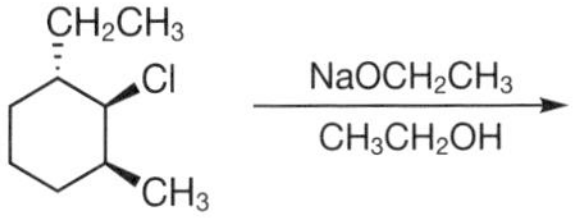 (1-ethyl-2-chloro-3-methyl)cyclohexane —NaOCH₂CH₃ / CH₃CH₂OH→

5) 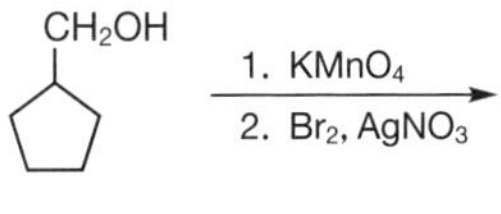 cyclopentylmethanol —1. KMnO₄  2. Br₂, AgNO₃→

6) 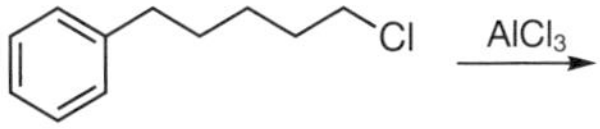 Ph-(CH₂)₅-Cl —AlCl₃→

(北大・生命科学)

[17・17] 次の反応に最も適切な反応剤 (**A**)〜(**H**) を下記の a〜l のなかから選び，記号で答えよ．ただし，同じものを複数回選んでもよい．

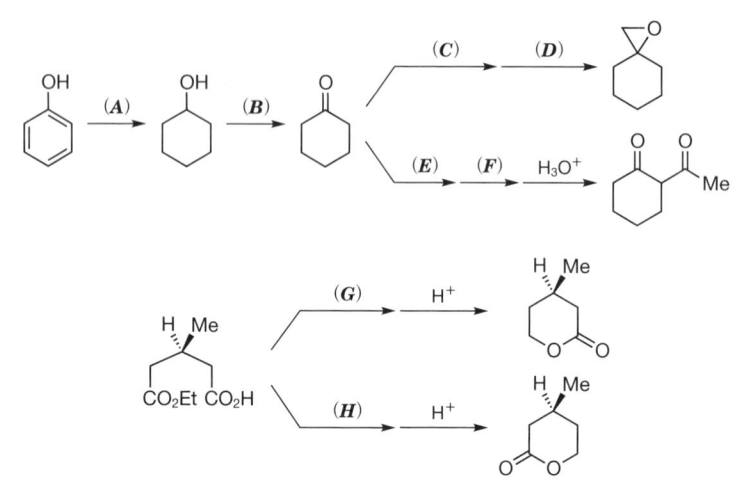

a. CH₂=PPh₃　b. LiBH₄　c. H₂SO₄　d. Zn, HCl
e. H₂, PtO₂　f. BH₃　g. CrO₃　h. HOCH₂CH₂OH, H⁺
i. OsO₄　j. (無水酢酸)　k. m-クロロ過安息香酸　l. ピペリジン

(京大・工)

[17・18] 次の文章 a〜d を読んで，1), 2) の問に答えよ．
a. 臭化ベンジルに亜リン酸トリエチル P(OC₂H₅)₃ を作用させて，化合物 (**A**) を合成した．なお化合物 (**A**) は，ホスホン酸エステルであった．
b. 化合物 (**A**) に水素化ナトリウムを加えた．ここにベンズアルデヒドを加えたところ，E 体の化合物 (**B**) が高収率で得られ，リンを含む化合物 (**C**) が化合物 (**B**) と等モル量副生した．
c. 化合物 (**B**) を m-クロロ過安息香酸と反応させ化合物 (**D**) に変換した．
d. 化合物 (**D**) をトリフェニルホスフィンと反応させたところ化合物 (**E**) が生成し，リンを含む化合物 (**F**) が化合物 (**E**) と等モル量副生した．

1) 化合物 (**A**)〜(**F**) の構造式を記せ．なお，化合物 (**B**), (**D**), および (**E**) については，立体化学がわかるように記すこと．
2) 化合物 (**D**) から化合物 (**E**) および化合物 (**F**) が生成する反応における反応機構を立体化学がわかるように記せ．

(京大・工)

[17・19] 次の 1), 2) に示す化合物の反応について，生成物の構造式を示すととも

に，電子の移動を表す矢印を用いて反応機構を記せ（原料由来の生成物をすべて示すこと）．

1) [Fmoc-NH-CH2-CO2CH2CH3] + ピペリジン → 生成物
   （N,N-ジメチルホルムアミド中）

2) 安息香酸 → 1. (CH₃)₃CLi (2当量)  2. H₃O⁺ → 生成物

（東大・理）

[17・20] 以下に示す反応の機構を答えよ．

1) テトラヒドロフルフリルクロリド → 1. NaNH₂ (3当量), 液体 NH₃  2. H⁺, H₂O → HO-CH₂CH₂CH₂-C≡CH

2) (ニトリル・ビニル置換ジオキソラン-シクロヘキサンスピロ化合物) →加熱→ (九員環生成物)

（名大・理）

[17・21] 以下の問に答えよ．

1-メチル-3-シクロヘキセン-1-カルボン酸 $\xrightarrow[\text{NaHCO}_3]{\text{I}_2, \text{H}_2\text{O}}$ (A) $\xrightarrow{\text{DBU類}}$ (B) $C_8H_{10}O_2$ $\xrightarrow{m\text{-ClC}_6\text{H}_4\text{CO}_3\text{H}}$ (C) $\xrightarrow{\text{HBr}}$ (D)

1) 化合物 (A)～(D) の構造式を立体化学がわかるように記せ．
2) 化合物 (A) から化合物 (B) への反応機構を，立体配座を示して説明せよ．

（名大・理）

[17・22] シクロヘキサノン (A) を適当な塩基触媒の存在下で反応させると，以下の式に示すような分子式をもつ化合物 (B)，(C)，(D) を経て (E) が生成した．化合物 (B)，(C)，(D) の構造を示せ．また，(D) から (E) がどのようにして生成するのかについても説明せよ．ただし，この一連の反応で炭素源として用いたのは (A) の

シクロヘキサノン (A) $C_6H_{10}O$ → (B) $C_{12}H_{20}O_2$ → (C) $C_{12}H_{18}O$ → (D) $C_{18}H_{28}O_2$ → (E) $C_{18}H_{28}O$

[17・23] 次に示す 1)～6) の変換方法に対して，目的物をうまく合成できる場合は"問題なし"と解答せよ．逆にうまく合成できない場合はその理由を 1 行程度で述べ，適当な試薬を使って正しい変換方法を示せ．

1) CH$_3$CH$_2$CH$_2$CH$_2$Cl $\xrightarrow{\text{1. KCN} \atop \text{2. LiAlH}_4}$ CH$_3$CH$_2$CH$_2$CH$_2$NH$_2$

2) PhCH$_2$CH$_2$CH$_2$Cl $\xrightarrow{\text{MeNH}_2}$ PhCH$_2$CH$_2$CH$_2$NHMe

3) シクロヘキサノン $\xrightarrow{\text{1. } n\text{-BuMgBr} \atop \text{2. POCl}_3}$ ブチリデンシクロヘキサン

4) メチレンシクロヘキサン $\xrightarrow{\text{1. BH}_3 \atop \text{2. H}_2\text{O}_2,\ \text{NaOH}}$ シクロヘキシルメタノール

5) HOCH$_2$-C$_6$H$_{10}$-Br $\xrightarrow{\text{1. Mg} \atop \text{2. Me}_2\text{C=O}}$ HOCH$_2$-C$_6$H$_{10}$-C(CH$_3$)$_2$OH

6) ベンゼン $\xrightarrow{n\text{-PrCl, AlCl}_3}$ n-プロピルベンゼン

(東工大・生命理工)

[17・24] 次の問 1)～3) に答えよ．

ベンゼン → (A) アニリン $\xrightarrow[\text{ピリジン}]{(B)}$ (C) PhNHC(O)Ph $\xrightarrow[\text{臭素化}]{\text{Br}_2}$ (D)

ベンゼン $\xrightarrow[\text{臭素化}]{\text{Br}_2}$ ブロモベンゼン $\xrightarrow{\text{変換 1}}$ (E) PhCOOH $\xrightarrow{\text{試薬 a}}$ (B) PhCOCl $\xrightarrow{\text{試薬 b}}$ (F) PhC(O)CH$_3$

1) ブロモベンゼンから化合物 (E) への変換 1 の方法を示せ．ただし，変換は 1 段階とは限らない．
2) 化合物 (E) から化合物 (B) への変換に必要な試薬 a，ならびに化合物 (B) から化合物 (F) への変換に必要な試薬 b をそれぞれ示せ．
3) 化合物 (C) の芳香環を臭素化すると，一臭素化体 (D) が主生成物として得られた．(D) の構造式を示し，(D) が主生成物として得られる理由を反応機構とともに説明せよ．

(北大・総合化学)

## 17. 総合問題

[17・25] 以下の問に答えよ．

A mixture of unknown organic materials was found in an unlabeled bottle in the refrigerator. Chromatographic analysis showed the mixture to be primarily two compounds: (**A**), an acidic material and (**B**), a relatively neutral compound. The molecular weights of (**A**) and (**B**) are 178 and 162, respectively. Compound (**B**) on standing in air is slowly converted into compound (**A**). Compound (**B**) gives a positive Tollens' test and readily forms 2,4-dinitrophenylhydrazone derivatives, whereas compound (**A**) does not. The treatment of compound (**A**) with thionyl chloride yields compound (**C**), $C_{11}H_{13}OCl$, which when refluxed under Friedel-Crafts conditions (treatment with aluminium chloride in benzene) yields two α-tetralones (**D**) and (**E**), one (**D**) with a methyl group adjacent to the ring fusion and peri to the carbonyl group, and another (**E**) with the methyl group para to the carbonyl carbon atom.

Draw the structures of compounds (**A**)〜(**E**) along with the reaction sequence.

α-tetralone = 3,4-dihydronaphthalen-1(2H)-one    (阪大・薬)

[17・26] 次の1), 2) の多段階合成の方法を示せ．各段階の生成物と反応剤を明示すること．

1) シクロヘキセンから化合物 (**A**)

2) シクロペンタノールから化合物 (**B**)

(北大・総合化学)

[17・27] 次に示す出発物質から，目的化合物を合成する方法を中間体の構造がわかるように反応式で答えよ．ただし，変換は1段階とは限らない．

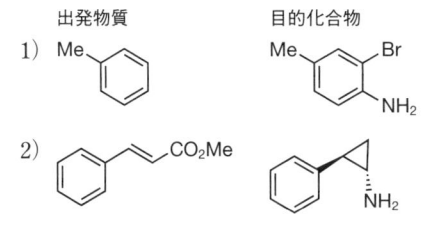

1) 出発物質: Me-C6H5  目的化合物: Me-C6H3(Br)(NH2)

2) 出発物質: PhCH=CH-CO2Me  目的化合物: phenylcyclopropane-NH2

3) 出発物質: NMe架橋二環化合物 → 目的化合物: シクロオクタテトラエン

(北大・総合化学)

[17・28] 次に示す出発物質から最終生成物を合成したい．各段階で最も適当と思われる合成法を示せ．途中で用いる反応剤および基質も示すこと．

1) ベンゼン → 1-クロロ-3-エチルベンゼン

2) シクロヘキセノン → 3-エチルシクロヘキサノン

3) 3-シクロヘキシルプロパンアミド → ビニルシクロヘキサン

4) 4-ブロモベンズアルデヒド → 4-ホルミル安息香酸

(東北大・理)

[17・29] 次の式は，isovaleraldehyde から化合物 (**H**) を合成する経路の概要である．以下の問に答えよ．

isovaleraldehyde + ピペリジン / benzene → (**A**) → 1. (**B**), 2. $H_3O^+$ → (**C**) → a → (**D**) → 1. (iBu)$_2$AlH, 2. $H_3O^+$ → (**E**)

→ 1. ビニル MgBr / THF, 2. $H_3O^+$ → (**F**) → b → (**G**) → (**H**) $C_{14}H_{22}O$

1) a, b に適切な反応試薬を示せ．
2) 化合物 (**A**) は一般に ( ア ) とよばれるが，isovaleraldehyde を下式のように第一級アミンである cyclohexylamine と酸触媒存在下で反応させると，( イ ) とよばれる化合物 (**I**) が得られる．化合物 (**A**), (**I**) の構造式およびア, イに相当する語句を示せ．

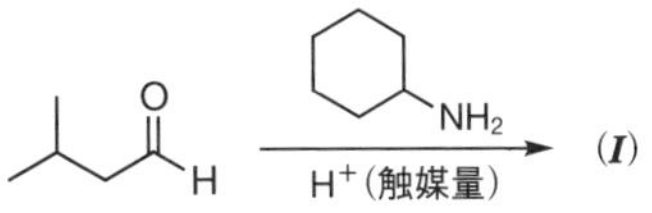

3) 化合物 (**B**), (**E**), (**H**) の構造式を示せ．ただし，(**H**) の立体化学は問わない．

(名大・工)

[17・30] 次に示す endiandric acid C の全合成について，以下の問 1)〜5) に答えよ．なお，各段階において，反応溶媒の表記は一部省略されている．

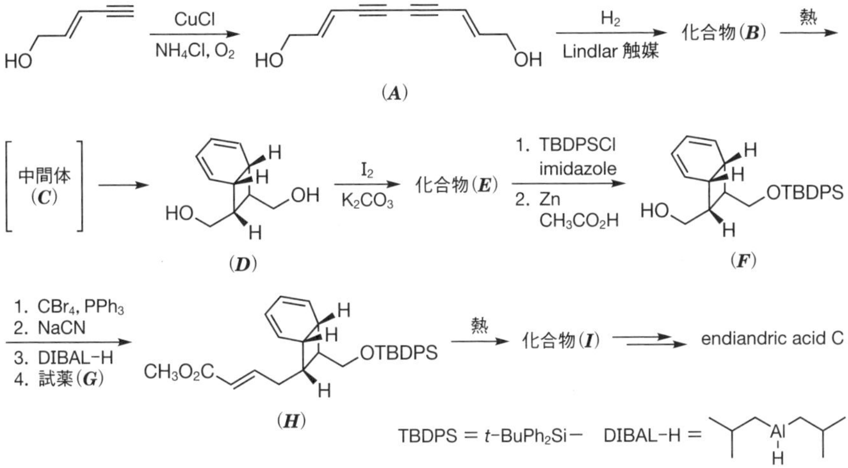

1) 化合物 (**B**) の構造式を，立体化学がわかるように示せ．
2) 化合物 (**B**) を加熱すると，中間体 (**C**) を経て，図に示した立体化学をもつ化合物 (**D**) が得られる．化合物 (**B**) から中間体 (**C**) に至る過程を示せ．また，中間体 (**C**) の構造式を，立体化学がわかるように示せ．
3) 化合物 (**D**) から化合物 (**F**) への変換において，片方のヒドロキシ基（図中右側の OH）のみを選択的にシリル基で保護するために，図のような多段階変換を行っている．この過程で得られる化合物 (**E**) の構造式を，立体化学がわかるように示せ．
4) 化合物 (**F**) から 4 段階の化学変換を経て化合物 (**H**) が得られる．用いる試薬 (**G**) を示せ．
5) 化合物 (**I**) の構造式を，立体化学がわかるように示せ．

(東大・理)

[17・31] タミフル (**M**) は，インフルエンザ治療薬である．次に示すタミフルの合成中間体 (**L**, ラセミ体) の合成に関する問に答えよ．

1) 化合物 (**C**), (**F**), (**G**), (**K**) の構造式および試薬 (**D**, **I**, いずれも有機化合物) の構造式を記せ．キラル炭素が存在する場合は，立体化学がわかるように示せ．
2) 化合物 (**A**) と (**B**) から (**C**) が生成する反応の名称を記せ．
3) 化合物 (**G**) から (**H**) が生成する反応の機構を記せ．
4) 化合物 (**J**) を LDA (リチウムジイソプロピルアミド) で処理したときに起こることを 50 字程度で説明せよ．
5) タミフルの 3 位，4 位，5 位の絶対配置 ($RS$ 表示) をそれぞれ記せ．

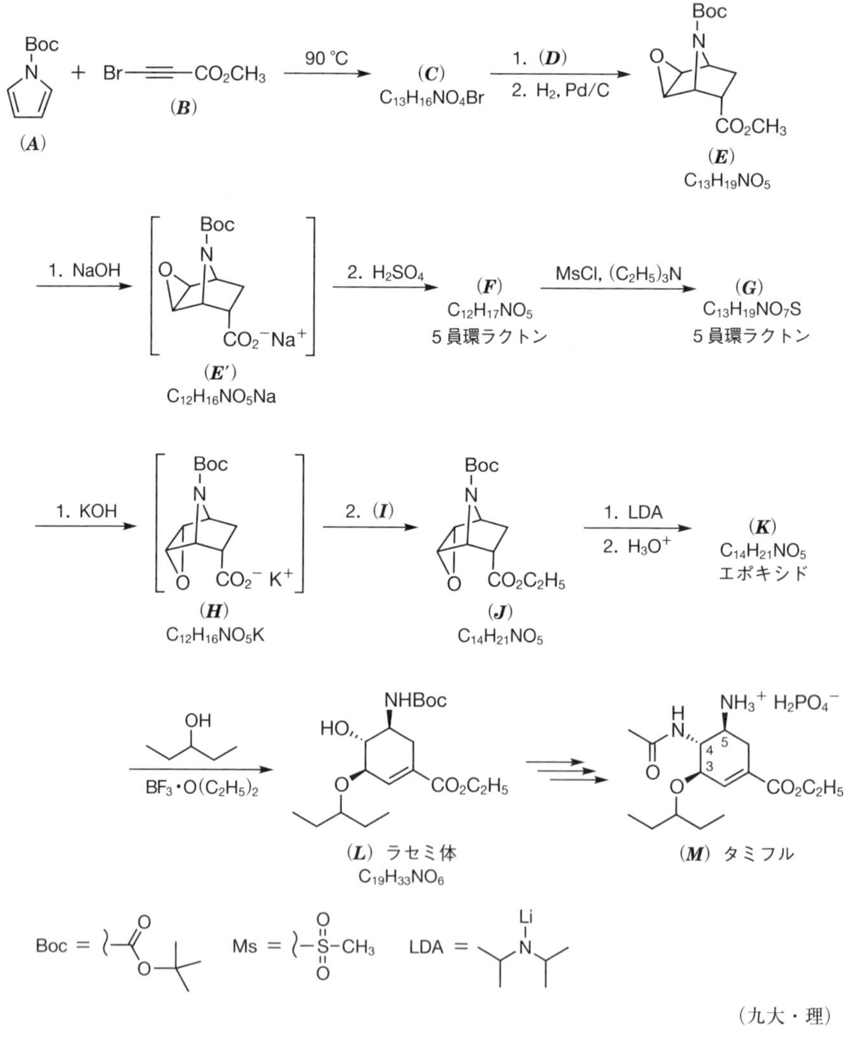

(九大・理)

［17・32］ (+)-himbacine はアルツハイマー病の治療薬の可能性が示唆されているアルカロイドである．以下の問に答えよ．

LDA = lithium diisopropylamide　　p-Ts = p-toluenesulfonyl

RO−THP = 


Amberlyst-15 = 酸性触媒　　$Et_2AlCl$, $SiO_2$ = Diels-Alder 反応を促進する試薬

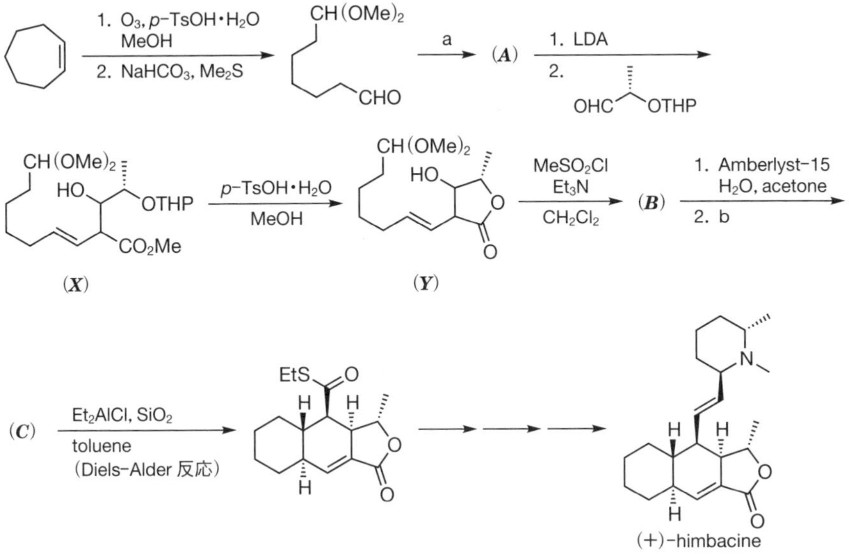

1) 最初の反応は，アセタール化を伴う特殊なオゾン分解である．p-TsOH・$H_2O$，MeOH，$NaHCO_3$ を使わず，オゾンとジメチルスルフィドのみを用いた場合，どのような生成物が得られるか答えよ．

2) 生成物（***A***)～(***C***)，および Wittig 試薬 a と b を記せ．

3) 生成物（***A***）に対して LDA の代わりに *n*-ブチルリチウムを用いると，目的の化合物は得られない．なぜ LDA を用いる必要があるのか，答えよ．

4) 化合物（***X***）から（***Y***）への反応の機構を記せ．　　（阪大・理）

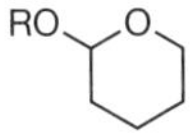

［17・33］ チロキシンは甲状腺から分泌され，物質代謝を盛んにするホルモンである．図では L-チロシンからの化学合成経路を示す．以下の 1)～3) に答えよ．

1) L-チロシン，化合物（***B***）の構造をそれぞれ立体構造がわかるように答えよ．

2) 化合物（***B***）から化合物（***C***）を合成する反応条件 a，および反応条件 b で用いる試薬の化学構造式を答えよ．

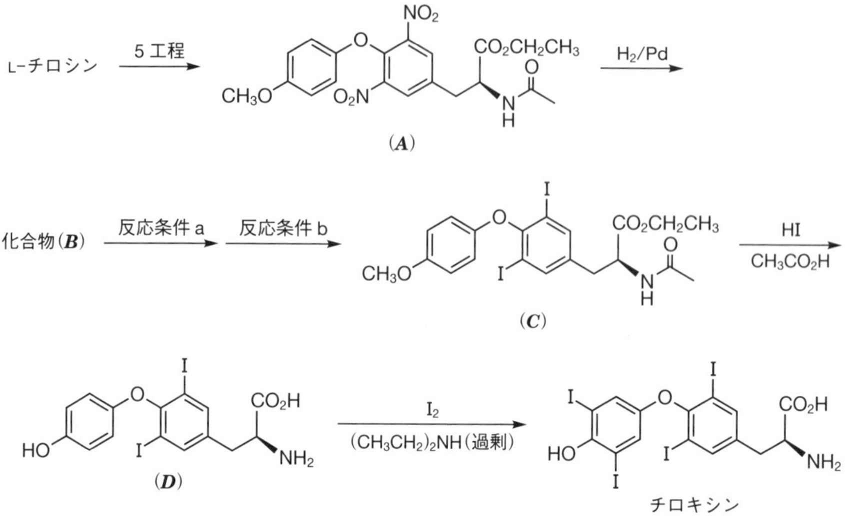

3) 化合物 (**D**) からチロキシンを合成するヨウ素化が，位置選択的に進行する理由について，(CH$_3$CH$_2$)$_2$NH の関与がわかるように説明せよ． （東工大・生命工）

# 演習問題解答

## 1章 命名法

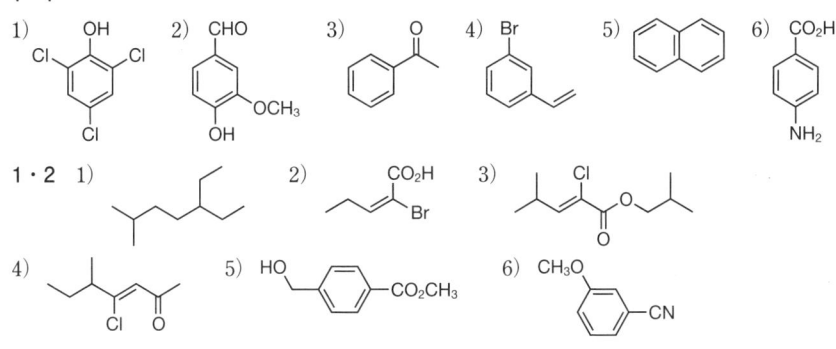

**1・1**
1) 2,4,6-トリクロロフェノール (OH, Cl×3)
2) 4-ヒドロキシ-3-メトキシベンズアルデヒド (CHO, OCH₃, OH)
3) アセトフェノン
4) 3-ブロモスチレン
5) ナフタレン
6) 4-アミノ安息香酸

**1・2**
1) 5-エチル-2-メチルヘプタン構造
2) 2-ブロモ-2-ペンテン酸 (CO₂H, Br)
3) イソブチル 2-クロロ-4-メチル-2-ペンテノアート
4) 4-クロロ-5-メチル-3-ヘプテン-2-オン
5) メチル 4-(ヒドロキシメチル)ベンゾアート
6) 3-メトキシベンゾニトリル

**1・3** 1) 2-methyl-6-heptyn-2-ol  2) 7-chlorobicyclo[2.2.1]heptane

[解説] ビシクロ[2.2.1]ヘプタンはノルボルナン norbornane ともよばれ, 最短架橋炭素の位置番号は 7 である. 日本語名は 1) 2-メチル-6-ヘプチン-2-オール, 2) 7-クロロビシクロ[2.2.1]ヘプタン.

**1・4** 1) 4-methylcyclohexanone  2) 2,5-diethylhexa-1,5-diene-3-yne
3) 2,4,6-tribromophenol  4) 3,4-dimethylhexanedial
5) (Z体のエチルエステル構造)  6) (Br, Cl, OH 置換ブテン構造)  7) 2-ナフトール構造

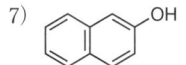

[解説] 5), 6) の化合物名に従い, 2) の解答は IUPAC 1993 を適用. 2) の IUPAC 1979 の名称は 2,5-diethyl-1,5-hexadiene-3-yne. 日本語名は, 1) 4-メチルシクロヘキサノン, 2) 2,5-ジエチルヘキサ-1,5-ジエン-3-イン, 3) 2,4,6-トリブロモフェノール, 4) 3,4-ジメチルヘキサンジアール.

**1・5** 1) 4,4-ジメチルシクロヘキサノール  4,4-dimethylcyclohexanol
2) 6-メチル-2-ヘプタノン  6-methyl-2-heptanone
3) (Z)-1-(4-メトキシフェニル)-1,2-ジフェニル-1-ブテン  (Z)-1-(4-methoxyphenyl)-1,2-diphenyl-1-butene

**1・6**
1) 1,5-ジメチル-3-クロロナフタレン (位置番号付き構造)
2) 9-ニトロアントラセン (位置番号付き構造)
3) クリセン (縮合環構造)
4) 2'-メチル-4-クロロビフェニル (位置番号付き構造)

[解説] 1), 2), 4) の構造中に位置番号を示す. 3) の命名中の *a* はアントラセンに対するベンゼン環 (接頭語 benzo- ベンゾ) の縮合位置 (C1-C2 の辺) を示す.

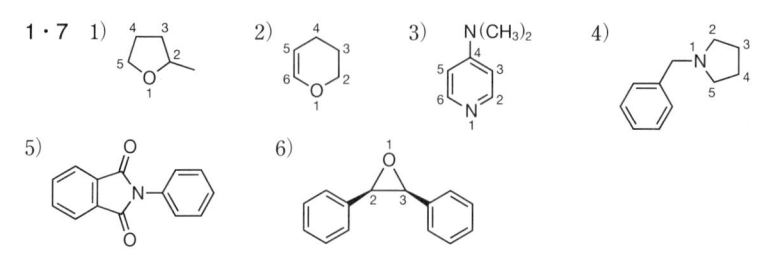

**1・7** 1) 4,3 位に水素を含む5員環(1位にO)  2) 3,4,6位を含む6員環(1位にO)  3) 4-N(CH₃)₂ ピリジン(位置1-6)  4) ベンジルピロリジン(1-5位)

5) フタルイミドのN-フェニル誘導体  6) 2,3-ジフェニルオキシラン(1位O)

[解説] 構造中に位置番号を示す. 2) 酸素原子を含む6員環化合物の基本名 2*H*-ピラン (2*H*-pyran) の 3, 4 位に二つの水素を付加する. 4) ピロール (pyrrole) の基本構造に四つの水素を付加した構造が基本名である. 5) イミドは環状のジアシルアミン -CO-NH-CO- 構造をもち, フタル酸のイミド誘導体である. 別名は, *N*-フェニルベンゼン-1,2-ジカルボキシミド (*N*-phenylbenzene-1,2-dicarboximide). 6) 別名は *cis*-スチルベンオキシド (*cis*-stilbene oxide).


## 2 章 結合, 構造と異性

**2・1** 1) :C:::N:⁻   2) :Ö:::C:Ö:⁻ (with charges)   3) H:C(H)(H):N:::N:⁺   4) :Ö:⁻:N:::Ö:⁺

[解説] 単結合は1組, 二重結合は2組, 三重結合は3組の電子対を共有する. 共有電子対と非共有電子対 (非結合電子対または孤立電子対ともいう) をあわせて, 各原子が8電子をもつ (オクテット則) ように電子を配置する (水素原子は2電子). 形式電荷は, (価電子数) − (共有電子数の半分) − (非共有電子数) で計算できる.

**2・2** 1) H:N(H):H   2) :F:B(:F:):F:   3) H:C:::N:   4) H:Ö:C(::Ö:):Ö:H   5) :Cl:Ö:H

**2・3** 1) sp³ 混成  2) sp³ 混成  3) sp 混成  4) sp² 混成

**2・4** 中央の炭素原子は直線形の sp 混成であり, 残った二つの p 軌道は互いに直交している. 末端の炭素原子は平面三角形の sp² 混成であり, 残った p 軌道は中央の炭素原子の p 軌道の一つと π 結合をつくる. 酸素原子は sp² 混成であり, そのうち二つの軌道には非共有電子対が入り, p 軌道は中央の炭素原子のもう一つの p 軌道と π 結合をつくる. 右図のように, C-C と C-O の二つの π 結合の向きは互いに直交する.

演習問題解答

**2・5** 1) sp³ (CH₄構造) 2) sp³ (カルボアニオン, 孤立電子対) 3) sp² (カルボカチオン, 空p軌道) 4) sp³ (ラジカル, 不対電子)

**2・6** 4)

[解説] 共鳴構造式では, 原子の位置は変わらず, 動かすことができる電子は非共有電子対とπ電子のみである. この基準から, 共鳴構造に該当するのは4)だけである. 共鳴構造式は以下のとおりである.

HÖ–CHCH₃ ⟷ HÖ=CHCH₃

**2・7** H₂C=N=N: ⟷ H₂C–N≡N:

左の共鳴構造の寄与が大きい. 負電荷が炭素より電気陰性度の大きい窒素にあるほうが有利であるため.

**2・8** 1) (アリルカチオンの共鳴構造)

両方ともアリルカチオンであり, 第二級カチオンのほうが第一級カチオンより安定であるため.

2) (エノン系の共鳴構造3つ)

電荷が分離していない共鳴構造が最も安定である. 電荷が分離した共鳴構造では, 酸素が直接置換したカルボカチオンのほうが安定である.

3) (アミド共鳴構造)

電荷が分離していない左の共鳴構造のほうが安定である.

**2・9** 炭素b−炭素cの結合が長い.

ナフタレンの三つの共鳴構造において各結合の次数に注目すると, 炭素a−炭素bは二つが二重結合で一つが単結合, 炭素b−炭素cは二つが単結合で一つが二重結合である. したがって, 炭素b−炭素cのほうが単結合の寄与が高く, 長い結合をもつ.

**2・10** 1) 原子番号が大きくなるほどエネルギーは減少する. 原子番号が大きいと, 原子核の正電荷が増え, 電子との引力的な相互作用が増加するため.

2) 炭素原子 $1s^2 2s^2 2p^2$, ネオン原子 $1s^2 2s^2 2p^6$, 塩素原子 $1s^2 2s^2 2p^6 3s^2 3p^5$

3) σ結合は軸対称であり, π結合は軸対称でない.

4) BH₃ sp²混成. 三つのB−H結合の結合電子対（残りの2p軌道は空軌道）の反発により, 平面三方形の構造をとるため.

BH₄⁻ sp³混成. 四つのB−H結合の結合電子対の反発により, 四面体形の構造をとるため.

5) 化合物 (**A**) が X = F, 化合物 (**B**) が X = H である. 電子求引性のフッ素原子が結合すると, カルボニル炭素の X への結合の s 性が減少 (p 性が増加) し, X−C−X の結合角を小さくするように混成状態が変化する.

**2・11** 正電荷をもつ炭素原子 C$^+$ は sp$^2$ 混成であり, 三つの σ 結合と直交する方向に空の p 軌道をもつ. エチルカチオンでは, この p 軌道と同一平面内にある C−H 結合の結合性軌道が相互作用 (右図参照) により安定化するため, メチルカチオンより安定である.

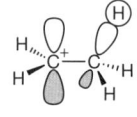

**2・12** 1) *cis*-1,2-ジクロロエテン ＞ *trans*-1,2-ジクロロエテン

トランス体では, 分極した二つの C−Cl 結合が反対に向いているため, 極性が打消されて分子は無極性である. シス体では, 結合の極性が打消されないので, 分子は極性をもつ.

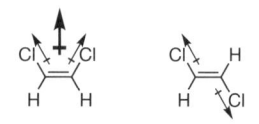

2) *o*-ジクロロベンゼン ＞ *m*-ジクロロベンゼン ＞ *p*-ジクロロベンゼン

パラ体では, 分極した二つの C−Cl 結合が反対に向いているため, 極性が打消されて分子は無極性である. メタ体とオルト体はともに極性をもつが, 二つの C−Cl 結合が同じ方向に近いオルト体のほうが大きい極性をもつ.

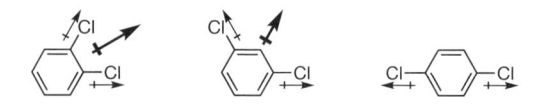

3) メタン, 四塩化炭素ともに分子の極性はない.

四塩化炭素の各 C−Cl 結合は分極しているが, 四面体方向に伸びた四つの極性を足し合わせると, 全体として極性が打消される. メタンも同じ理由により, 無極性である.

[解説] 極性の大きい C−Cl 結合の分極の向きと大きさを足し合わせる. 上図では, 各結合の分極を細い矢印で, それらの和を太い矢印で示す.

**2・13** 1) (**C**) ＜ (**B**) ＜ (**A**)

二重結合に多くのアルキル基が置換したほうが熱力学的に安定であるので, 三置換アルケンの (**C**) の水素化熱が最小である. 二置換アルケンの (**A**) と (**B**) はシス−トランス異性体であり, 不安定なシス体 (**A**) の水素化熱が大きい.

2) (**B**) ＜ (**C**) ＜ (**A**)

(**A**) は二置換アルケン, (**B**) は四置換アルケン, (**C**) は三置換アルケンであり, 置換基

が少ないアルケンほど不安定で水素化熱が大きくなる.
3) (**B**) < (**C**) < (**A**) < (**D**)

トリエン (**D**) の水素化熱が最大である. ジエン (**A**)～(**C**) では, 非共役ジエンの (**A**) が最大で, 共役ジエンのなかでは置換基の少ない (**C**) が (**B**) より大きい.

**2・14** 1) 1,3-ブタジエンが 53.51 kJ/mol 安定である.
2)

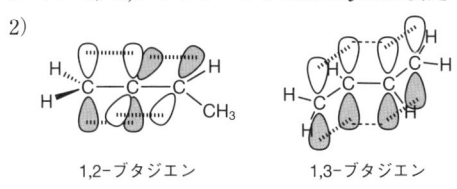

1,2-ブタジエン　　　1,3-ブタジエン

3) 1,3-ブタジエンでは, 2組のπ結合をつくるp軌道が同じ方向に向くと, C2 と C3 炭素のp軌道の間に弱い重なり（破線で表示）が生じて安定化に寄与する. 一方, 1,2-ブタジエンでは2組のπ結合は互いに直交するので, このような重なりは起こらない. したがって 1,3-ブタジエンが安定である.

4) t-ブチル基 (t-Bu) は立体的にかさ高いため, 二つの二重結合が同一平面になる立体配座は不安定になり, ねじれた立体配座をとる（下図）. したがって, 二つの二重結合間の相互作用がほとんどないため, 共役ジエンとしての性質を示さない.

同一平面形　　　　ねじれ形
不安定　　　　　　安定

**2・15**

可能な4種類のアミドのうち, N,N-ジメチルメタンアミド以外の3種類は窒素に結合した水素をもつので, 水素結合を形成することにより沸点が高くなる.

［解説］分子式 $C_3H_7NO$ のアミドは, プロパンアミド（沸点 213 °C）, N-メチルエタンアミド（206 °C）, N-エチルメタンアミド（202 °C）, N,N-ジメチルメタンアミド（153 °C）の4種類である.

**2・16** 1) トルエン. 無極性か極性が小さい分子では, 分子量の大きいトルエンのほうが分子間力が強いため.

2) ピリジン. 電気陰性の窒素をもつピリジンの分子は分極し, 分子間で静電的な引力が働くため.

3) ベンゼン. 分子の対称性が高く, 固体中で高密度に充填して安定化することができるため.

4) cis-1,4-ジクロロシクロヘキサン. 分極した二つの C—Cl 結合の極性は, トランス体で

は反対向きで打消し合うが，シス体ではそうではないため．

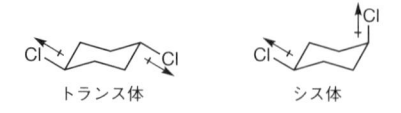

トランス体　　シス体

5) *p*-ニトロフェノール．*p*-ニトロフェノールは，*o*-ニトロフェノールのように分子内水素結合（下図）をつくらないので，水と水素結合（溶媒和）しやすいため．

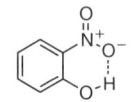

## 3 章　酸・塩基

**3・1** 3), 4), 5)

[解説] 強酸に弱酸の共役塩基（強塩基に弱塩基の共役酸）を反応させると，強酸の共役塩基と弱酸（強塩基の共役酸と弱塩基）に変化する方向に平衡が移動する．1) メタノールはメチルアミンより強酸．左に移動．2) メチルアンモニウムはメタノールより強酸．左に移動．3) メチルアミンはメタノールより強塩基．右に移動．4) メチルアミンはアニリンより強塩基．右に移動．5) 酢酸はメチルアンモニウムより強酸．右に移動． p$K_a$: $CH_3NH_2$ 38, $CH_3NH_3^+$ 10.6, $CH_3OH$ 15.5, $CH_3OH_2^+$ −2.2, $PhNH_3^+$ 4.6, $CH_3CO_2H$ 4.7.

**3・2** 1) $AlCl_3$ Lewis 酸　2) $Zn(C_2H_5)_2$ Lewis 酸　3) Lewis 塩基

4) $TiCl_4$ Lewis 酸　5) Lewis 塩基　6) Lewis 塩基

**3・3** 1) $(CF_3)_2CHOH > (CCl_3)_2CHOH > (CH_3)_2CHOH$

いずれも2-プロパノール誘導体であり，電気陰性度の大きい置換基（F > Cl > H）が結合するほど共役塩基のアルコキシドが安定化されるため，酸性度が高くなる．

2) $O_2N$—C$_6$H$_4$—$CO_2H$ > C$_6$H$_5$—$CO_2H$ > $H_3CO$—C$_6$H$_4$—$CO_2H$

安息香酸イオンと置換安息香酸イオンの安定性を比較する．ニトロ基は電子求引性のため安息香酸イオンを安定化し，酸性度を高くする．一方，メトキシ基は電子供与性のため安息香酸イオンを不安定化し，酸性度を低くする．

[解説] p$K_a$: 2-プロパノール 16.5, 1,1,1,3,3,3-ヘキサクロロ-2-プロパノール 10.3, 1,1,1,3,3,3-ヘキサフルオロ-2-プロパノール 9.3, 4-ニトロ安息香酸 3.74, 安息香酸 4.00, 4-ヒドロキシ安息香酸 4.26.

演習問題解答　　　　　　　163

**3・4**　1) > 4) > 3) > 2)

[解説] 各イオンの共役酸の酸性度の低い順に並べる. 酸性の順番は $CH_3CO_2H > C_6H_5OH > CH_3OH > NH_3$ である.

**3・5**　$p$-ニトロフェノールの共役塩基であるフェノキシドイオンは, 以下の共鳴により安定化される. このとき, ベンゼン環の炭素に負電荷がある共鳴構造のほかに, ニトロ基の二つの酸素が負電荷をもつ共鳴構造 (**A**) がある. 一方, $m$-ニトロフェノールの共役塩基では, (**A**) に相当する共鳴構造はない. したがって, 多くの共鳴構造が書けるパラ体のフェノキシドイオンがより安定であり, $p$-ニトロフェノールが高い酸性度を示す.

[解説] p$K_a$: $p$-ニトロフェノール 7.15, $m$-ニトロフェノール 8.28.

**3・6**　

1-ブチンと $NH_3$ では前者のほうが p$K_a$ が小さく酸性度が高い. したがって, 1-ブチンと $NH_3$ の共役塩基であるナトリウムアミドの反応の平衡は右に傾く.

**3・7**　(**A**) が高い酸性度を示す.

イミド (**A**) では窒素の隣に二つのカルボニル基があり, アミド (**B**) に比べて多くの共役塩基の共鳴構造が書ける. そのため, イミドのほうが共役塩基が安定であり, 高い酸性度を示す.

[解説] p$K_a$: (**A**) 8.3, (**B**) 23.

**3・8**　1) 1,2-ジフェニルエタン < ジフェニルメタン < フルオレン
2) ピリジン < トリエチルアミン < キヌクリジン

[解説] p$K_a$: ジフェニルメタン 34, フルオレン 23, 1,2-ジフェニルエタン データなし.
共役酸の p$K_a$: ピリジン 5.7, トリエチルアミン 10.7, キヌクリジン 12.1.

**3・9**　(**B**) > (**A**) > (**C**)

9-フェニルフルオレン (**C**) は, 共役塩基が芳香族性により安定化されるので, トリフェ

ニルメタン (**A**) に比べて高い酸性度（小さい p$K_a$）を示す．トリプチセン (**B**) では，共役塩基のカルボアニオンは構造的にベンゼン環と共鳴することができないので，トリフェニルメタン (**A**) より低い酸性度（大きい p$K_a$）を示す．
[解説] p$K_a$：(**A**) 31.5, (**B**) 約 42, (**C**) 18.6.

3・10　1段階目の酸解離においてシス体であるマレイン酸の酸性度が高いのは，二つのカルボキシ基が隣接した位置にあり，マレイン酸水素アニオンが下式のように分子内水素結合により安定化されるためである．2段階目の酸解離においてマレイン酸の酸性度が低いのは，この分子内水素結合のため，残ったカルボキシ基の酸解離が起こりにくいためである．トランス体のフマル酸では，二つのカルボキシ基が離れているので，シス体でのような分子内の相互作用は小さい．

3・11　1）アルコールに比べてフェノールの酸性度が高いのは，共役塩基であるフェノキシドイオンがベンゼン環との共鳴により下式のように安定化されるからである．酸素に比べて原子半径の大きい高周期の硫黄のほうが水素との結合が弱いので，フェノールに比べてチオフェノールの酸性度が高い．

2）1,3-シクロペンタジエンは，共役塩基であるシクロペンタジエニルアニオン（6π系）が芳香族性により安定化されるので，酸性度が高い．一方，1,3,5-シクロヘプタトリエンは，共役塩基であるシクロヘプタトリエニルアニオン（8π系）が反芳香族性により不安定化されるので，酸性度が低い．

3）アミンの窒素に電子供与性であるメチル基が置換するほど，塩基性度が高くなり，共役酸であるアンモニウム塩の酸性度が低くなる．一方，メチル基が多数置換するとアンモニウム塩が溶媒和により安定化されにくくなり，トリメチルアミンの共役酸ではこの効果が大きくなり，酸性度が高くなる．

4）アジリジンの窒素は3員環を形成し，小員環ひずみのため炭素への結合の混成軌道の s 性が低く，非共有電子対の軌道の s 性が高い．s 性が高いほど電子は原子にひきつけられ，プロトンに対して電子対を供与しにくくなるため，アジリジンの塩基性度が低い．

3・12　1）c＞a＞b
b のアニリンでは，窒素の非共有電子対とベンゼン環の π 電子間の共鳴により，非共有電子対の電子密度が低くなるため，a のメチルアミンに比べて塩基性度は低下する．c の

1,8-ジアザビシクロ[5.4.0]ウンデカ-7-エン（DBU）では，二重結合の窒素にプロトン化した共役酸が共鳴により安定化されるため，塩基性度が高い．

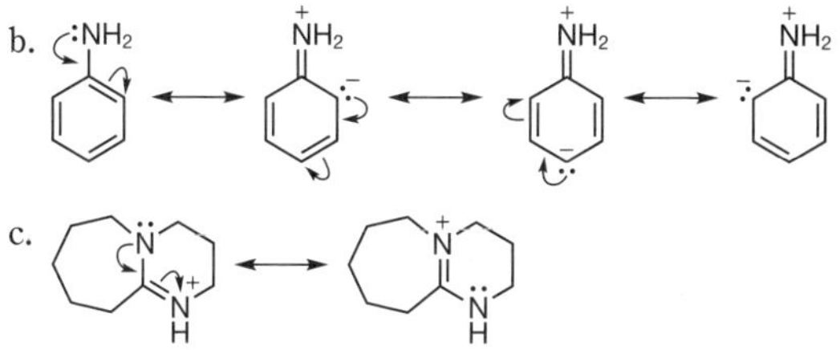

b. [共鳴構造式]

c. [共鳴構造式]

2) a＞b＞c

aのグアニジンとbのアセトアミジンでは，二重結合の窒素にプロトン化した共役酸が共鳴により安定化される．共鳴構造が多いaのほうがbよりも安定化の程度が大きい．

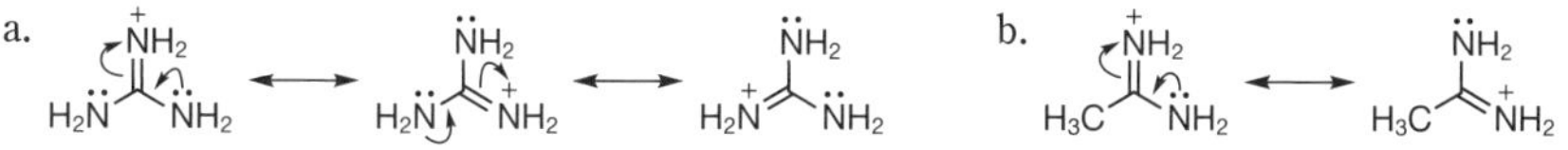

a. [共鳴構造式]   b. [共鳴構造式]

3) c＞b＞a

a〜c中の窒素はそれぞれsp, $sp^2$, $sp^3$混成であり，混成のs性が高くなるほど非共有電子対が窒素に引寄せられ，塩基性度が低くなる．

4) a＞c＞b

メタ位の置換基が電子求引性であるほど，誘起効果によりアニリンの塩基性度が低くなる．

[解説] 1) 共役酸の$pK_a$：メチルアミン 10.6，アニリン 4.63，DBU 約12．2) 共役酸の$pK_a$：グアニジン 13.7，アセトアミジン 12.5，2-プロパンイミン 約11．3) 共役酸の$pK_a$：エチルアミン 10.7，エチレンイミン 8.0，アセトニトリル 約−10．4) 共役酸の$pK_a$：アニリン 4.63，$m$-クロロアニリン 3.46，$m$-ニトロアニリン 2.47．

**3・13**　(**C**)＞(**B**)＞(**A**)

各化合物の共役塩基の共鳴構造式を以下に示す．

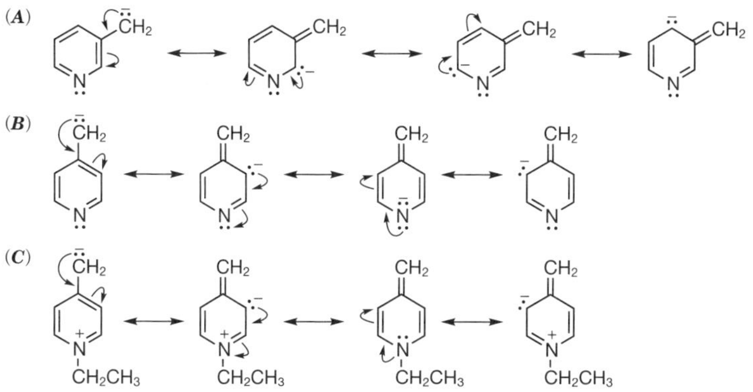

(**A**) [共鳴構造式]

(**B**) [共鳴構造式]

(**C**) [共鳴構造式]

(**B**)では，電気陰性度の大きい窒素に負の形式電荷をもつ共鳴構造があるので，(**A**)の場合より共役塩基が安定である．(**C**)では，形式電荷をもたない共鳴構造があり，正の形式電荷をもつ窒素がアニオンを非常に安定化するので，三つの化合物のうち最も酸性度が高い．

**3・14** プロトンスポンジでは，隣接した位置にある二つのジメチルアミノ基間の立体反発のため，窒素の非共有電子対とナフタレン環のπ電子間の共鳴安定化による塩基性を弱くする効果が小さい．さらに，アミノ基が一つプロトン化された共役酸は，キレート効果によりプロトンが二つの窒素原子に強く結合するため，安定化される．これらの二つの効果により，プロトンスポンジは非常に強い塩基性を示す．

## 4章 立体化学

**4・1** 1) *S*   2) *R*   3) *R*   4) *S*

**4・2** 1)    2)    3)

**4・3** 3)    5)

[解説] 分子中に対称面をもたない分子を選ぶ．1) はメソ化合物であり，キラル中心を二つもつがアキラルである．

**4・4** 1) キラル, *S*   2) アキラル   3) キラル, *S*   4) アキラル   5) キラル, *R*   6) アキラル   7) キラル, *S*   8) キラル, *S*

[解説] 1) 二つの環が1個の炭素を共有するスピロ環をもつ化合物（スピランともよばれる）では，中心炭素に結合した四つの置換基がすべて異ならなくてもキラルになる．順位則では，窒素置換基の一方を1，他方を2とし，カルボニル炭素置換基のうち1と同じ環にあるほうを3とする．3) メチレンシクロヘキサン誘導体では，環外の二重結合炭素に結合した置換基がつくる面（Br−C−H）と，シクロヘキサン4位炭素に結合した置換基がつくる面（CH$_3$−C−H）がねじれている．二重結合を含む軸をキラル軸とみなし，Br, H, CH$_3$, Hのつくる四面体について，例題4・2 6) で説明した方法で順位をつける．5) スルホキシドは三角錐形の分子であり，非共有電子対を4番目の置換基とすると四面体形になる．非共有電子対を原子番号0の置換基として順位をつける．

演習問題解答

1) 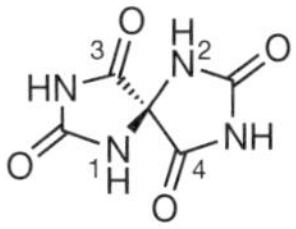 [構造式: ヒダントイン二量体、N原子に 3:H₂, 2:H₂, 1:H, 番号 4 のカルボニル]

3) [構造式: シクロヘキサン環、1:Br, 3:H₃C, 4:H, 2:H のビニリデン]

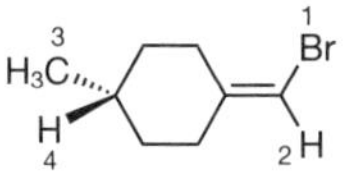

5) 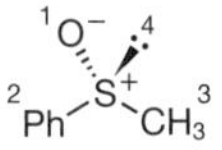 [構造式: Ph–S⁺(CH₃)(O⁻)、1:O⁻, 2:Ph, 3:CH₃, 4: 孤立電子対]

4・5 2) 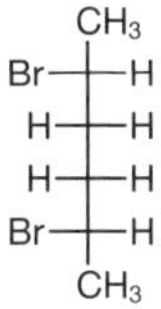 [構造式: Fischer投影、CH₃/Br–H/H–Br/H–Br/CH₃] または [くさび形: Br置換ヘキサン]

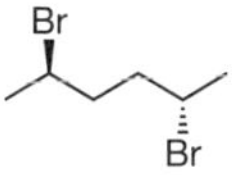

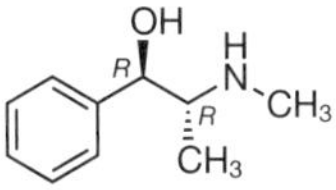

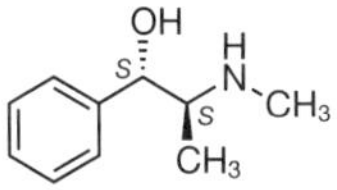

5) 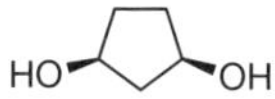 [シクロペンタン-1,3-ジオール cis] または [trans体]

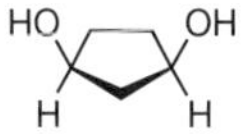

[解説] 二つ以上のキラル中心をもつが，分子中に対称面がありアキラルな化合物を選ぶ．

4・6 (A) R,S体 / (B) S,S体 / (C) R,R体 / (D) S,R体
エフェドリン類の4種類の立体異性体．

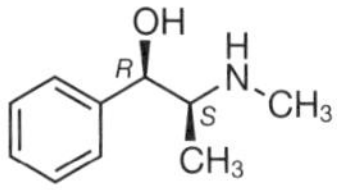

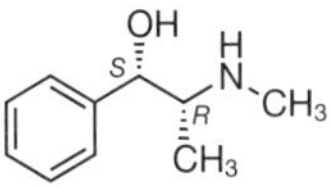

(A) と (B) はエナンチオマー．(C) と (D) はエナンチオマー．それ以外の組合わせ〔(A) と (C)，(A) と (D)，(B) と (C)，(B) と (D)〕はジアステレオマー．

4・7 [イノシトール構造式2種] のどちらか一方．

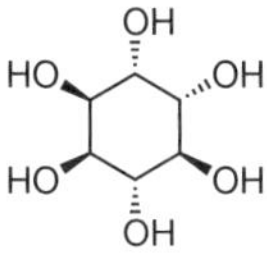

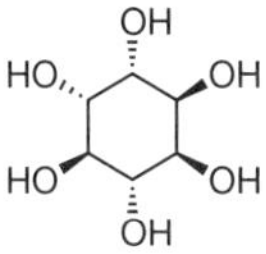

[解説] イノシトールにはエナンチオマーも含め9種類の立体異性体がある．上記の2種類（互いにエナンチオマー）以外の立体異性体は以下のとおりであり，いずれもメソ体でアキラルである．

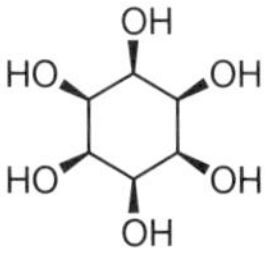

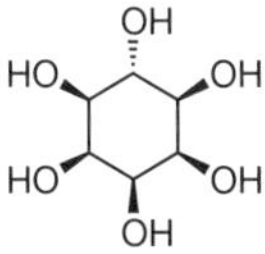

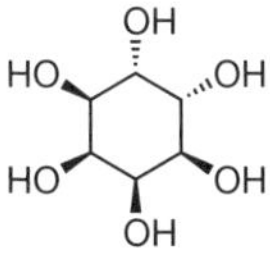

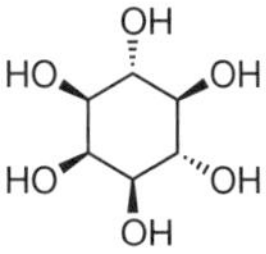

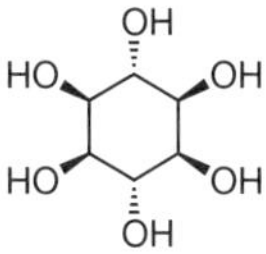

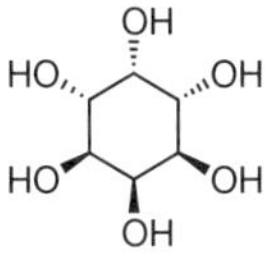

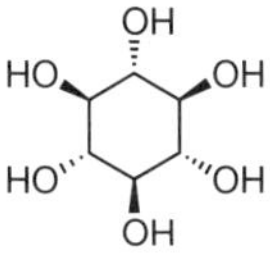

[イノシトール異性体の構造式 7種]

4・8 1) 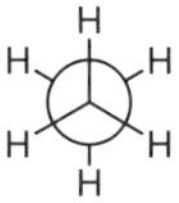 [Newman投影式: 全てH, ねじれ形] 2) 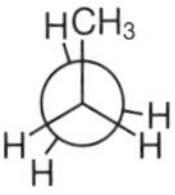 [HCH₃ 一置換] 3) 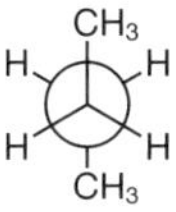 [1,2-ジメチル] 4) 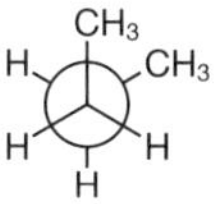 [1,1,2-トリメチル]

**4・9**

[解説] いす形配座では，メチル基ができるだけエクアトリアルにあるものが安定である．

**4・10** 1) (1S,2S)-1-t-butyl-2-fluorocyclohexane (1S,2S)-1-t-ブチル-2-フルオロシクロヘキサン

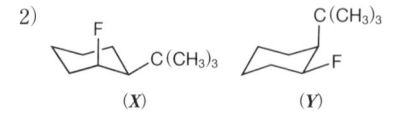

2)

(X)  (Y)

立体的に大きい t-ブチル基がアキシアル位にある (Y) は，1,3-ジアキシアル相互作用による立体ひずみが大きいため，エクアトリアル位にある (X) のほうが熱力学的に安定である．

3) (X) ⇌ (Y) において，(X):(Y) = 10:1 になるとき，平衡定数 $K = 1/10 = 0.10$ である．これを与えられた式に代入すると，$\Delta G° = -2.3 \times 8.3 \times (273+27) \times \log 0.10 = 5727$ J/mol = 5.727 kJ/mol となり，必要なエネルギー差は 5.7 kJ/mol 以上である．

**4・11** 1) シス トランス 2) シス トランス

[解説] 1) 3-イソプロピルシクロヘキサノールでは，立体的に大きいイソプロピル基がエクアトリアル位にあるいす形配座が安定である．2) デカリンでは，二つのシクロヘキサン環がいす形配座をとり，縮環部の連結はトランス体ではすべてエクアトリアル位であるのに対し，シス体ではエクアトリアル位とアキシアル位である．

**4・12** 各化合物のいす形配座では，1,3-ジアキシアル相互作用による立体ひずみを避けるために，立体的に大きい t-ブチル基がエクアトリアル位にある．このとき，(A) では二つのヒドロキシ基は環の同じ側のアキシアル位にあり，隣接しているため分子内水素結合を形成することができる．一方，(B) では二つのヒドロキシ基は両方ともエクアトリアル位にあり，互いに離れているため分子内水素結合を形成することはできない．

(A) または (A)   (B)

**4・13** 1) 1,2-ジフルオロエタンにはアンチ体 (A) とゴーシュ体 (B，一方のエナンチオマーのみを示す) の配座異性体があり，そのうち安定であるのは (B) である．ゴーシュ体では，アンチペリプラナーにある C-H 結合と C-F 結合との間に立体電子的な相互作

用（超共役またはゴーシュ効果）が働くため，アンチ体（**A**）に比べて安定化される．

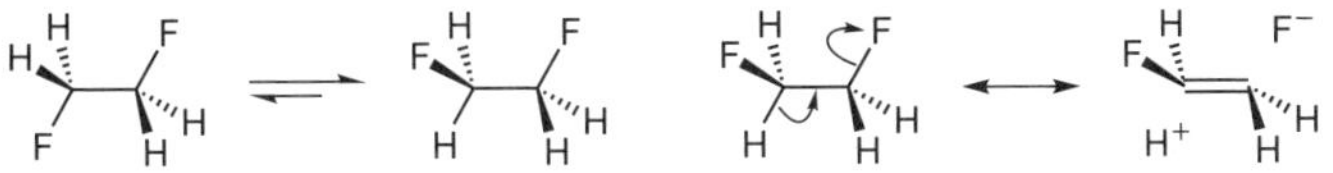

2) 2-メトキシテトラヒドロピランのいす形配座には，メトキシ基がエクアトリアル位にある（**C**）とアキシアル位にある（**D**）があり，（**D**）のほうが安定である．

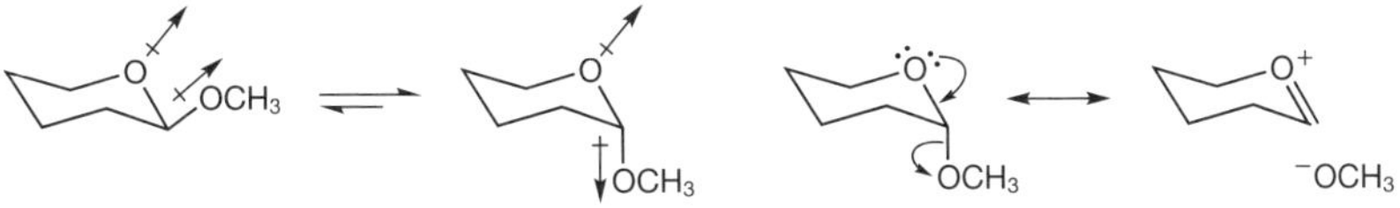

このような現象はアノマー効果とよばれ，アキシアル体（**D**）は，分極したC-O結合の静電相互作用，またはC-OCH$_3$結合と環内酸素の非共有電子対との間の立体電子効果（超共役）により安定化される．

**4・14** 1) エナンチオマー

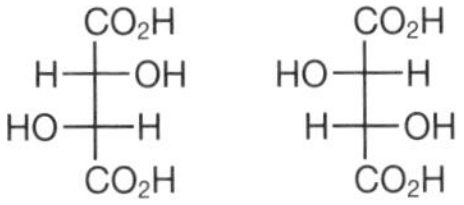

2) 85% − 15% = 70% e.e.　3) −12　4)

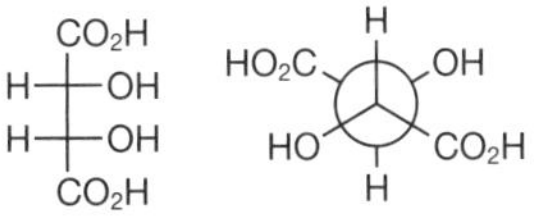

5) 生成物はアキラルなメソ化合物であるため，旋光性を示さない．

[解説] 1) 四酸化オスミウムによるアルケンのジヒドロキシル化はシン付加で進行し，フマル酸（*trans*-2-ブテン二酸）からは（*R,R*）-酒石酸と（*S,S*）-酒石酸が1：1の混合物として得られる．2) エナンチオマー過剰率％ e.e. は，多いほうから少ないほうのエナンチオマーの存在率％を引いた数値である．3) エナンチオマーは直線偏光の振動面を回転する性質（旋光性）をもつ．旋光性の尺度として，濃度や光の通過距離を考慮に入れた比旋光度 [α] が用いられる．光学純度は，純粋なエナンチオマーの [α] に対する試料の [α] の比率％であり，多くの場合エナンチオマー過剰率とほぼ一致する．測定値より，(+)体（かっこ内は比旋光度の符号）の比旋光度 [α] は +8.4/0.70 = +12.0である．(+)体と(−)体の比旋光度は，絶対値が同じで符号が逆である．4),5) マレイン酸（*cis*-2-ブテン二酸）からは（*R,S*）-酒石酸（メソ酒石酸）が得られる．メソ化合物は，Fischer 投影式中に水平な対称面をもち，アキラルである．

4・15 キラル炭素を含まないキラルな分子としては,炭素以外のキラル中心,キラル軸,キラル面またはらせん構造をもつ分子がある.解答例を以下に示す.

a. Tröger 塩基 (**A**). 橋頭位にある二つの三角錐形の窒素が反転できないので,分子はキラルである.非共有電子対を4番目の置換基と考えると,窒素は四つの異なる置換基をもつキラル中心である.(炭素以外のキラル中心をもつものとして,ほかにシラン Si,スルホキシド S,ホスフィン P などがある.)

b. 2,3-ペンタジエン (**B**). アレン誘導体では,C=C=C の直線軸に対して両端の $sp^2$ 混成炭素のつくる平面は互いに直交している.各 $sp^2$ 混成炭素には異なる置換基($H$ と $CH_3$)が結合しているので,分子はキラルになる.このときアレンの軸はキラル軸である.

c. 6,6′-ジニトロ-1,1′-ビフェニル-2,2′-ジカルボン酸 (**C**). ビフェニルのオルト位に置換基を導入すると,立体障害のため二つのフェニル基はねじれ,同一平面構造を経由した回転が起こらなくなる.各フェニル基の 2,6 位に異なる置換基($NO_2$ と $CO_2H$)があると,分子はキラルになる.このとき二つのフェニル基を結ぶ結合の軸はキラル軸である.

d. *trans*-シクロオクテン (**D**). 二重結合部のトランス位を六つのメチレン鎖で連結した構造をもつ.二重結合のつくる $sp^2$ 混成の面に対して,鎖はどちらか一方の側にあり,反対側には容易に移動することはできない.そのため分子はキラルであり,二重結合部の平面はキラル面である.

e. [6]ヘリセン (**E**). この化合物では,両端のベンゼン環の立体ひずみを避けるために,分子は非平面のらせん形に変形する.らせん形構造はキラルであり,らせん軸に対して右巻きと左巻きの構造をもつエナンチオマーが存在する.

各例の構造(一方のエナンチオマー)は以下のとおり.

(**A**)  (**B**)  (**C**)  (**D**)  (**E**)

# 5 章 反応機構

**5・1** 1) 化学平衡 2) 共鳴 3) 電子対の移動 4) 電子1個の移動

**5・2** 1) $CH_3^- > NH_2^- > OH^- > NH_3 > H_2O$   2) $I^- > Br^- > Cl^- > F^- > OH^-$

[解説] 1) 求核攻撃する原子が同じであれば負電荷があるほど求核性が大きい.同周期原子で電荷が同じであれば,周期表を左から右に進むにつれて求核性が減少する.2) 塩基性度が低い(共役酸の酸性度が高い)ほど脱離能が大きい.

**5・3** 1) 塩化メチル＞第一級塩化アルキル＞第二級塩化アルキル＞第三級塩化アルキル

2) 解答例

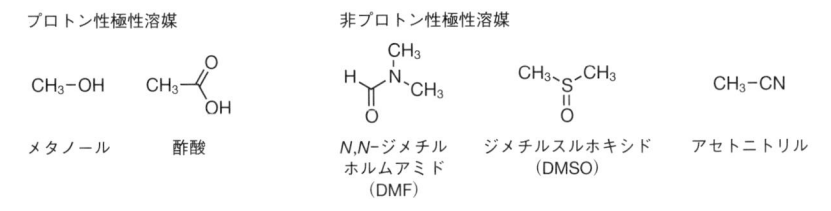

プロトン性極性溶媒

CH₃-OH　　　　CH₃-COOH
メタノール　　　　酢酸

非プロトン性極性溶媒

HCON(CH₃)₂　　　CH₃-S(=O)-CH₃　　　CH₃-CN
N,N-ジメチル　　　ジメチルスルホキシド　　　アセトニトリル
ホルムアミド　　　（DMSO）
（DMF）

3) 非プロトン性極性溶媒を用いたとき速く進行する．
理由：プロトン性極性溶媒は水素結合可能な水素をもち，求核剤のアニオンに強く相互作用するので，反応を遅くする．一方，このような水素をもたない非プロトン性極性溶媒は，求核剤との相互作用が弱いため求核剤の反応性が保持される．

**5・4** 1) d＞b＞c＞a　　2) c＞d＞b＞a

[解説] 1) 第一級臭化アルキルでは，求核剤の背面攻撃を考慮すると，$S_N2$ 反応は $\beta$ 位に置換基が増えるにつれて，エチル，プロピル，ネオペンチル（2,2-ジメチルプロピル）の順に遅くなる．臭化アリルでは，$\pi$ 電子の寄与によって遷移状態が安定化されるので，対応する臭化アルキルより反応性が高い．2) 求核攻撃する原子が同じであれば，負電荷をもつほど，塩基性度が高いほど求核性が高い．分極率が大きい硫黄原子が攻撃する求核剤は，対応する酸素類似体より求核性が高い．

**5・5** 加溶媒分解（$S_N1$ 反応）では，C-Br 結合のイオン開裂により生じるカルボカチオン（**A′**）〜（**D′**）が安定なほど反応が速く進行する．三つのかさ高い t-Bu 基をもつ（**A**）では，反応に伴い炭素が $sp^3$ から $sp^2$ 混成に変化すると，t-Bu 基が互いに離れて立体障害が緩和される．この立体加速の効果により，（**B**）に比べて反応が速くなる．一方，（**C**）と（**D**）は橋頭炭素にブロモ基をもつ環状化合物であり，構造的に平面の $sp^2$ 混成になりにくいため，カルボカチオンが不安定で反応が遅くなる．環の自由度が小さい（**D**）のほうがこの傾向が強く，反応が最も遅くなる．

(**A′**)　(**B′**)　(**C′**)　(**D′**)

**5・6** 1)

CH₃CH₂-C(CH₃)(OH)-Ph　　または　　HO-C(CH₃)(CH₂CH₃)-Ph
(**B**)

生成物はラセミ体である．

2)

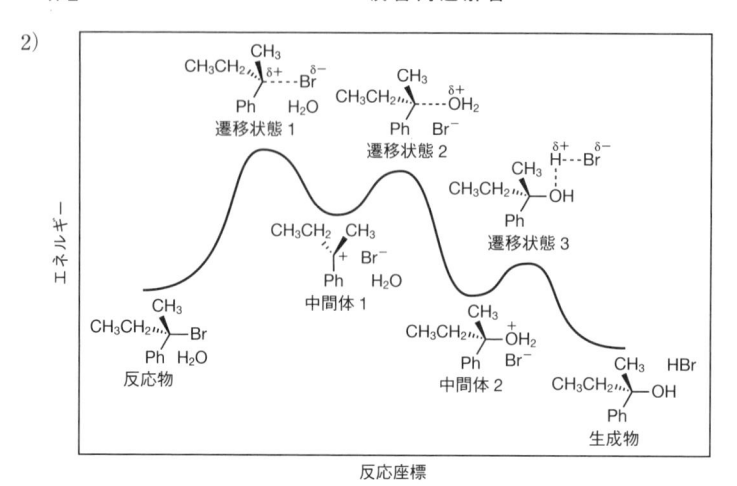

[エネルギー図: 反応物 → 遷移状態1 → 中間体1 → 遷移状態2 → 中間体2 → 遷移状態3 → 生成物]

遷移状態1: CH₃CH₂···Br^δ−, Ph, CH₃, H₂O (δ+)
遷移状態2: CH₃CH₂···OH₂^δ+, CH₃, Ph, Br⁻
遷移状態3: CH₃CH₂, CH₃, Ph, OH···H^δ+···Br^δ−

中間体1: CH₃CH₂-C⁺(CH₃)(Ph), Br⁻, H₂O
中間体2: CH₃CH₂-C(CH₃)(Ph)-OH₂⁺, Br⁻

反応物: CH₃CH₂-CBr(CH₃)(Ph), H₂O
生成物: CH₃CH₂-C(CH₃)(Ph)-OH, HBr

反応座標

遷移状態2以降は一方のエナンチオマーのみを示す.

3) この反応は $S_N1$ 機構で進行し，カルボカチオン中間体が安定なほど，反応が速く進行する．下記に示す共鳴により，$p$-メトキシ誘導体のカルボカチオンは，無置換体より安定なので，反応が速く進行する．

[共鳴構造式: $p$-メトキシフェニル基を持つカルボカチオンの5つの共鳴構造]

**5・7** TsO⁻ が脱離すると，$\beta$ 位のフェニル基が二つの炭素を架橋したベンゼノニウムイオンが生成する．この中間体では，求核剤の酢酸が二つの $sp^3$ 混成炭素を攻撃する確率は等しく，¹⁴C が 1 位と 2 位に分布する置換生成物が同量得られる．

[反応機構図: PhCH₂-¹⁴CH(OTs)H → −TsO⁻ → ベンゼノニウムイオン中間体 → a経路/b経路 (−H⁺) → 二つの生成物 Ph-¹⁴CH₂-CH(H)(OAc) と Ph-CH₂-¹⁴CH(H)(OAc)]

**5・8** 化合物 (**C**) を反応させると，生成物は (**B**) だけになることが予測される．反応は $S_N1$ 機構で進行し，(**A**) から出発しても (**C**) から出発しても，同じカルボカチオン中間体を経由して反応する．カルボカチオン中間体の隣接した位置に窒素原子があり，求核

剤のメタノールは窒素の背面から炭素を攻撃するので，生成物は (**B**) だけになる．

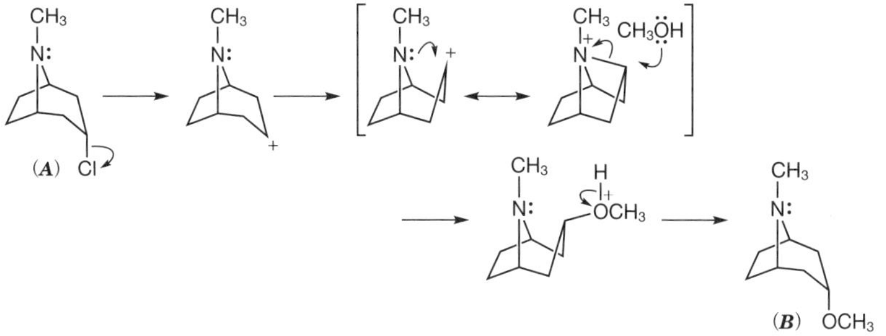

[解説] (**A**) から (**B**) の反応は，隣接基関与により立体保持で $S_N1$ 反応が進行する例である．

**5・9** a が $S_N1$ 反応，b が $S_N2$ 反応の条件である．

$S_N2$ 反応では，脱離基の脱離と同時に求核剤の臭化物イオンが攻撃するので，転位は起こらない．$S_N1$ 反応では，第一級カルボカチオン中間体が不安定なため，第三級カルボカチオンに転位し，臭化物イオンと反応して生成物 (**B**) になる．

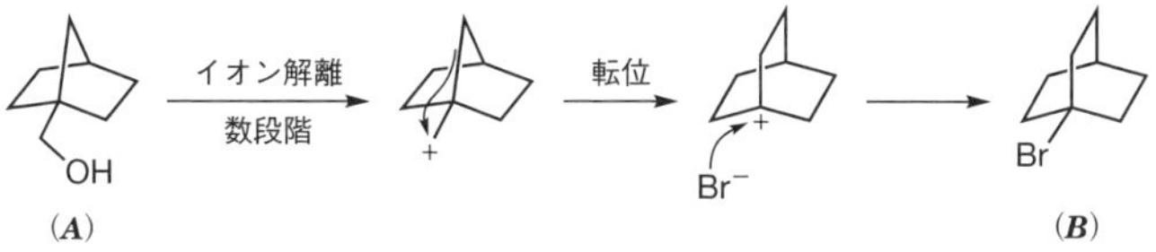

**5・10** 1)

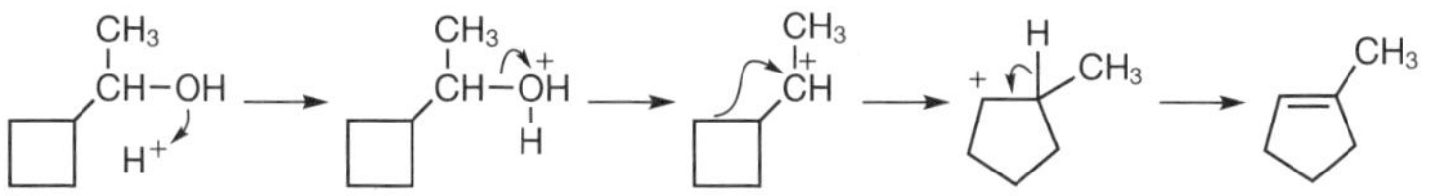

2)

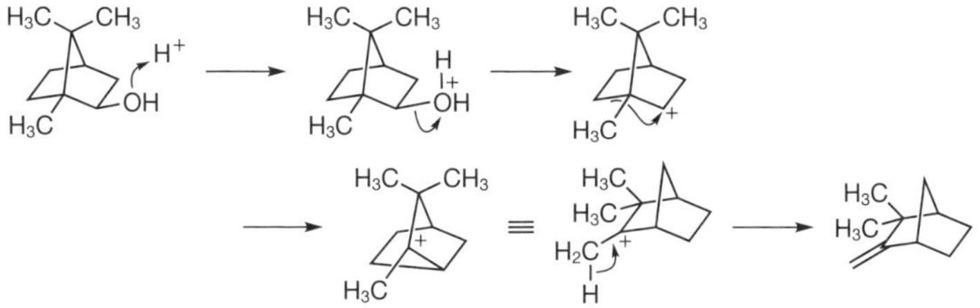

[解説] 1) シクロブチルメチルカチオンから，安定なシクロペンチルカチオンに転位する．最後の脱プロトンは，置換基の多いアルケンが生成する位置で起こる．
2) 最初に生成した第二級カルボカチオンが，骨格転位を伴い第三級カルボカチオンに転位する．橋頭位のアルケンは不安定なので，最後の脱プロトンは環外のメチル基で起こる．

5・11      CH₃              CH₃
     　　　 |                |
     CH₃CH=CCH₃      CH₃CH₂C=CH₂
         (A)              (B)

E2反応における塩基のかさ高さの効果で説明できる．小さい塩基であるナトリウムエトキシドを用いた場合，3位の水素に対して塩基が反応し，より安定な多置換アルケンである 2-メチル-2-ブテン (A) が主生成物になる（Saytzeff 脱離）．一方，かさ高い塩基であるカリウム t-ブトキシドを用いた場合，3位の水素に対する接近が立体障害により不利になり，接近しやすい1位の水素と反応して2-メチル-1-ブテンが生成しやすくなる．

5・12  1) Br⁀⁀⁀H
              (B)

2) ⁀⁺⁀⁀H ⟷ ⁺⁀⁀⁀H
        (C)

中間体 (C) はアリル型カルボカチオンであり，二つの共鳴構造において正電荷をもつ炭素で臭化物イオンとの反応が起こる．

3) $\Delta G_B > \Delta G_A$ および $\Delta G_B^{\ddagger} > \Delta G_A^{\ddagger}$

4) 化合物 (A) は速度支配の生成物であり，(B) より熱力学的に不安定ではあるが，活性化エネルギーが (B) より小さいため低温で多く生成する．

5・13 ベンゼンの求電子置換反応は2段階で進行し，まず求電子剤がベンゼンに攻撃してカチオン中間体になり，この中間体からプロトンが脱離すると置換生成物になる．ニトロ化の場合（左のエネルギー図），1段階目の求電子攻撃が高いエネルギー障壁をもつため律速段階である．この過程はC−H(D)結合の切断を伴わないため，反応速度はほとんど変わらない．一方，ニトロソ化の場合（右のエネルギー図），2段階目のプロトン脱離が律速段階であり，C−H結合とC−D結合の強さが異なるため反応速度に大きな差が生じる．

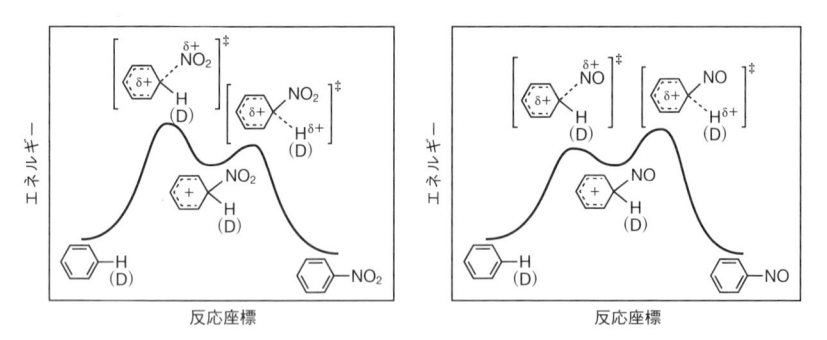

[解説] 反応速度の同位体効果による反応機構の解析．多段階反応では，最もエネルギー障壁が高い段階が反応全体の速度を支配する．この律速段階においてC−H(D)結合の解離が関与する場合，強いC−D結合をもつ重水素置換反応物の反応が遅くなる．一方，結合解

離が関与しない場合，同位体効果はほとんど0になる．

**5・14** 1) 塩素化　$CH_3-H + Cl\cdot \longrightarrow CH_3\cdot + H-Cl$　　$435 - 431 = 4$ kJ/mol　吸熱
臭素化　$CH_3-H + Br\cdot \longrightarrow CH_3\cdot + H-Br$　　$435 - 368 = 67$ kJ/mol　吸熱

2) 1)の反応熱から，臭素化の律速段階は大きな吸熱を伴う反応であり，Hammond の仮説に基づくと遷移状態のエネルギーと構造は生成物のものと類似している．生成物はエネルギー的に不安定なので，遷移状態もそれに近いエネルギーをもつため反応が遅い．塩素化はわずかな吸熱を伴うため，遷移状態はそれほど不安定でない．

3) 臭素化の律速段階は吸熱反応であり，遷移状態は反応座標の遅い位置にあるため，生成物のラジカルに類似して高いラジカル性をもつ．したがって，反応はラジカルの安定性に応じて，第三級，第二級，第一級の順番に反応が遅くなり，反応性の違いが大きくなる．一方，塩素化の遷移状態は反応座標のほぼ中間の位置にあるので，遷移状態のラジカル性は小さく反応性の違いは小さい．

[解説] Hammond の仮説：ある反応過程において，二つの連続した状態がほぼ同じエネルギーをもつとき，それらの構造は類似している．したがって，吸熱反応では，遷移状態は反応過程の遅い位置にあり生成系に類似した構造をもつ．発熱反応では，遷移状態は反応過程の早い位置にあり原系に類似した構造をもつ．

**5・15** 1) プロトン性溶媒中では，低周期のハロゲン化物イオンほど強い溶媒和を受けるので，塩基性度が高いにもかかわらず求核性が低下する．

2) まず，臭化物イオンの脱離と同時に隣接のカルボキシラートの $O^-$ が置換し，エポキシド中間体が生成する．つづいて，メトキシドが置換しエポキシドの酸素が脱離する．これらの立体反転を伴う2回の $S_N2$ 反応により，全体として立体保持で反応が進行する（隣接基関与）．

3) 反応は $S_N1$ 機構で進行し，カルボカチオン中間体が生成する段階が律速である．遷移状態にエネルギーが近いカルボカチオンが安定なほど反応が速い．$X = H$ の場合，カチオン中心炭素の $sp^2$ 混成平面とフェニル基が同一平面配座をとり，共鳴によりカチオンが安定化される（下式）．一方，$X = Br$ の場合，立体障害のために同一平面配座をとりにくいため，カチオンが不安定であり反応が遅くなる．

## 6章 アルカン，アルケン，アルキン

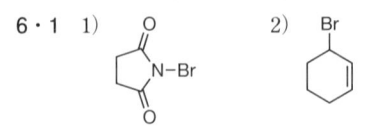

**6・1** 1) [N-ブロモスクシンイミド構造] 2) [3-ブロモシクロヘキセン構造]

3) AIBN はラジカル開始剤であり，加熱すると窒素の発生を伴いアルキルラジカルが生成する．このラジカルはシクロヘキセンのアリル位の水素を引抜き，安定なアリル型のラジカルが生成する．つづいて，アリルラジカルが NBS の臭素を引抜くと生成物 (**A**) が得られる．ここで生成した窒素ラジカルは，順次シクロヘキセンのアリル位の水素を引抜き，連鎖的に反応が進行する．

**6・2** a＞c＞d＞b

[解説] C−H 結合の結合解離エネルギーが小さいほど，水素原子は塩素ラジカルによって引抜かれやすい．結合解離エネルギーは，生成するラジカルの安定性と C−H 結合の強さによって決まる．アルキルラジカルの場合，ラジカル中心の炭素にアルキル基が置換するほど安定化されるので，安定性は，メチル，第一級，第二級，第三級の順に増大する．ベンジルラジカルは，以下に示す共鳴により安定化されるので，ほかのアルキルラジカルに比べてずっと安定である．s 性の高い $sp^2$ 混成炭素との C−H 結合は $sp^3$ 混成炭素との C−H 結合より強いため，ベンゼンの水素を引抜くためには最も大きいエネルギーが必要である．

**6・3**

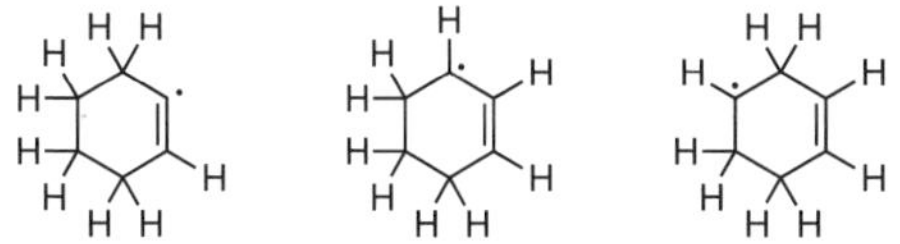

最も安定なものは2番目のアリル型のラジカルであり，以下に示す共鳴により安定化されている．

**6・4** 1)〜8) の構造式

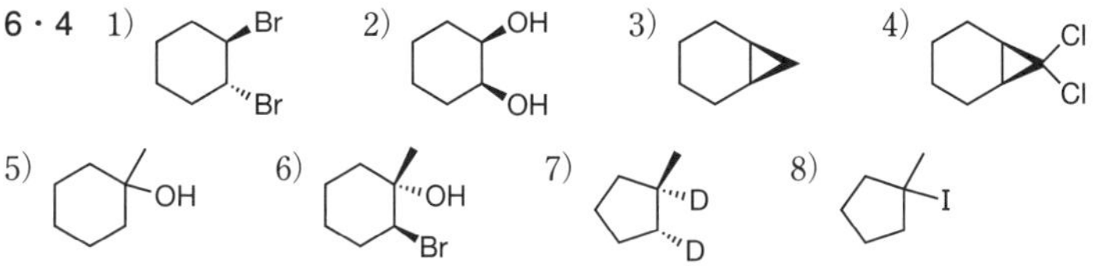

1)，6)，7) は相対配置を示す．

**6・5** 1) 主生成物は2-ブロモブタンである．Markovnikov則は，非対称アルケンへの求電子付加反応の位置選択性を予測する．HBrの付加の場合，最初に付加する$H^+$が置換基の少ないアルケン炭素に結合する傾向を示す．したがって，2-ブロモブタンが主生成物となり，1-ブロモブタンは少量しか生成しない．

2) 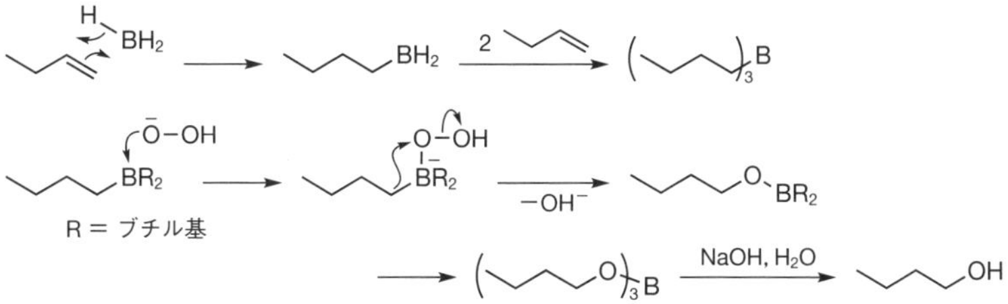 反応機構図

R = ブチル基

**6・6** 反応機構図

cis-2-ブテンからの生成物

trans-2-ブテンからの生成物

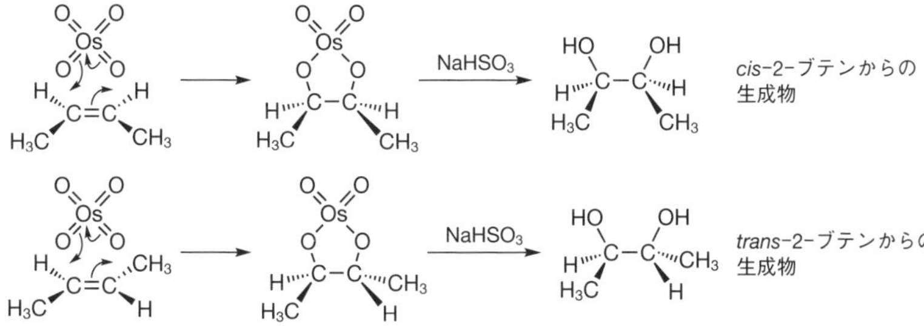

アルケンに対して四酸化オスミウムが反応すると環状エステルが生成し，これを亜硫酸水素ナトリウムで還元すると 1,2-ジオールとなる．全体として，二つのヒドロキシ基がアルケンに対してシン付加する．その結果，cis-2-ブテンからの生成物は (2R,3S)-2,3-ブタンジオールであり，メソ体でアキラルであるためエナンチオマーは存在しない．一方，trans-2-ブテンからの生成物は (2R,3R)- または (2S,3S)-2,3-ブタンジオールであり，エナンチオマーが存在するため分割が可能である．

**6・7** 1) (A), (B), (C)　　2) どの組合わせも互いに構造異性体

3) (C) → … → (D)

[解説] アルケン炭素に結合した置換基が多いほど，熱力学的に安定である．(C) から (D) の反応は，カルボカチオン転位を経由して進行する（例題 5・2 参照）．

**6・8** 1) 4,5-ジメチル-4-オクテン　　2) 1,5-シクロオクタジエン

[解説] 1) 水素不足指数が 1 であることより，環構造をもたないモノアルケンである．オゾン分解生成物が 2-ペンタノンだけなので，対称な構造をもつ．E 体でも Z 体でもよい．
2) 水素不足指数が 3 で 2 当量の水素と反応することより，二重結合二つと環構造一つをもつ．オゾン分解生成物がブタンジアールのみなので，対称な構造をもつ環状ジエンである．接触水素化ではシクロオクタンが生成する．

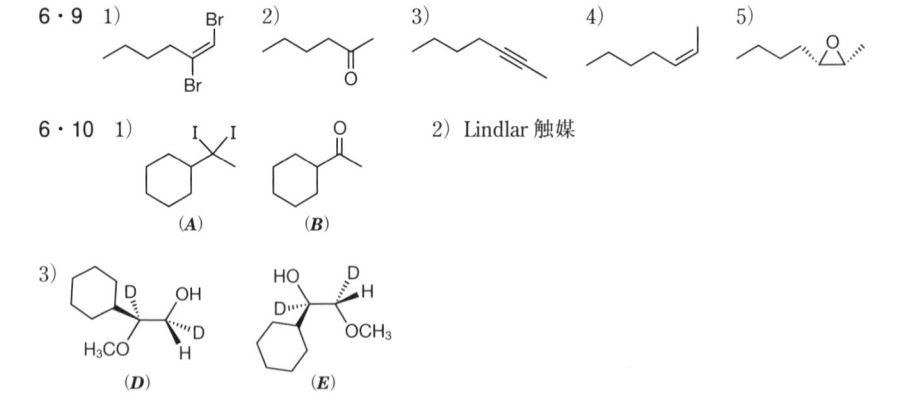

**6・9** 1) – 5) [構造式]

**6・10** 1) (A), (B)　　2) Lindlar 触媒

3) (D), (E)

[解説] エポキシドの生成と，酸性条件の開環反応（例題 6・3 参照）．

6・11  1) CH₃C≡C-C(CH₃)(OH)CH₃   2) HO-C(CH₃)(H)-C(H)(CH₃)-OH

[解説] 1) 1段階目では臭化 1-プロピニルマグネシウムとエタンが生成．この Grignard（グリニャール）反応剤がアセトンに付加する．2) *trans*-2-ブテンのエポキシ化と，それに続く酸性条件化の水の付加．生成物はメソ体．

6・12  1)

（メチレンシクロペンタン → H⁺ によるカルボカチオン → 転位（環拡大）→ シクロヘキシルカチオン → Cl⁻ → 1-クロロ-1-メチルシクロヘキサン）

二重結合のプロトン化により生じたカルボカチオン中間体において，環拡大を伴う転位 (Wagner-Meerwein 転位) が起こり，そののち塩化物イオンと反応して最終生成物となる．

2)

(A)  4-メチル-2-ヘキシン

[解説] 2) 条件から，該当するのは環構造をもたない炭素数 8 のアルキンである．このうちキラル中心をもつ構造は 1 種類だけである．アルキンをオゾン分解すると，三重結合が開裂して二つのカルボン酸が生成する．


# 7章　芳香族化合物

**7・1**  (**A**), (**C**)

[解説] (**A**) 6π, (**B**) 4π, (**C**) 2π, (**D**) 8π

**7・2**  Hückel 則に基づくと，10π 電子系の cyclooctatetraenyl dianion は芳香族性を示し安定なので，8π 電子系の cyclooctatetraene がカリウムから 2 電子を受取る反応は非常に容易に起こる．芳香族性による安定化を最大にするために，cyclooctatetraenyl dianion は平面構造をもつことが予想される．

[解説] cyclooctatetraene は非平面の桶形構造をもつ．

**7・3**

（アズレン ↔ シクロペンタジエニルアニオン-シクロヘプタトリエニリウムカチオン共鳴構造）

[解説] 芳香族性の安定化により，6π のシクロヘプタトリエニリウムカチオンとシクロペンタジエニルアニオンが縮環した共鳴構造の寄与がある．

**7・4**  化合物 (**B**) では，環の内側に向いた水素原子間の立体障害により環構造が平面になることができないので，芳香族性の安定化が減少し不安定になる（右図）．一方，化合物 (**A**) では，CH₂ の架橋により立体障害が

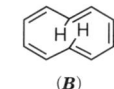

(**B**)

## 7・5

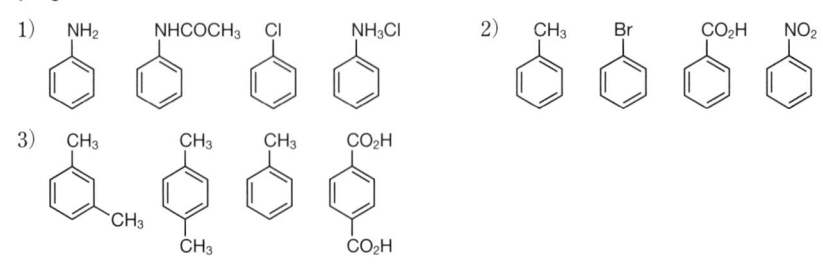

1) [NH₂ 基のベンゼン] [NHCOCH₃ 基のベンゼン] [Cl 基のベンゼン] [NH₃Cl 基のベンゼン]
2) [CH₃ 基のベンゼン] [Br 基のベンゼン] [CO₂H 基のベンゼン] [NO₂ 基のベンゼン]
3) [m-ジメチルベンゼン] [p-ジメチルベンゼン] [トルエン] [p-メチル安息香酸]

## 7・6

(A) OH > (F) m-キシレン > (C) トルエン > (E) p-ブロモトルエン > (B) CONH₂ > (D) m-ニトロトルエン

(E) のCH₃のオルト位に矢印、(F) は2つのCH₃のオルト(立体障害の少ない位置)に矢印。

　(E) では，メチル基もブロモ基もオルト-パラ配向性であるが，活性化基であるメチル基の配向性が反応の位置を支配するため，メチル基のオルト位が反応を受けやすい．(F) のメチル基はオルト-パラ配向性であり，二つのメチル基からオルトまたはパラの位置のうち立体障害の少ない位置が置換を受けやすい．

**7・7** 1) 第一級ハロゲン化アルキルを用いた Friedel-Crafts アルキル化によりベンゼン環に第一級アルキル基を導入しようとすると，ポリアルキル化とカルボカチオン転位の副反応が起こりやすく，目的化合物が効率よく得られない．ハロゲン化アルカノイルを用いた Friedel-Crafts アシル化では，このような副反応が起こりにくく，目的のアシル化生成物が収率よく得られる．この反応の後で，カルボニル基をメチレン基に還元すると目的のアルキルベンゼンが合成できる．

2) アルキル化では触媒量の Lewis 酸で反応が進行する．アシル化では，生成物のケトンが AlCl₃ と錯体を形成するので，当量の Lewis 酸が必要である．

**7・8** 1) 強酸である硫酸により t-ブチルアルコールがプロトン化され，水が脱離すると t-ブチルカチオンが生成する．これが求電子剤としてベンゼンと反応し，置換生成物である t-ブチルベンゼンが得られる．

(CH₃)₃C-OH + H⁺ → (CH₃)₃C-OH₂⁺ → (−H₂O) → (CH₃)₃C⁺

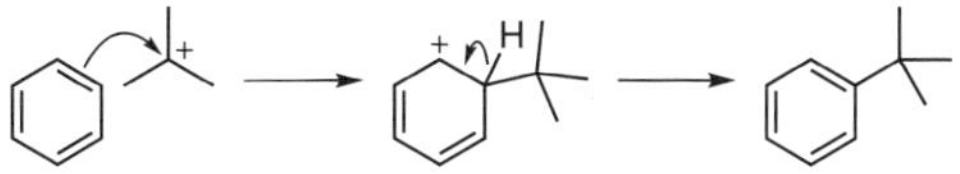

2) 非常に強い酸性条件ではアニリンがプロトン化され，アニリニウムイオンとして存在する．窒素が正電荷をもつアンモニオ基 $-NH_3^+$ はメタ配向基であるため，メタ位にニトロ化が起こる．反応後に強塩基性にすると $m$-ニトロアニリンが得られる．

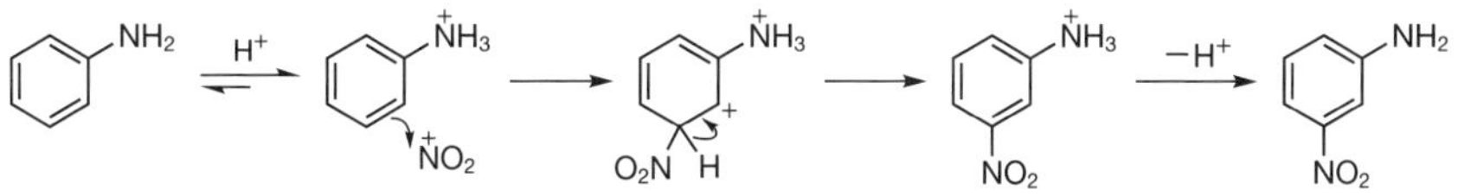

**7・9** この反応は Friedel-Crafts アルキル化であり，塩化 $t$-ブチルと塩化アルミニウム触媒から生じる $t$-ブチルカチオンがベンゼン環に求電子置換する．まず，$t$-ブチルベンゼンが生成し，アルキル基のオルト-パラ配向性と立体効果のため 2 番目の置換では 1,4-ジ-$t$-ブチルベンゼンが生成する．これがさらにアルキル化されると 1,3,4-トリ-$t$-ブチルベンゼンが生じるが，この三置換生成物はオルト位にある $t$-ブチル基間の立体障害のため熱力学的に不安定である．このアルキル化反応は可逆であるので，大過剰の試薬を用いて長時間反応させると，最終的には熱力学的に安定である 1,3,5-トリ-$t$-ブチルベンゼンになる．

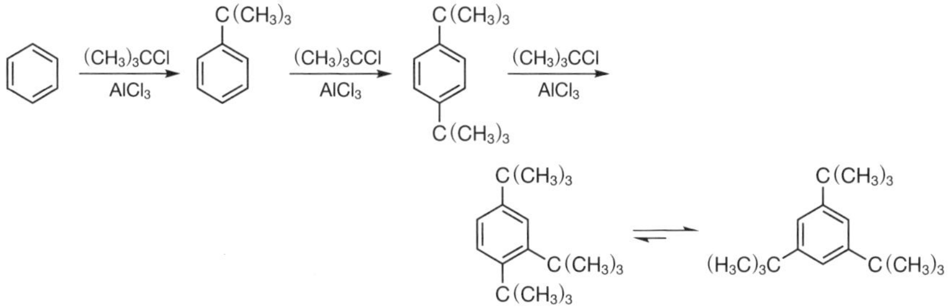

**7・10** 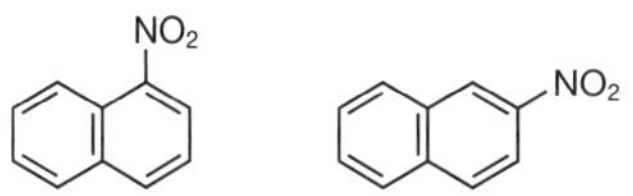  (A)  (B)

ニトロニウムイオンがナフタレンの 1 位または 2 位を攻撃して生成するカルボカチオン中間体の共鳴構造式を以下に示す．どちらの場合も五つの共鳴構造が書けるが，1 位のニトロ化ではベンゼン環の構造が保たれた安定な共鳴構造が二つあるのに対し，2 位のニトロ化では一つだけである．したがって，1 位のニトロ化のほうが中間体が安定であり，反応が起こりやすい．

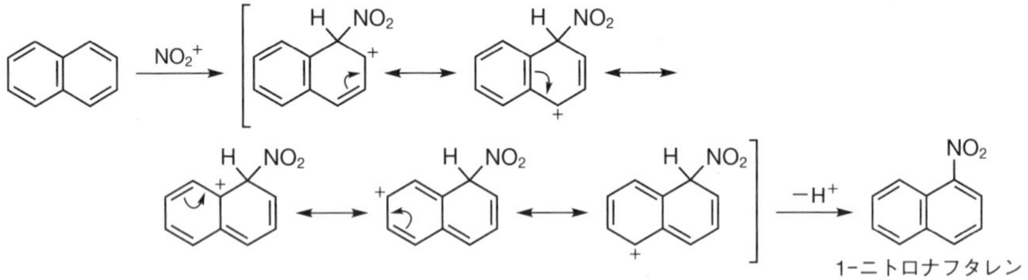

## 7・11
1) フタル酸 (benzene-1,2-dicarboxylic acid)
2) アントラキノン

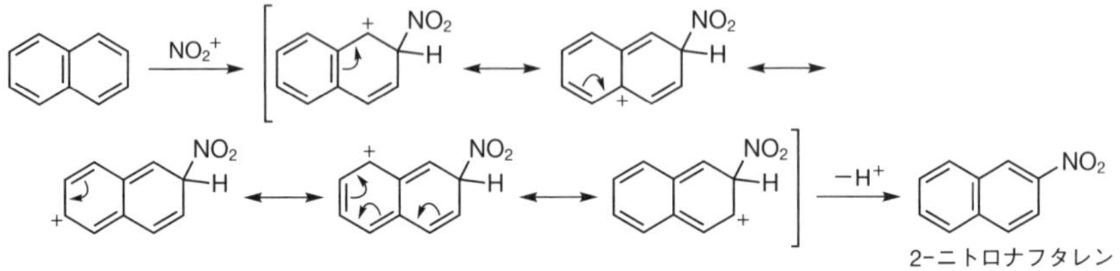

## 7・12
1) PhCH₂C(O)Ph (デオキシベンゾイン)
2) 1-インダノン
3) α-テトラロン (3,4-ジヒドロナフタレン-1(2H)-オン)

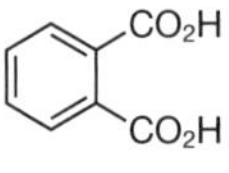

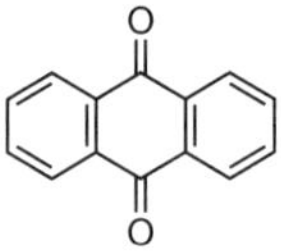

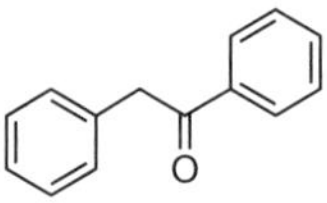

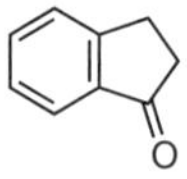

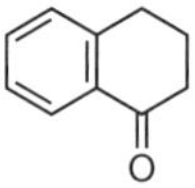

## 7・13

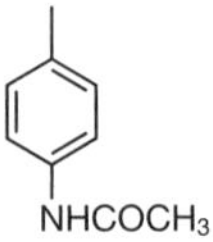

(A) 4-メチルアセトアニリド  
(B) 2-ブロモ-4-メチルアセトアニリド  
(C) 2-ブロモ-4-メチルベンゼンジアゾニウム塩化物  
(X) NaNO₂

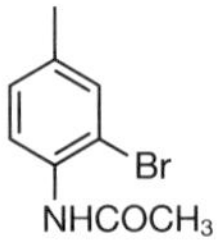

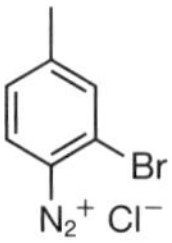

## 7・14

1) 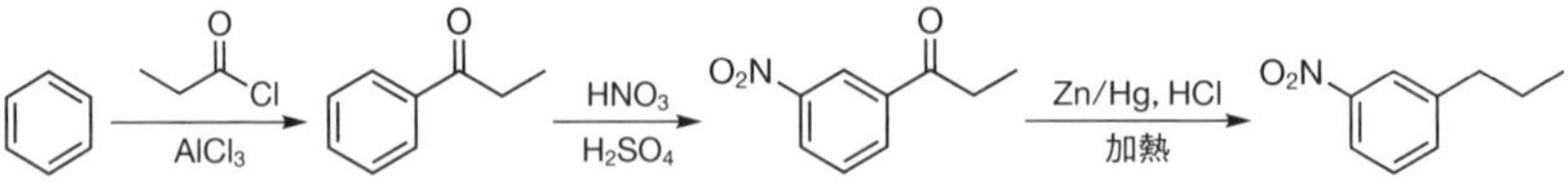 ベンゼン + CH₃CH₂COCl / AlCl₃ → プロピオフェノン → HNO₃/H₂SO₄ → 3-ニトロプロピオフェノン → Zn/Hg, HCl 加熱 → 1-ニトロ-3-プロピルベンゼン

2) 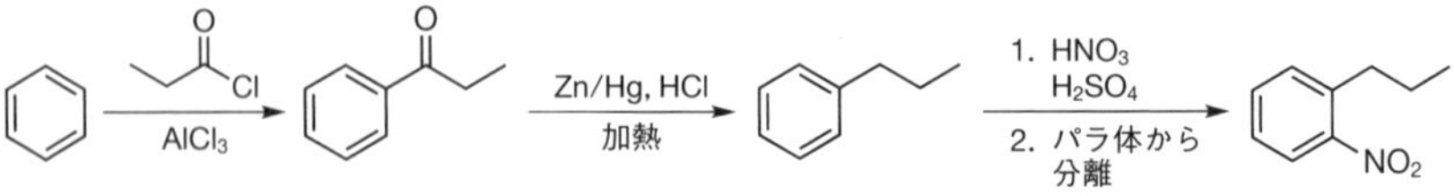 ベンゼン + CH₃CH₂COCl / AlCl₃ → プロピオフェノン → Zn/Hg, HCl 加熱 → プロピルベンゼン → 1. HNO₃/H₂SO₄ 2. パラ体から分離 → 1-ニトロ-2-プロピルベンゼン

[解説] カルボニル基をメチレン基に変換する段階は, Wolff–Kishner 還元 (NH₂NH₂, NaOH) でもよい. 演習問題 10・3 参照.

**7・15** 1) 反応 b. クロロ基はオルト－パラ配向性であり，生成物は $o$- と $p$-クロロニトロベンゼンの混合物である．

2) 反応 c. クロロニトロベンゼンとアジ化ナトリウム $NaN_3$ の反応は，芳香族求核置換反応であり，$m$-クロロニトロベンゼンの場合，アニオン中間体が共鳴によって安定化されないので反応がほとんど進行しない．

3) パラ体の反応機構（反応 d）を以下に示す．律速段階は，$N_3^-$ が Cl の結合した芳香族炭素を求核攻撃する段階である．付加により生成したアニオン中間体はニトロ基の関与した共鳴により強く安定化されるので，反応が進行しやすい．

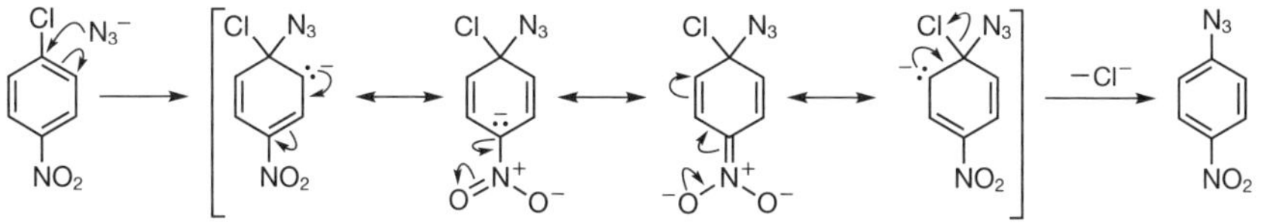

## 8章　ハロゲン化アルキル

**8・1** 1) [構造式：Cl, H, CH₃ がついた不斉炭素にフェニル基]　2) b　3) a

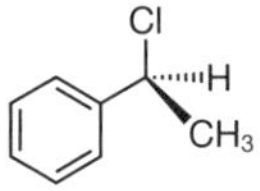

［解説］2) は $S_N1$ 機構，ラセミ化．3) は $S_N2$ 機構，立体反転．

**8・2** 1) [SH 基のついた構造式]

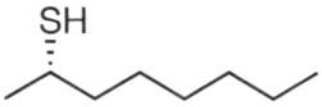

2) 反応速度は 6 倍になる．

3) [Br 体 → I⁻ → I 体 → SH⁻ → SH 体]

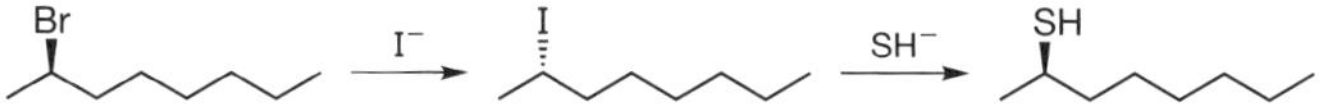

**8・3** 1) a. カルボカチオン　b. ラセミ　c. 溶媒和

2) [シクロヘキシル OCH₃]　3) $(C) > (D) > (B) > (A)$

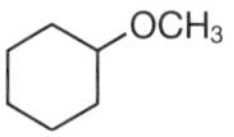

［解説］3) カルボカチオンの安定性（アリル＞第二級＞第一級），脱離基の脱離能（$Br^- > Cl^-$）に従い，順番をつける．アリル型カルボカチオンは共鳴により安定化される．

**8・4** 1) $S_N1$ 反応の起こりやすさはカルボカチオン中間体の安定性で決まり，化合物 (**B**) から生じるアリル型カルボカチオン中間体は二重結合との共鳴により安定化されるため，反応が速く進行する．

2) (**E**)，(**C**)，(**D**)

3) (**B**) の反応が速い．下図のように，(**B**) の $S_N2$ 反応の遷移状態は二重結合の $\pi$ 結合と

4)

(**G**) (**H**) (**I**)

(**H**)と(**I**)は順不同

［解説］4) a. アリル位の置換 ($S_N2'$ 反応) が優先する．b. アリル型の Grignard 反応剤ではアリル位の置換も進行する．

**8・5**

［解説］E2 機構では，脱離する Br と H が C–C 結合に対してアンチペリプラナーのとき，反応が進行する．生成物は (*E*)-1,2-diphenylpropene である．

**8・6**

(**A**)からの生成物   (**B**)からの生成物

シクロヘキサン環は，立体的に非常に大きい *t*-ブチル基がエクアトリアル位にあるいす形配座に固定される．E2 反応では，脱離する Br と H が C–C 結合に対してアンチの立体配座をとる必要がある．(**B**) ではこの条件をみたす環内の H があり Saytzeff 則に従い脱離するが，(**A**) ではメチル基の H だけが脱離可能であり，環の外側に二重結合が生成する．

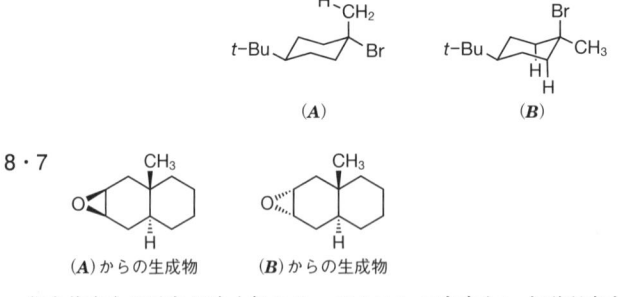

(**A**)   (**B**)

**8・7**

(**A**)からの生成物   (**B**)からの生成物

化合物(**B**)の反応が速く起こる．デカリンの安定ないす形配座を考慮すると，塩基の作用により(**A**)と(**B**)から生じるアルコキシドの立体配座はそれぞれ(**X**)と(**Y**)のようになる．(**Y**)では求核剤 $O^-$ が脱離基 Br の背面から攻撃可能で，分子内 $S_N2$ 反応が起こりやす

い．一方，(**X**)では，このような条件をみたすことができないので，反応が起こりにくい．

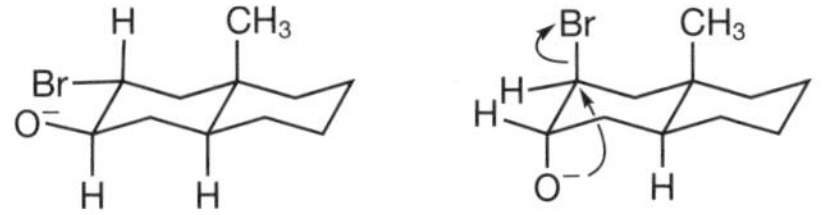

(**X**)　(**Y**)

**8・8** ビシクロ骨格をもつ化合物 (**A**) の橋頭炭素では，平面の $sp^2$ 混成のカルボカチオンが構造的に生成できないので，この中間体を経由する $S_N1$ と E1 反応は起こらない．環構造により脱離基 Br の背面から求核剤が接近することができないので，$S_N2$ 反応は起こらない．E2 反応では，Br と β 位の H がアンチペリプラナーの立体配座をとる必要があるが，この条件をみたす H はないので反応は起こらない．

**8・9** 1)

反応は $S_N2$ 機構で立体反転を伴い進行する．置換により R 体は S 体になるが，反応で生じた S 体がさらに置換反応を起こして R 体になる．したがって，旋光度は徐々に小さくなり，最終的には完全にラセミ化して旋光度が失われる．

2)

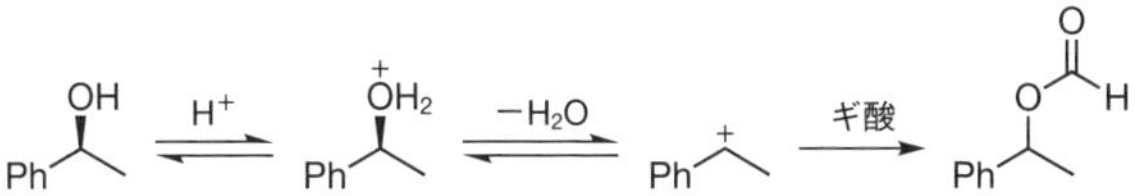

ラセミ体

反応はカルボカチオン中間体を経由する $S_N1$ 機構で進行するため，ラセミ化が起こり旋光度が失われる．

**8・10** 1)

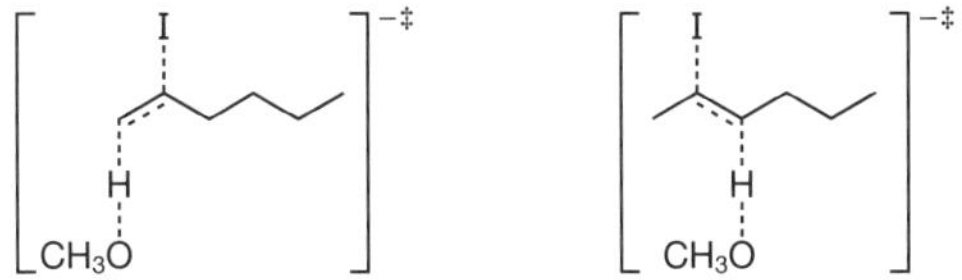

1-ヘキセンを生じる遷移状態　　2-ヘキセンを生じる遷移状態

E2 機構では，破線で示した四つの結合の形成および開裂が同時に進行し，炭素－炭素二重結合が部分的に形成している．置換基の多いアルケンが安定であることを考慮すると，2-ヘキセンを生じる遷移状態のほうが安定であり，2-ヘキセンが主生成物になる．

2)

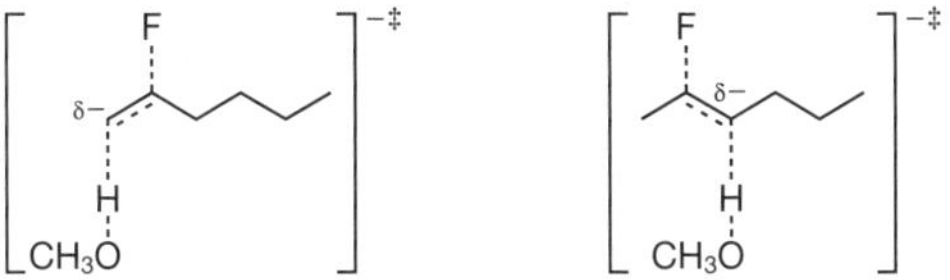

1-ヘキセンを生じる遷移状態　　2-ヘキセンを生じる遷移状態

フルオロ誘導体の場合，フッ素の強い電子求引性のため，遷移状態ではC－H結合の開裂がかなり進み，炭素上に部分的な負電荷が生じる．したがって，遷移状態の安定性は，カルボアニオンの安定性に相関し，より安定な第一級カルボアニオンに近い遷移状態をとる1-ヘキセンを生じる反応が有利になる．

8・11

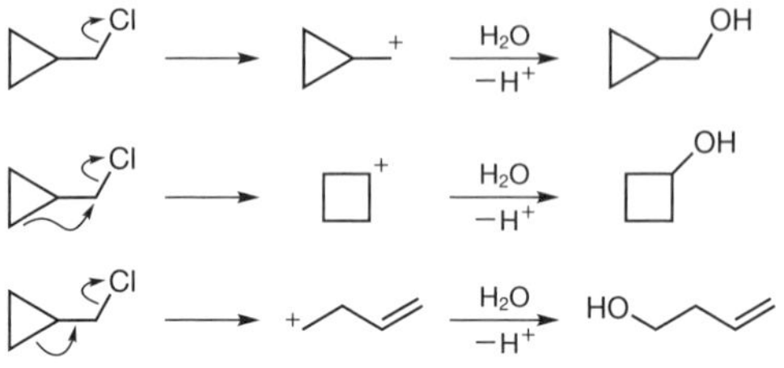

C－Cl結合解離により生じるカルボカチオンは，転位したものも含め上記の3種類が考えられる．それぞれが水と反応すると3種類のアルコールが得られる．

## 9章 アルコール，フェノール，エーテルおよび硫黄類縁体

**9・1** 三酸化クロムと硫酸を用いた酸化（Jones酸化）では，アルコールからクロム酸エステル中間体が生成し，つづいて脱離反応が起こるとアルデヒドとなる．酸性水溶液中ではアルデヒドに水が付加して1,1-ジオールが生じ，これが同様に酸化されると最終的にブタン酸となる．（以下の反応式中 R = $CH_2CH_2CH_3$）

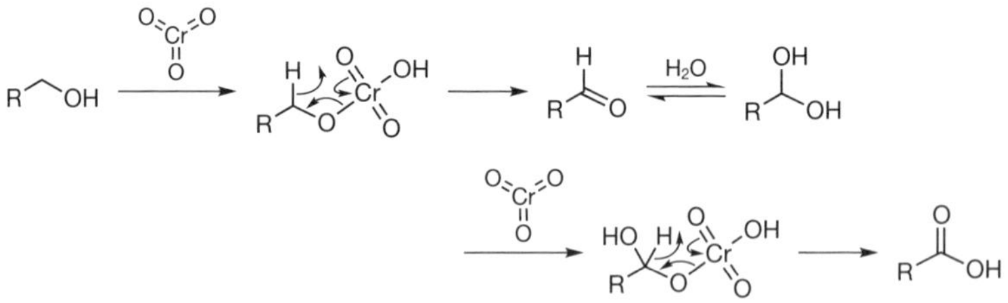

クロロクロム酸ピリジニウム（PCC）を用いた酸化は，比較的酸性が弱く水が存在しない条件で行われる．クロム酸エステル中間体を経由してアルデヒドが生成するが，水が存在しないのでこれ以上の酸化は進行しない．

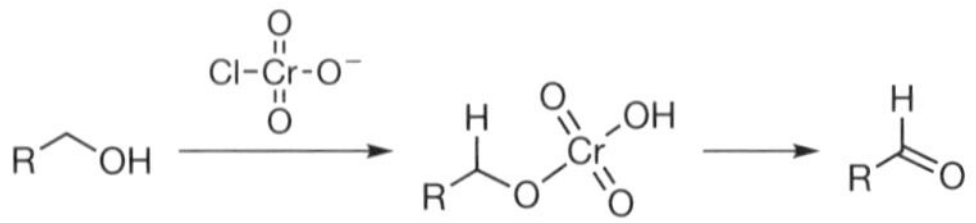

# 演習問題解答

## 9・2

1) CH₃-CO-CH₃ + CH₃CH₂MgBr →(反応後 HCl)→ CH₃CH₂-C(OH)(CH₃)-CH₃

2) CH₃CH₂-CO-H + CH₃CH₂CH₂MgBr →(反応後 HCl)→ CH₃CH₂CH₂-CH(OH)-CH₂CH₃

3) CH₃-CO-OCH₃ + 2 CH₃CH₂MgBr →(反応後 HCl)→ CH₃CH₂-C(OH)(CH₃)-CH₂CH₃

4) CH₃O-CO-OCH₃ + 3 CH₃CH₂CH₂MgBr →(反応後 HCl)→ (CH₃CH₂CH₂)₃C-OH

## 9・3

1) CH₃CH₂CH₂CH₂CH₂CH₂Br (ヘキシルブロミド)

2) スピロ[4.5]デカン-6-オン構造

3) シクロヘキセンオキシド-2-オール + m-クロロ安息香酸

[解説] 2) ピナコール転位. 3) m-クロロ過安息香酸との相互作用により，エポキシ化はヒドロキシ基と同じ側で起こる．

## 9・4

(B) が速やかに反応する．t-ブチル基の立体障害を考慮すると，シクロヘキサン誘導体 (A) と (B) の安定ないす形配座は以下のとおりである．二つのヒドロキシ基は，(A) ではアキシアルにあり離れているのに対し，(B) ではエクアトリアルにあり近くにある．1,2-ジオールの過ヨウ素酸酸化は，二つのヒドロキシ酸素がヨウ素に結合した環状中間体を経由して進行する．したがって，環状中間体を形成しやすい (B) が速やかに反応する．最終的に得られる生成物は，3-t-ブチルヘキサンジアールである．

(A) (CH₃)₃C-シクロヘキサン-OH, OH (1軸性)
(B) (CH₃)₃C-シクロヘキサン-OH, OH (エクアトリアル)

(CH₃)₃C-シクロヘキサン-(OH)₂ →(HIO₄)→ 環状ヨウ素中間体 → OHC-CH₂-CH(C(CH₃)₃)-CH₂-CH₂-CHO

## 9・5

1) PhCH(OH)(Et) →(H-Br)→ PhCH(OH₂⁺)(Et) → PhCH⁺(Et) →(Br⁻)→ PhCHBr(Et) (R体) + PhCHBr(Et) (S体)

生成物はラセミ体．

2)

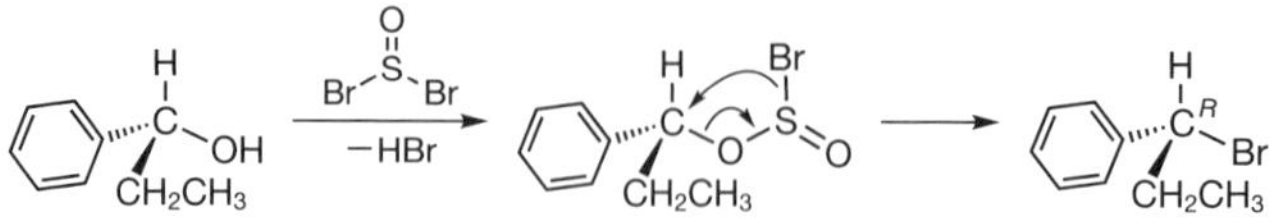

生成物は R 体.

3)

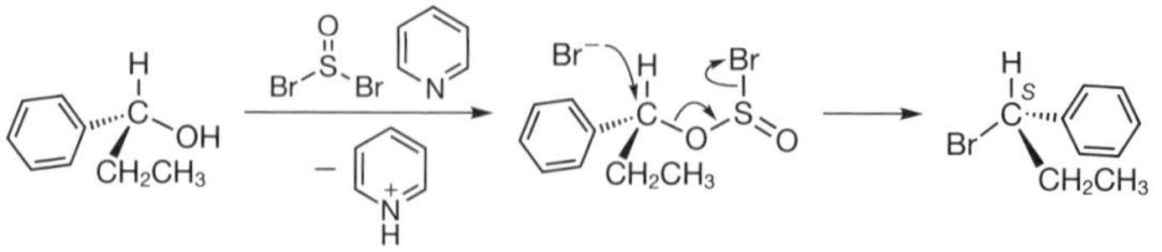

生成物は S 体.

[解説] 1) カルボカチオン中間体を経由する $S_N1$ 機構であり,ラセミ化が起こる.2) 臭化チオニルを用いた臭素化であり,ブロモスルフィン酸エステル中間体を経由した $S_Ni$ 機構(分子内求核置換反応)により立体保持で置換が進行する.3) 2)の反応にピリジンを加えると,生成した臭化水素がピリジンにより中和されて臭化物イオンの求核性が増大するので,置換は $S_N2$ 機構により立体反転で進行する.

9・6

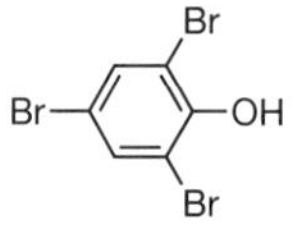

(A) 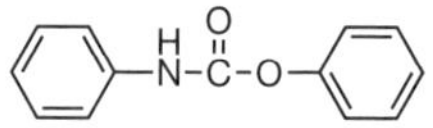 (B) 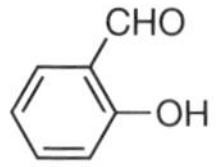 (C) 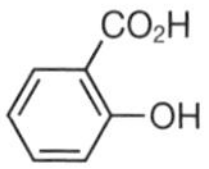 (D)

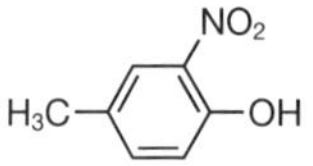

(E) 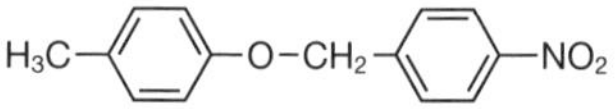 (F)

9・7 まず強塩基の作用により脱離反応が起こり,p-クロロトルエンからベンザイン中間体が生成する.この中間体において,水酸化物イオンは二つの三重結合の炭素にほぼ同じ割合で付加するので,m-メチルフェノールとp-メチルフェノールの混合物が得られる.

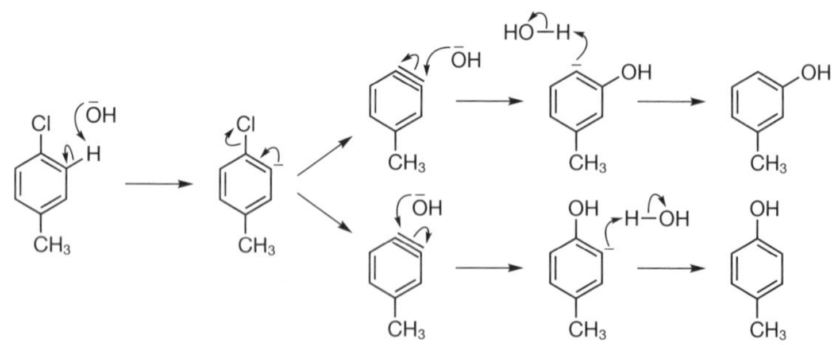

9・8 酸触媒により第三級アルコールである 2,2-ジメチル-2-プロパノールから,安定な

第三級カルボカチオンが生成する．この中間体は，立体障害の小さい第一級アルコールであるエタノールとだけ反応するので，非対称のエーテルが選択的に得られる．

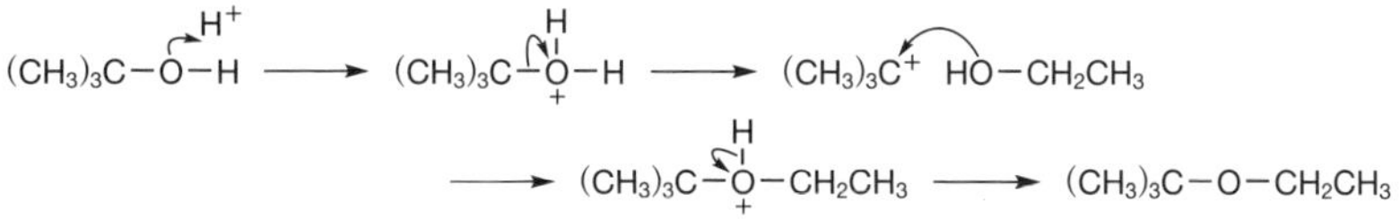

$$(CH_3)_3C-O-H \longrightarrow (CH_3)_3C-O-H \longrightarrow (CH_3)_3C^+ \quad HO-CH_2CH_3$$
$$\longrightarrow (CH_3)_3C-O-CH_2CH_3 \longrightarrow (CH_3)_3C-O-CH_2CH_3$$

**9・9** 1)
a. [反応機構図: フェニルメチルエーテル + HCl → プロトン化中間体 → フェノール + CH₃-Cl]

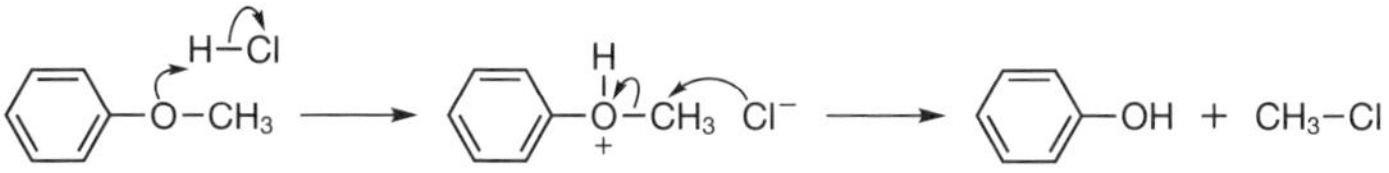

b. [反応機構図: フェノキシメトキシメチルエーテルの酸触媒加水分解 → フェノール + CH₂=O + HO-CH₃]

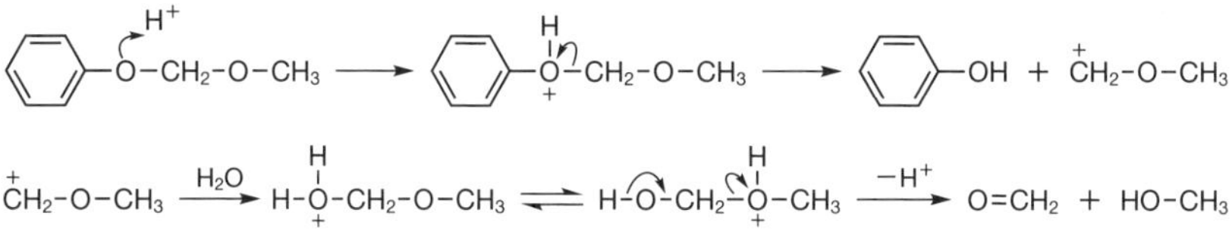

2) 化合物 (**B**) では，フェノール性酸素原子へのプロトン化により生じた中間体が，隣接のカルボニル酸素の関与により以下のように安定化されるので，S$_N$2 反応による O−C 結合の解離が起こりやすい．

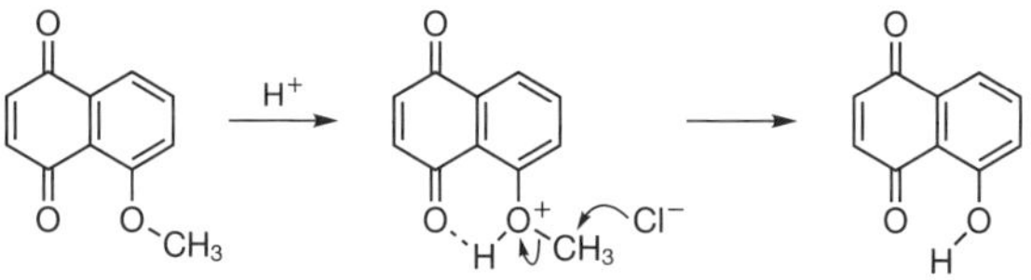

[反応機構図: ナフトキノン誘導体のプロトン化と S$_N$2 開裂]

[解説] 1) a. エーテル酸素のプロトン化に続き，Cl⁻ との S$_N$2 反応により O−CH$_3$ 結合が開裂する．生成物はフェノールとクロロメタンである．b. 酸触媒によるメトキシメチルエーテルの除去．最終生成物はフェノール，ホルムアルデヒドとメタノールである．

**9・10** a. [反応機構図: m-クロロ過安息香酸によるアルケンのエポキシ化]

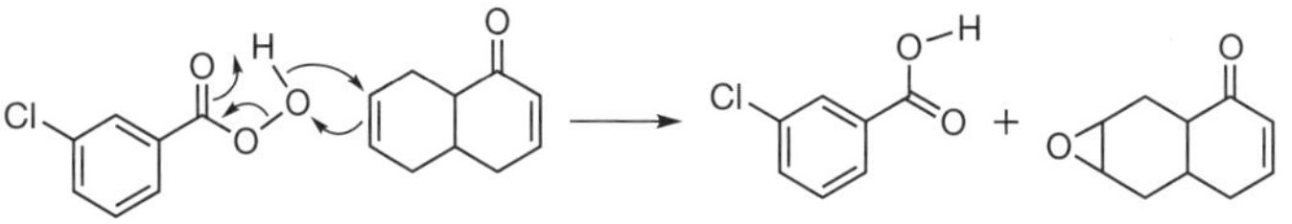

m-クロロ過安息香酸による求電子的なエポキシ化であり，電子密度の高いアルケンが反応する．

b. [反応機構図: エノンの求核的エポキシ化]

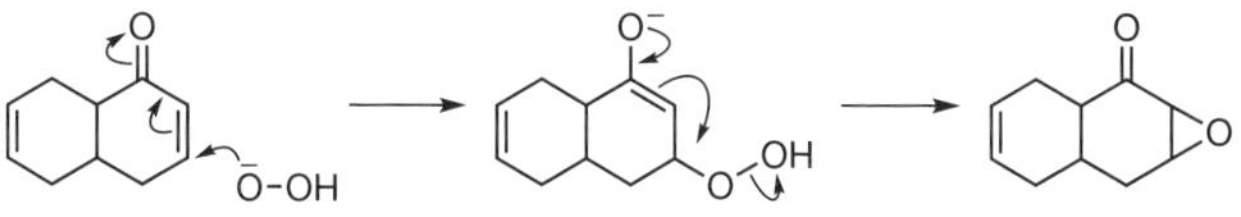

190　演習問題解答

ヒドロペルオキシドアニオンがエノンに対して求核的に共役付加し，つづいて分子内置換によりエポキシドが生成する．

**9・11** 1) [反応式: イソブチルアルコール + 3,4-ジヒドロ-2H-ピラン, H⁺ → THPエーテル]

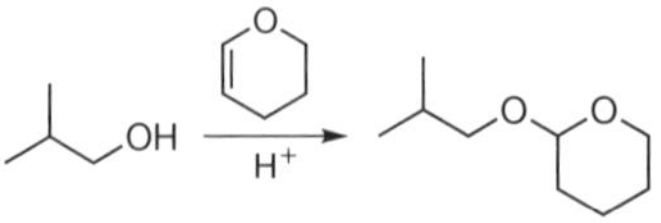

2) [反応式: ヒドロキシメチルシクロヘキサノール → THP保護 → CrO₃酸化 → H₃O⁺脱保護]

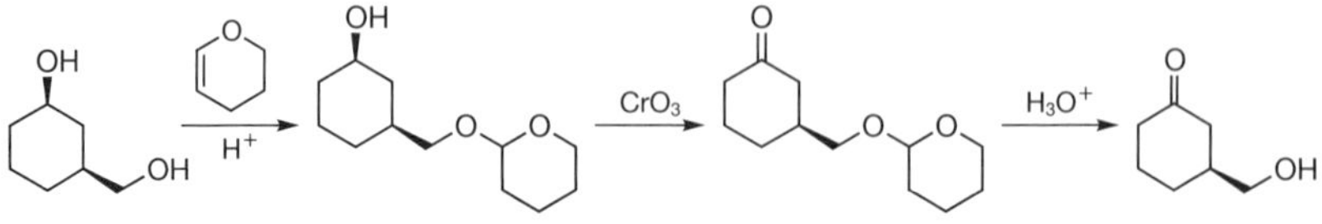

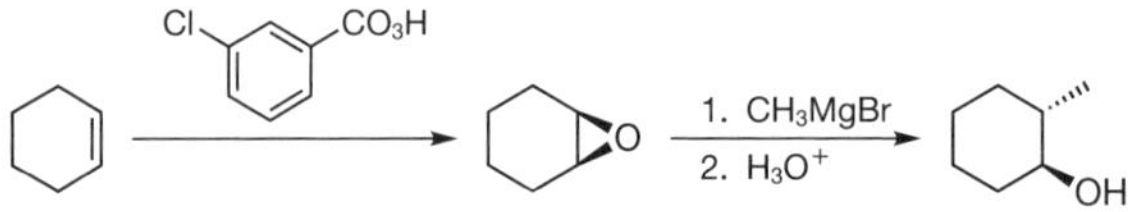

3) [反応式: シクロヘキセン + m-クロロ過安息香酸 → エポキシド → 1. CH₃MgBr, 2. H₃O⁺ → trans-2-メチルシクロヘキサノール]

4) [反応式: (R)-1-フェニル-2-プロパノール → TsCl/pyridine → トシラート → CH₃CO₂Na → (S)-酢酸エステル → H₂O, OH⁻ → (S)-アルコール]

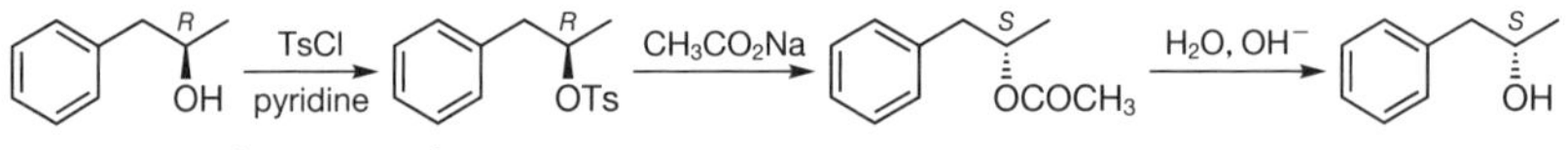

Ts = p-トルエンスルホニル

[解説] 1) アルコールを酸性条件で3,4-ジヒドロ-2H-ピランと反応させると，テトラヒドロピラニル（THP）エーテルが生成する．2) 第一級アルコールを選択的にTHPエーテルで保護し，第二級アルコールを酸化したのち，THPエーテルを脱保護する．他の保護基（ベンジルエーテルなど），酸化剤（PCCなど）を用いてもよい．4) 以下のように光延反応を用いてもよい．

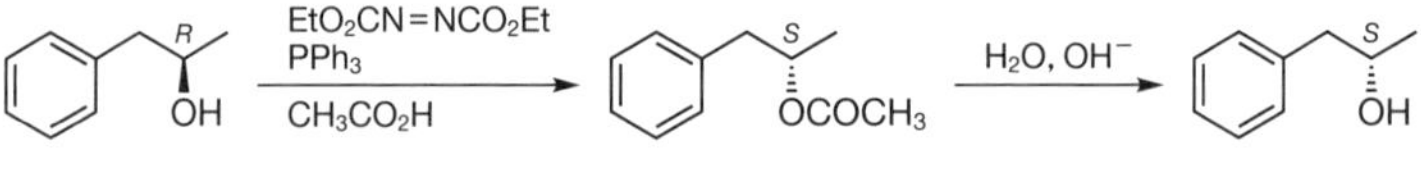

[反応式: (R)-アルコール + EtO₂CN=NCO₂Et, PPh₃, CH₃CO₂H → (S)-酢酸エステル → H₂O, OH⁻ → (S)-アルコール]

**9・12** 1) イソブチルチオール(iBu-SH)　2) フェニルプロピルスルフィド　3) ジシクロヘキシルジスルフィド

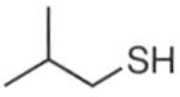

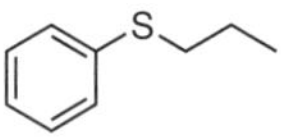

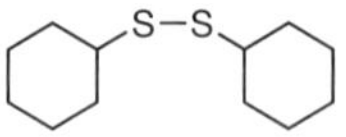

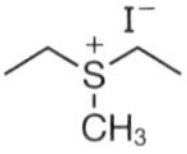

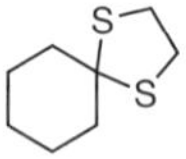

4) トリエチルスルホニウムヨージド(Et₂S⁺Me I⁻)　5) シクロヘキサノンの1,3-ジチオラン　6) テトラヒドロチオフェン1,1-ジオキシド（スルホラン）

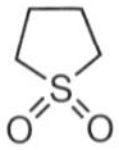

# 10章　アルデヒド，ケトン

**10・1** アセトンの臭素化の反応機構を以下に示す．酸触媒によるアセトンのエノール化が律速段階なので，反応速度は臭素の濃度に依存しない．

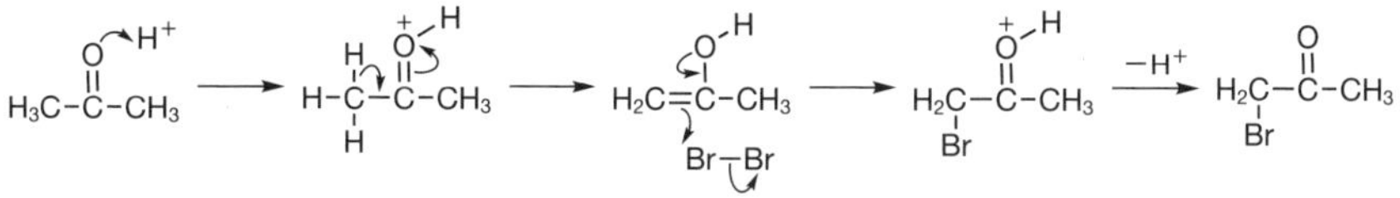

[解説] メチルケトンと臭素の反応を酸性で行うと，モノブロモ体のエノールが生成しにくいので，反応は一臭素化で止まる．

**10・2** 1) アセトフェノンオキシム  2) エチルベンゼン  3) 2-フェニル-2-ブタノール  4) 安息香酸  CHI₃  ヨードホルム  5) 2-フェニルプロペン

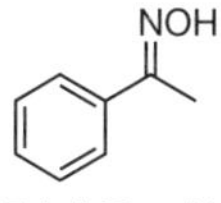

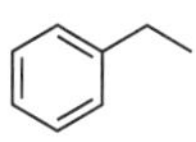

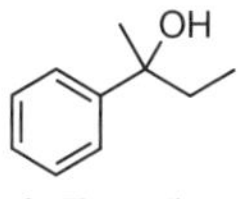

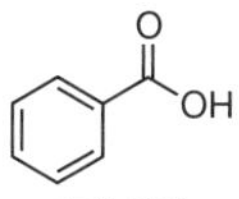

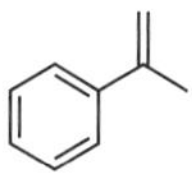

**10・3**
1) Clemmensen 還元

Zn/Hg, HCl  加熱

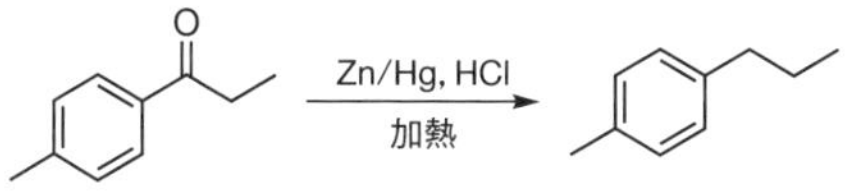

2) Wolff-Kishner 還元

NH₂NH₂, KOH  加熱

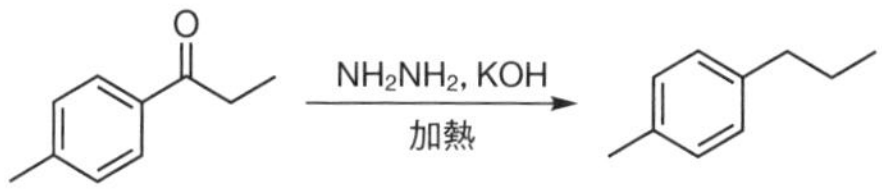

3) チオアセタールの脱硫黄・水素化

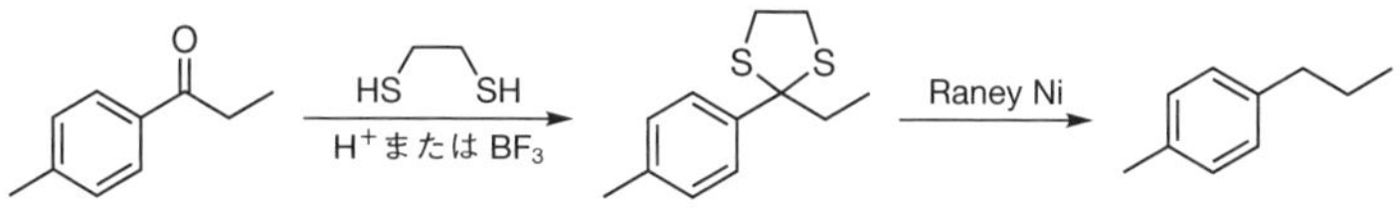

HSCH₂CH₂SH  H⁺ または BF₃  Raney Ni

**10・4** 1) 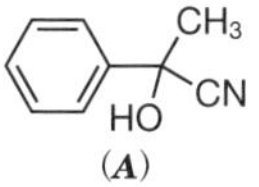 (A)

2)

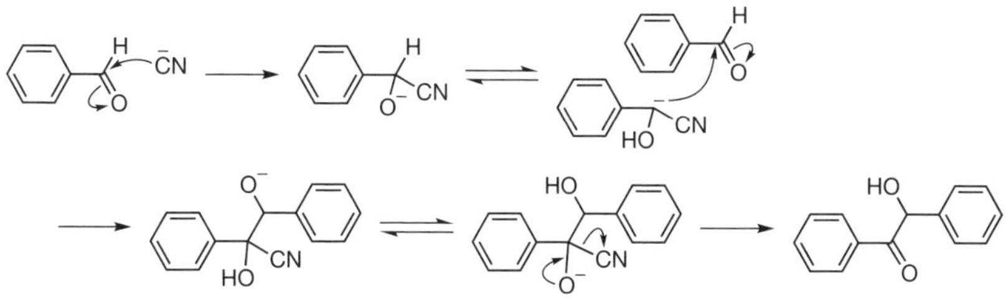

3) 芳香族アルデヒドでは，シアン化物イオンの付加した中間体において，ベンゼン環との共鳴によりシアノ基の $\alpha$ 水素の酸性度が高く，カルボアニオンが生成しやすいので反応（ベンゾイン縮合）が進行する．一方，脂肪族アルデヒドの場合，$\alpha$ 水素の酸性度が低く，カルボアニオンが生成しないので反応が進行しない．

4) 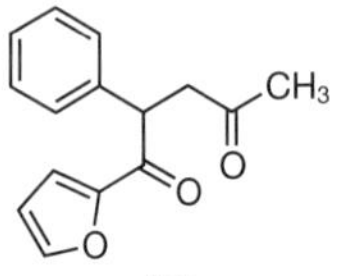

(***B***)

10・5

1) 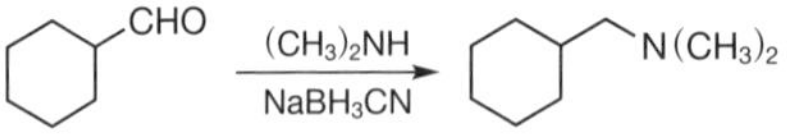

2) 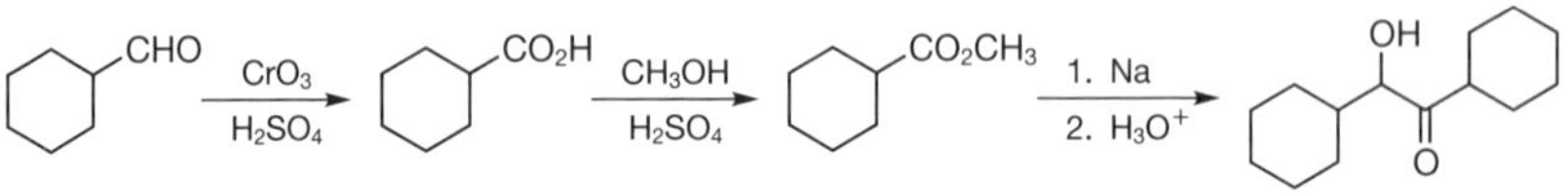

3) 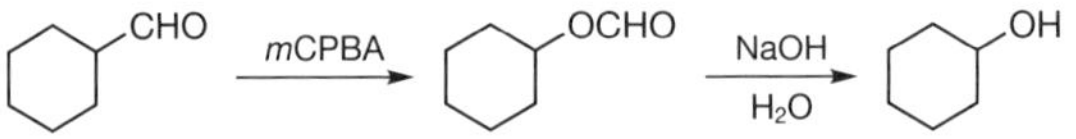

4) 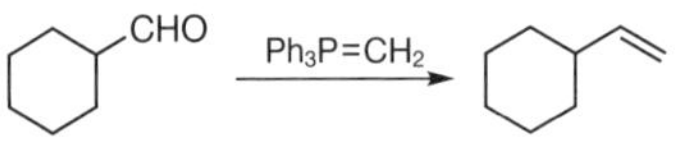

［解説］1) 還元的アミノ化．2) エステルに変換したのち，アシロイン縮合．3) Baeyer-Villiger 酸化ののち，加水分解．4) Wittig 反応．

10・6

1) 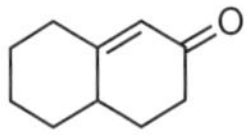

(***A***)

2) 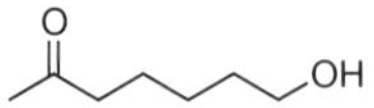

(***B***)

3) 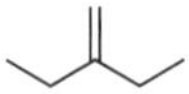

(***C***)

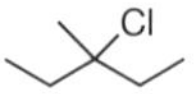

(***D***)

10・7

1) 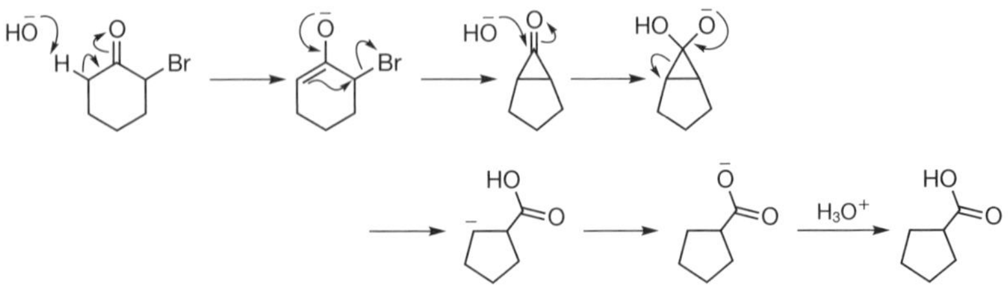

演習問題解答     193

2)

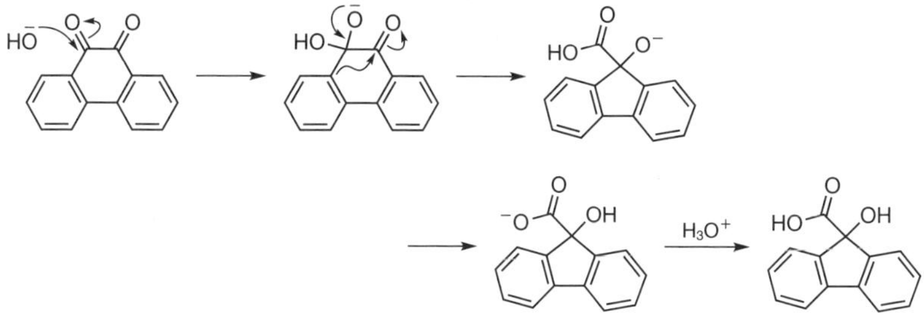

[解説] 1) Favorskii 転位（ファボルスキー）, 2) ベンジル酸転位.

**10・8**

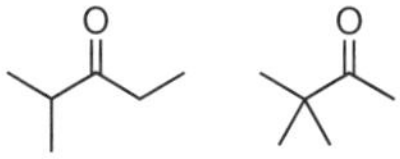

(B)　(C)

反応条件 a では化合物（**B**）が，反応条件 b では化合物（**C**）が主生成物になる．
[解説] 低温でかさ高い塩基を用いると，速度支配のエノラート（**D**）が優先的に生成する．より高い温度で塩基と反応させると，置換基の多い熱力学支配のエノラート（**E**）が優先的に生成する．それぞれのエノラートをヨードメタンと反応させると，炭素にメチル化が起こる．

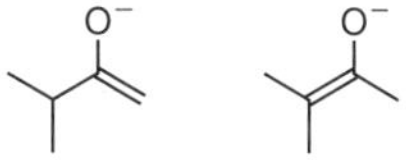

(D)　(E)

**10・9** 1)

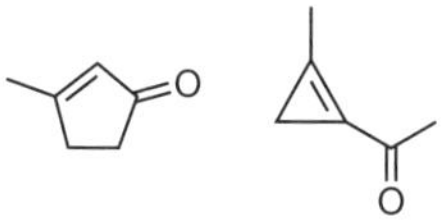

(A)　(B)

2)

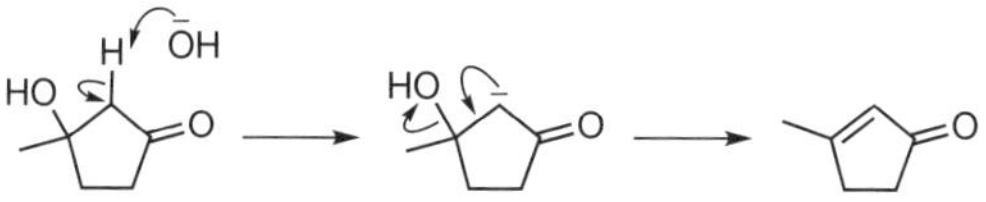

(C) → → (A)

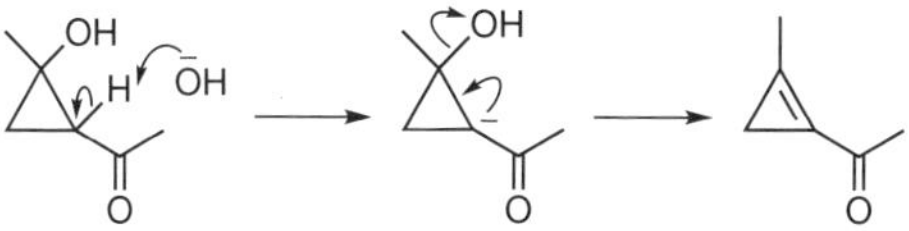

(D) → → (B)

3) 分子内アルドール反応において，5 員環の環化は起こりやすいが，3 員環の環化は立体

ひずみが大きく起こらない．したがって，(**A**)が選択的に生成する．

**10・10**

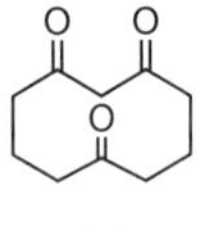

(**A**) 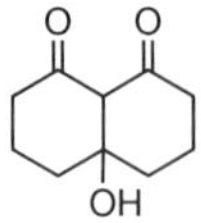　(**B**)

[解説] 第1段階：オゾン分解，第2段階，第3段階：アルドール縮合

**10・11** 1) a. 炭素原子　b. 酸性度　c. アニオン　d. 求電子

2)

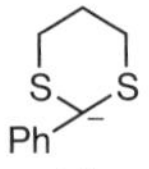

(**A**) 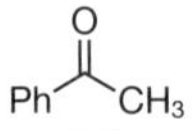　(**B**)

**10・12** 1)

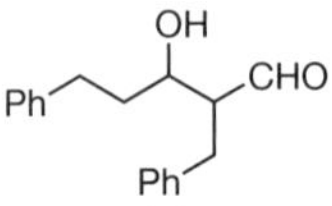

(**C**)

2)

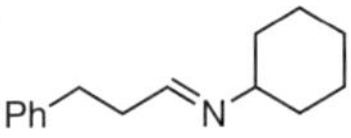

(**D**) 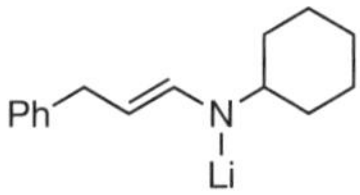　(**E**) 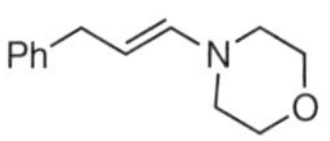　(**F**) 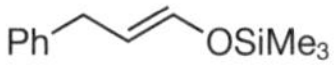　(**G**)　(**H**)

[解説] 1) IR のデータからヒドロキシ基とカルボニル基があることがわかる．アルドール付加体が得られる．2) b. イミンを経由．c. モルホリンを用いたエナミンを経由．d. エノールシリルエーテルを経由．

**10・13**

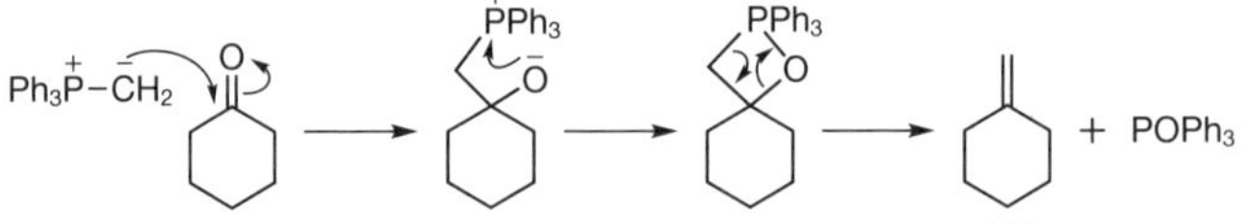

(**A**)

リンイリドとの反応では，イリドの炭素がカルボニル炭素に求核付加し，P−O 結合の生成を経てオキサホスフェタン中間体が生成する．ここから強い P=O 結合をもつトリフェニルホスフィンオキシドが脱離すると，アルケン (**A**) が生成する．

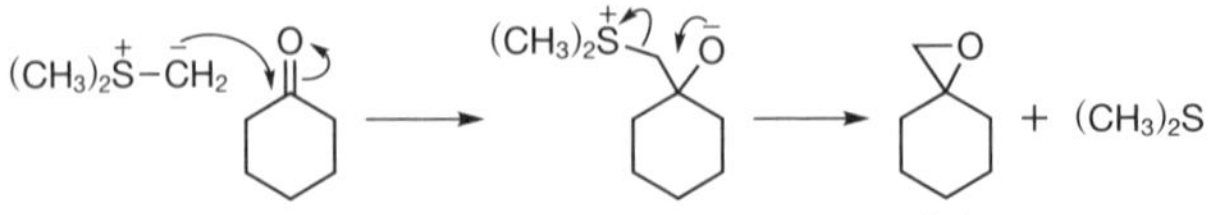

(**B**)

スルホニウムイリドとの反応では，イリドの炭素がカルボニル炭素に求核付加し，C−O 結合の生成とともにジメチルスルフィドが脱離すると，エポキシド (**B**) が生成する．

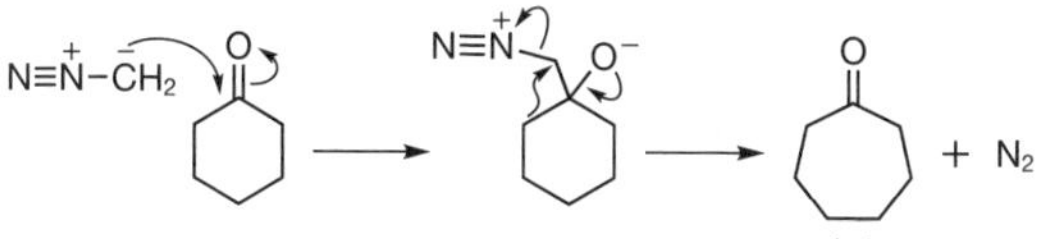

ジアゾメタンとの反応では，反応剤の炭素がカルボニル炭素に求核付加したあと，窒素の発生を伴い環拡大が起こり，シクロヘプタノン (**C**) が生成する．

## 10・14

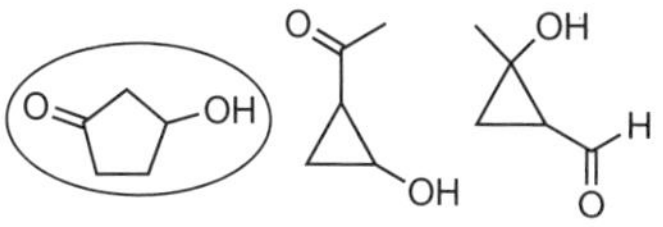

(**A**) の 3 種類の構造

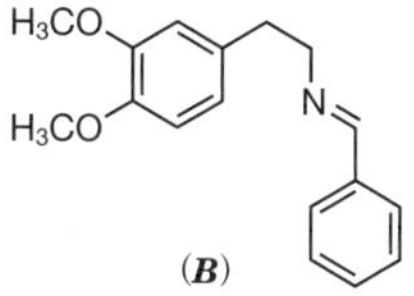

(**B**) 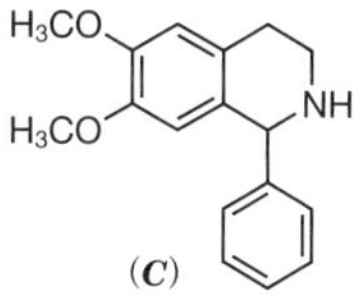　(**C**)

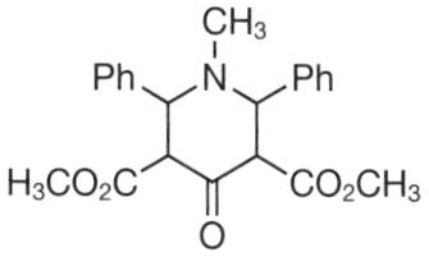

(**D**) 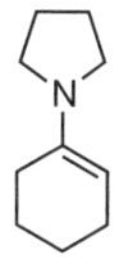　(**E**) 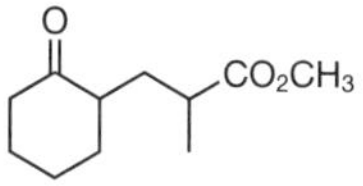　(**F**)

**10・15** ヒドロキシルアミンの窒素原子がアセトンのカルボニル炭素を求核付加すると，アミノアルコール中間体が生じる．つづいてプロトン化と $H_2O$ の脱離が起こり，最終的にオキシムを与える（式 a）．pH が大きいとアミノアルコール中間体 (**A**) に対するプロトン化が遅くなり，脱離の段階が進行しにくくなる．また，pH が小さいとヒドロキシルアミンがプロトン化されて窒素の求核性が減少する（式 b）ので，最初の付加の段階が遅くなる．

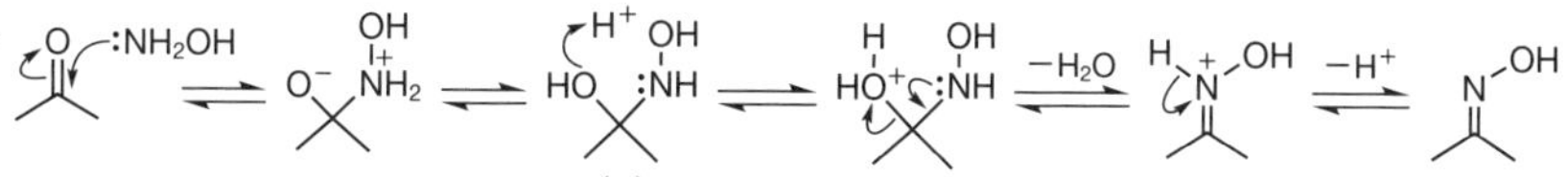

a.

b. $NH_2OH + H^+ \rightleftharpoons \overset{+}{N}H_3OH$

**10・16** 1) Felkin-Anh モデルに基づいて，付加反応の立体選択性を説明する．下記の Newman 投影式に示すように，キラル中心（手前の炭素）に結合した三つの置換基（大きいものから順に L, M, S とする）のうち，L がカルボニル基とほぼ直交し，M がフェニル基から遠い位置にある立体配座において付加が起こりやすい．ヒドリドは M と S の間の方向からカルボニル炭素に付加し，その結果メチル基とヒドロキシ基がアンチの付加生成

物が選択的に得られる．

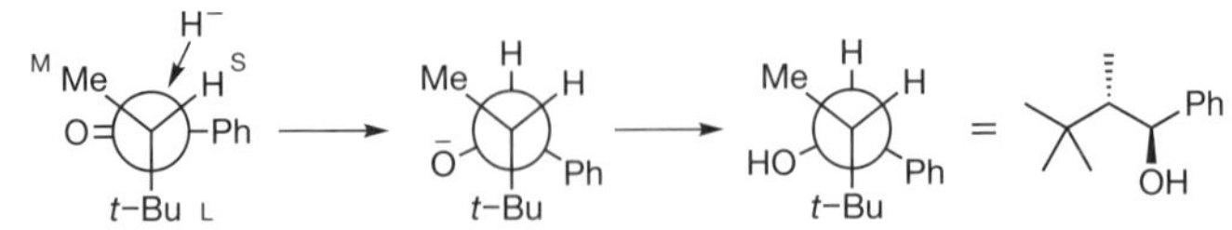

2) カルボニル炭素のα位に配位可能な酸素が存在するので，Felkin-Anh のキレート化モデルを用いる．Grignard 試薬の Mg がカルボニル酸素とエーテル酸素にキレート化し，最大の置換基 L（イソプロピル基）がカルボニル基とほぼ直交する立体配座において反応が起こりやすい．求核剤（ブチル基 R のアニオンに相当）は L と反対側からカルボニル炭素に付加し，その結果ベンジルオキシ基とヒドロキシ基がシンの付加生成物が選択的に得られる．

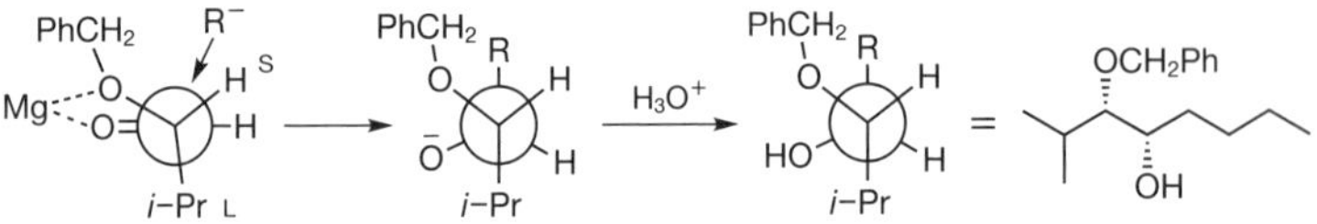

**10・17** 1) Wolff 転位（ジアゾケトンの脱窒素と転位によりケテンが生成）

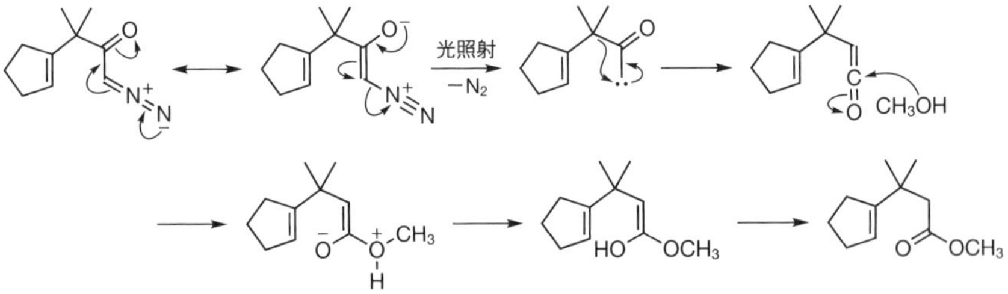

2) ラクトンの開環と分子内 Horner-Wadsworth-Emmons 反応

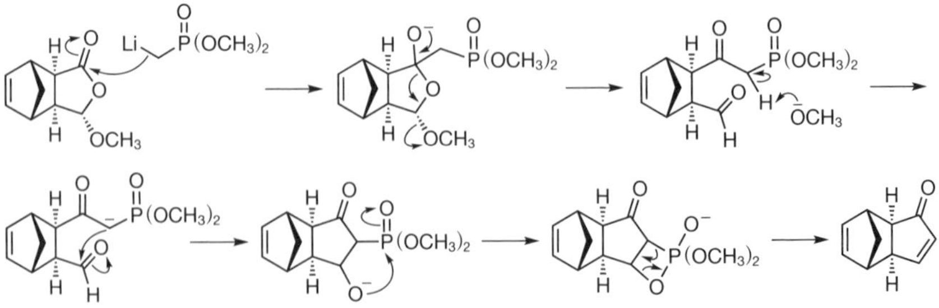

演習問題解答

3) 臭素付加，Favorskii 転位とエステルの加水分解（Et = CH$_2$CH$_3$）

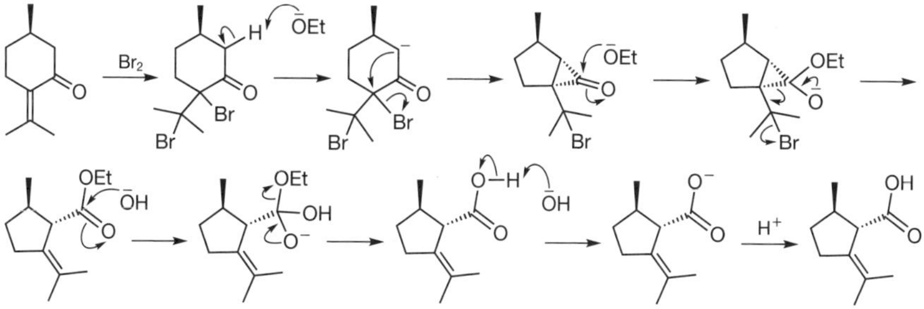

## 11 章　カルボン酸とその誘導体

**11・1** 1)

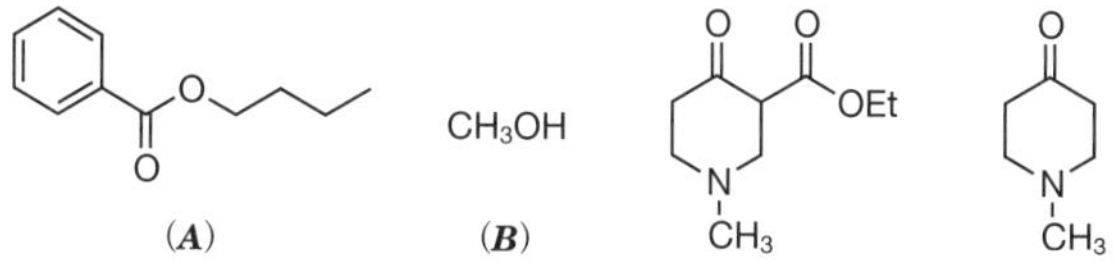

(A) (B) (A)と(B)は順不同　(C)　(D)

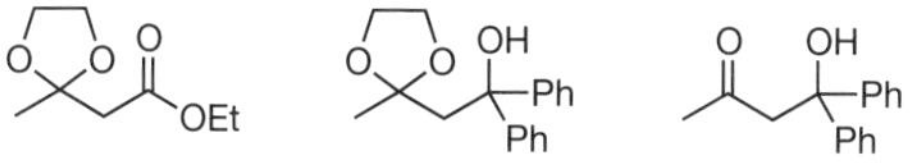

(E)　(F)　(G)

2) 生成した低沸点のメタノールを取除きながら反応させる．または，大過剰の 1-ブタノールを用いて反応させる．

**11・2** 1) ベンジルアンモニウム　2) 1-フェニル 1-プロパノン（プロピオフェノン）　3) 安息香酸　4) 3-ニトロベンゾニトリル

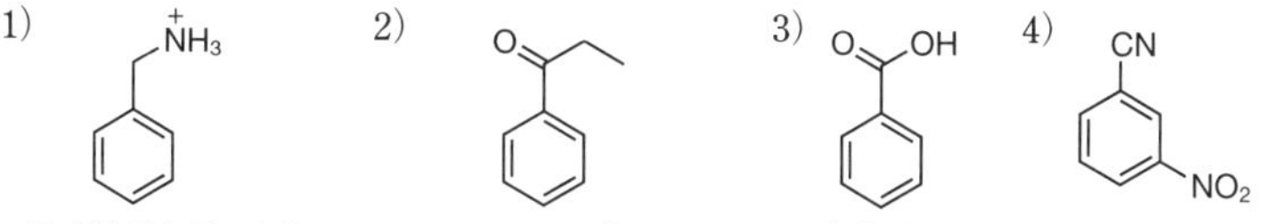

**11・3**

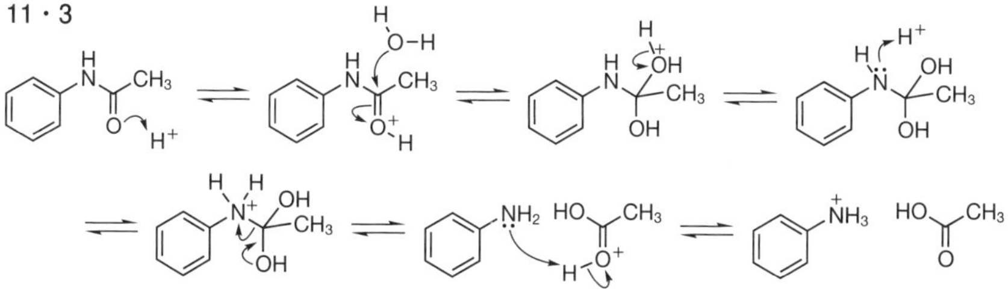

## 11・4

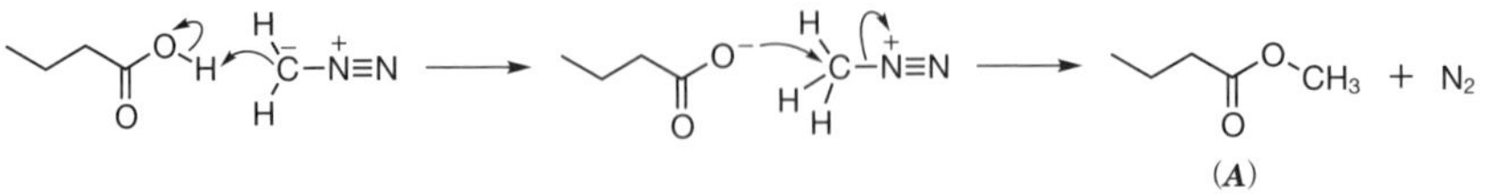

[解説] ブタン酸がジアゾメタンをプロトン化し，カルボキシラートイオンが求核剤として $S_N2$ 機構でメチル基の炭素を求核攻撃する．窒素 $N_2$ は非常に優れた脱離基であるため，この置換反応は速く起こる．

## 11・5

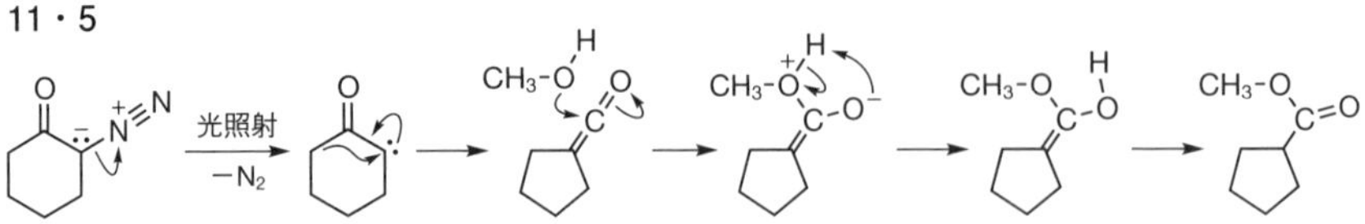

ケテン生成の段階は，カルベンを経由しない協奏的な機構でもよい．

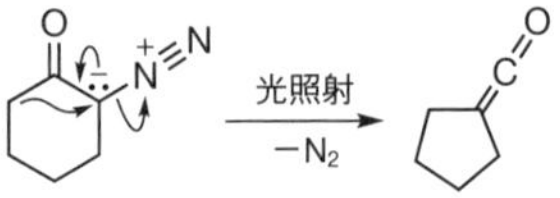

## 11・6  1)

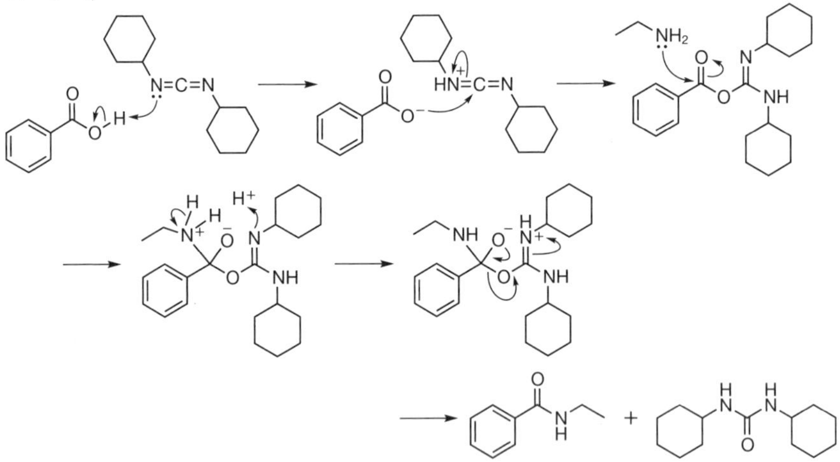

2) $SOCl_2$ （塩化チオニル），$(COCl)_2$ （塩化オキサリル）

3) 解答例

Hofmann 転位（ホフマン）

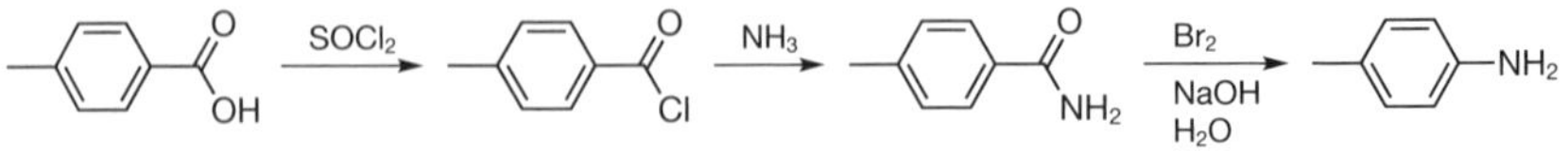

# 演習問題解答

Curtius 転位

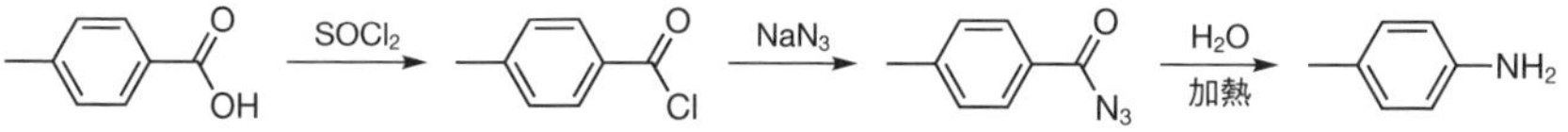

[reaction scheme: p-methylbenzoic acid → SOCl₂ → acid chloride → NaN₃ → acyl azide → H₂O/加熱 → p-toluidine (NH₂)]

**11·7**

[mechanism scheme of Fischer esterification of PhCOOH with CH₃¹⁸O-H, showing protonation, addition, proton transfer, loss of water, and deprotonation to give PhC(O)¹⁸OCH₃]

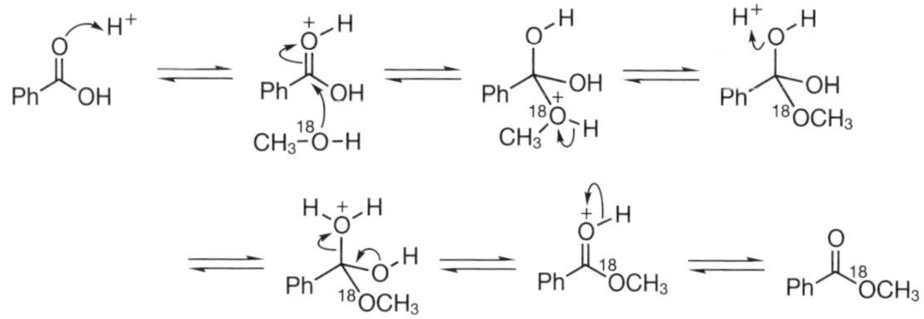

[解説] 酸触媒を用いたカルボン酸のエステル化（Fischer エステル合成）。メタノール中の同位体 $^{18}O$ はエステル中のメチル基に結合した酸素だけに分布する。

**11·8** 1)

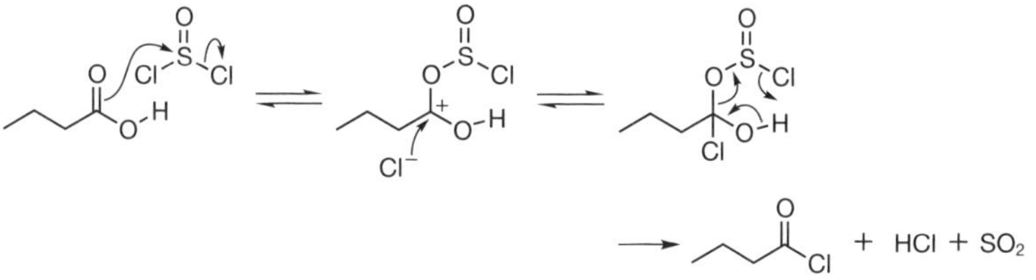

[mechanism: butyric acid + SOCl₂ → mixed anhydride intermediate → butyryl chloride + HCl + SO₂]

2) $N,N$-ジメチルホルムアミド（DMF）は塩化チオニルと反応してイミニウム塩（**A**）を生成する。

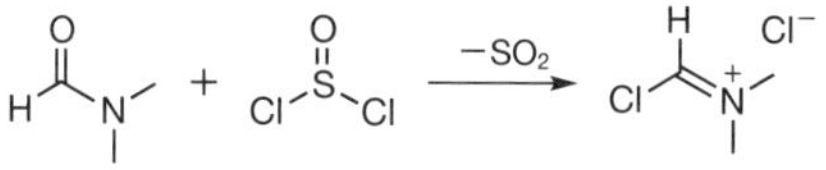

[scheme: DMF + SOCl₂ → −SO₂ → chloroiminium salt (**A**), ClCH=N⁺(CH₃)₂ Cl⁻]

以下の機構によって，（**A**）がカルボン酸と反応して塩素化を促進する。反応後に DMF が再生するので，触媒量の添加で効果がある。

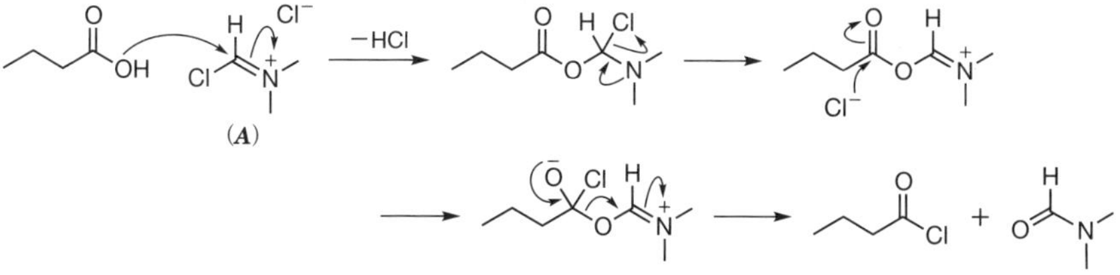

[mechanism scheme: RCOOH + (**A**) → −HCl → acyloxy iminium intermediate → tetrahedral intermediate → RCOCl + DMF regenerated]

**11・9**

1) [反応機構図]

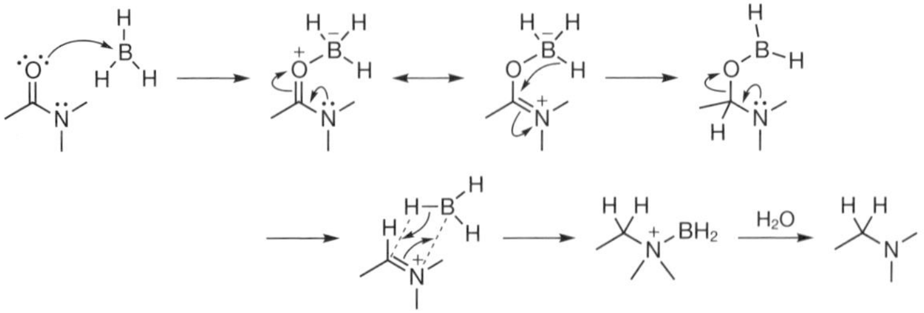

2) アミド，エステル，酸塩化物

カルボニル酸素の Lewis 塩基性はアミドが最も高く，エステル，酸塩化物の順に低くなる．Lewis 塩基性が高いほど，ボランのホウ素と配位しやすいので，反応性が高い．

**11・10**

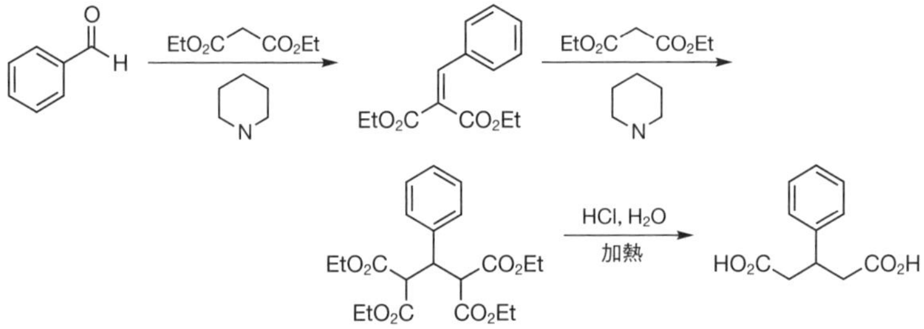

[反応スキーム図]

[解説] 1段階目はマロン酸ジエチルとベンズアルデヒドのアルドール縮合反応であり，Knoevenagel（クネベナーゲル）縮合ともよばれる．

**11・11**

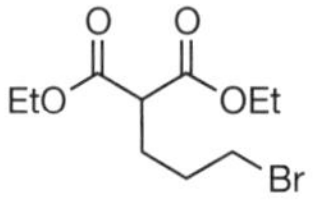

(A), 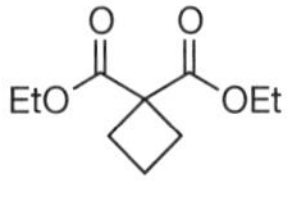 (B), 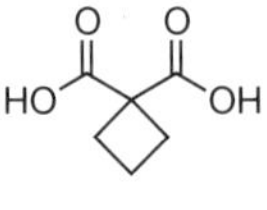 (C), 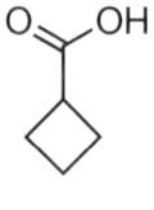 (D) [構造式]

**11・12** 1)

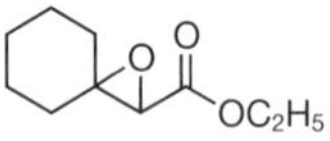

(A) [構造式]

2) [反応機構図]

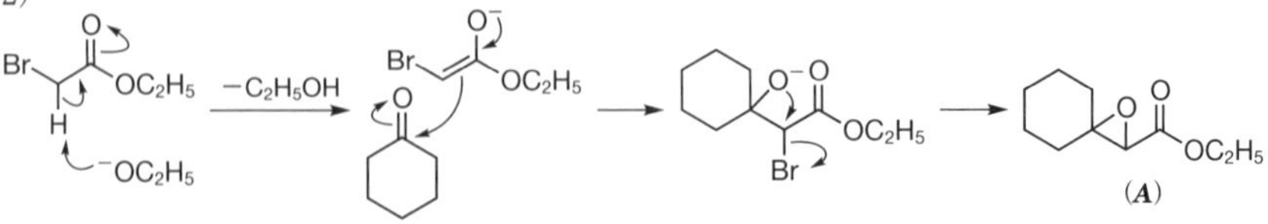

カルボニル基の α 水素の酸性度はケトンより α-ブロモエステルのほうが高いので，後

者が塩基と反応してエノラートを生成するため．

3) 酸触媒を用いてシクロヘキサノンとピロリジンからエナミンを合成し，これに対してブロモ酢酸エチルを加えて置換反応を行う．反応後酸で処理すると (**B**) が得られる．

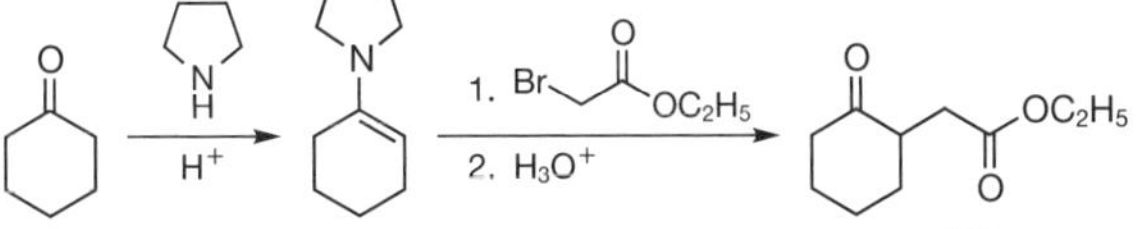

## 11・13

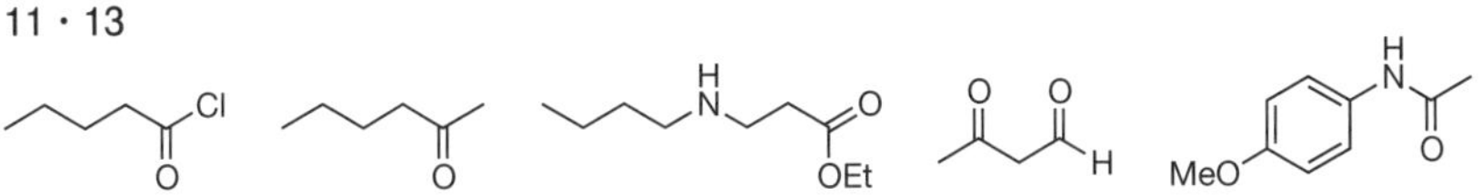

(A), (B), (C), (D), (E)

[解説] 1) *N*-メトキシ-*N*-メチルアミドを経由したケトンの合成（Weinreb ケトン合成）．2) α,β-不飽和エステルに対するアミンの共役付加．3) ケトンの保護-脱保護を経由したエステルのアルデヒドへの還元．4) オキシムの Beckmann 転位．

## 11・14

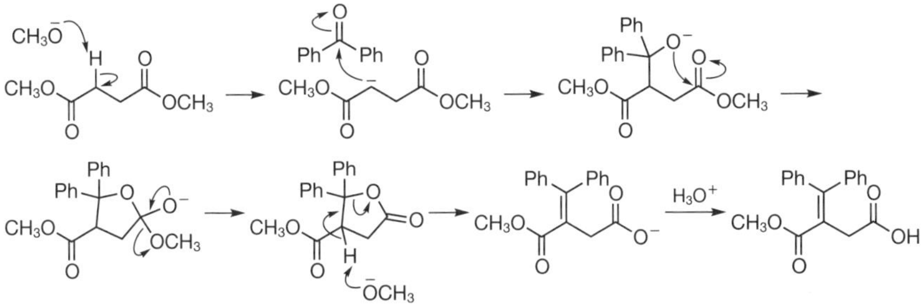

ブタン二酸ジメチルのカルボニル α 水素が塩基（ナトリウムメトキシド）により脱プロトンし，生成したエノラートがベンゾフェノンのカルボニル基に付加する．つづいて，付加中間体のアルコキシド酸素がエステルのカルボニル基に分子内で付加し，5員環をもつ中間生成物であるラクトンが生成する．この中間体が塩基との作用により E2 機構で脱離反応を起こすと，ラクトン環が開いてカルボキシラートイオンになり，中和すると最終生成物が得られる（Stobbe 縮合）．

## 11・15

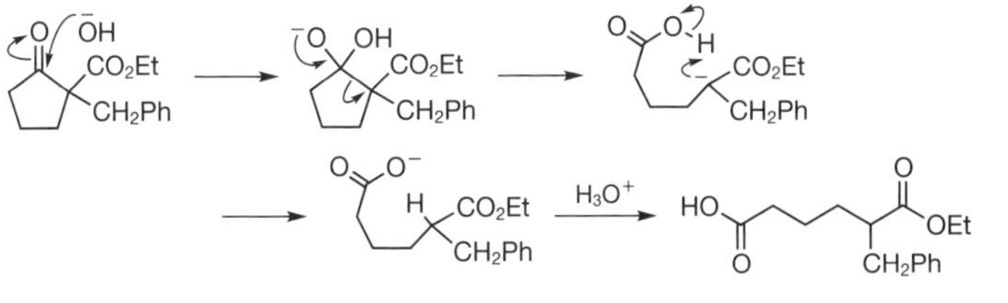

## 12章 アミンと含窒素化合物

**12・1** Hinsberg 試験で識別する．各化合物を塩化ベンゼンスルホニルと反応させ，スルホンアミドに変換する．水溶液中でスルホンアミドは不溶であるが，強塩基性にしたとき，酸性度の高い N–H 水素をもつアニリンのスルホンアミドは塩を生成して溶解するが，$N$-メチルアニリンのスルホンアミドは反応しないので不溶のままである．

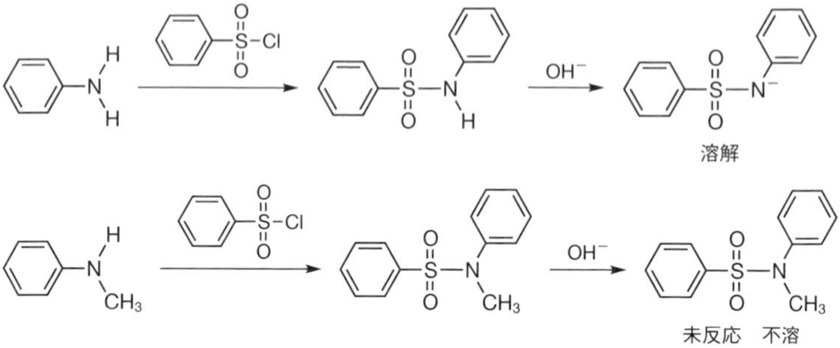

**12・2** 1) 化合物 (**A**) が主生成物である．この Hofmann 脱離反応では，トリメチルアンモニオ基が電子求引性でありかつ脱離しにくいため，以下に示すカルボアニオン中間体に似た遷移状態を経由して進行する．第一級カルボアニオンは第二級カルボアニオンより安定なので，(**B′**) より (**A′**) を経由する反応が有利になり，置換基の少ないアルケン (**A**) が生成しやすい．

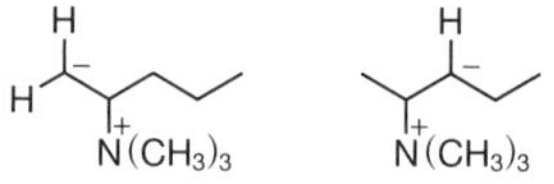

2)

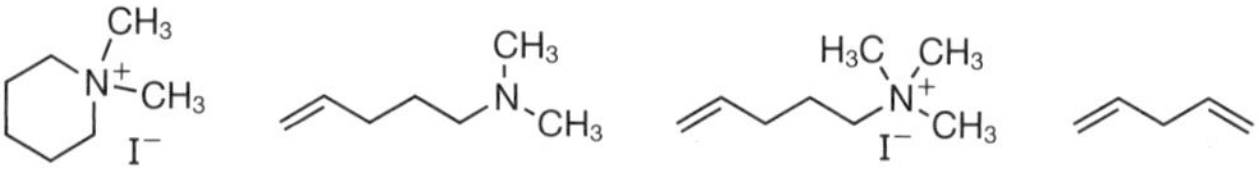

**12・3** 1)

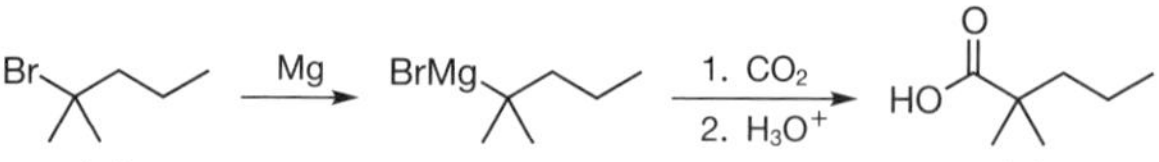

2)

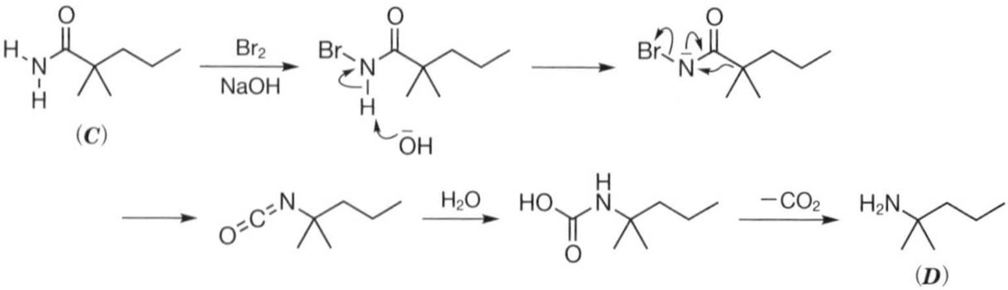

3) (**A**) は第三級ハロゲン化アルキルであり，$S_N2$ 反応は起こらない．この条件では $S_N1$ 反応も起こらないため．

4) (**E**) がさらにアセトアルデヒドと反応してイミニウムイオンを経由してアルキル化を起こすため．

5)

$$H_2N-C(CH_3)_2-CH_2CH_3 \xrightarrow[\text{pyridine}]{CH_3COCl} \text{amide} \xrightarrow[\text{2. H}_2O]{\text{1. LiAlH}_4} \text{(E)}$$

(**D**) → (**E**)

## 12・4

テトラヒドロフラン $\xrightarrow{HBr}$ Br−(CH₂)₄−Br $\xrightarrow{KCN}$ NC−(CH₂)₄−CN $\xrightarrow[\text{2. H}_2O]{\text{1. LiAlH}_4}$ H₂N−(CH₂)₆−NH₂

## 12・5

1) アニリンを塩酸中で亜硝酸ナトリウムと反応させて調製する．

2) ジアゾニウム塩が求電子剤として *N,N*-ジメチルアニリンのパラ位に求電子置換する．付加により生じるカルボカチオン中間体が，*N,N*-ジメチルアニリンの窒素原子が関与した共鳴構造により安定化されている．

3) ジアゾカップリングは反応性の高い芳香環に対して起こり，ベンゼンのように活性化されていない芳香環では反応がほとんど進行しない．

4) $2\,Ph-NO_2 + 4\,H_2O + 8\,e^- \longrightarrow 1\,Ph-N=N-Ph + 8\,OH^-$

ニトロベンゼン 1 分子当たり 4 電子必要．

## 12・6

(**A**) アセトンイミン（C=NH）
(**B**) イソプロピルアミン
(**C**) 2-アジドペンタン
(**D**) 2-アミノペンタン
(**E**) 1-フェニルエチルアミン
(**F**) 重水素化アルコール
(**G**) ベンゼンジアゾニウム塩化物
(**H**) 2,4-ジヒドロキシアゾベンゼン

[解説] 1) 還元的アミノ化．2) $S_N2$ 反応により合成したアジドの還元．3) Hofmann 転位．

4) アミンのジアゾ化とそれに続く $S_N2$ 反応．5) ジアゾカップリング反応．

**12・7** 1) 塩基性：ピリジンの窒素原子では，$sp^2$ 混成軌道の一つに入っている非共有電子対は下図のように芳香族性の共役には関与していないので，電子対を供与することにより塩基性を示す．

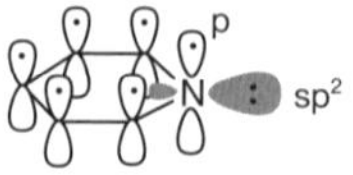

双極子モーメント：ピリジンでは以下の共鳴構造式が書け，窒素に負電荷，炭素に正電荷をもつ共鳴構造の寄与のため，大きな双極子モーメントをもつ．

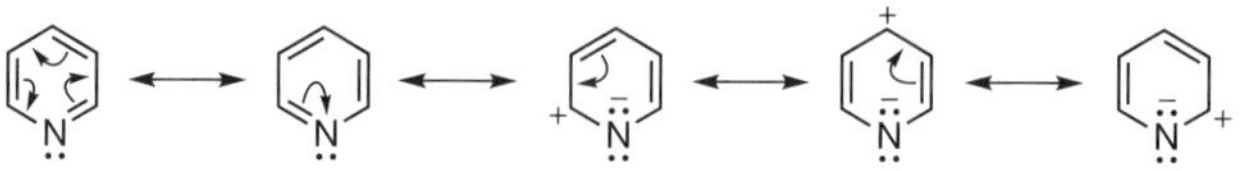

2)

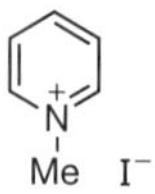

(B), 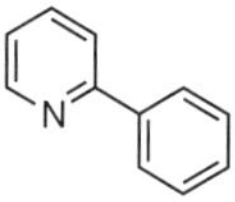 (C), 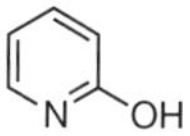 (E), 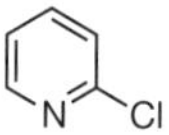 (F), 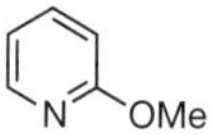 (G), 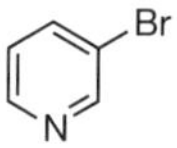 (H), 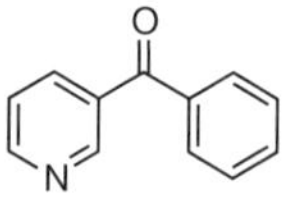 (I)

3) 段階 d (ジアゾニウム塩を経由)

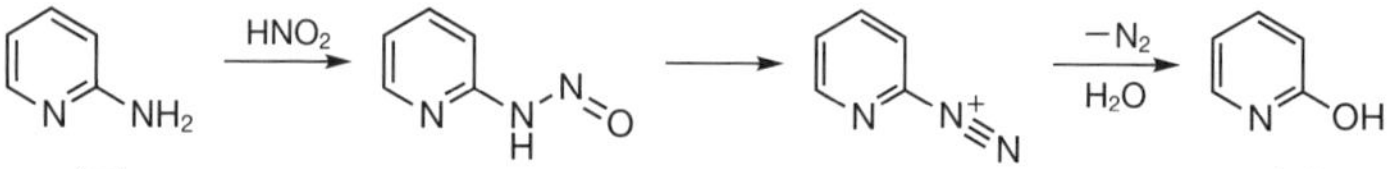

(D) → → (E)

段階 e (塩化ホスホリルによる塩素化)

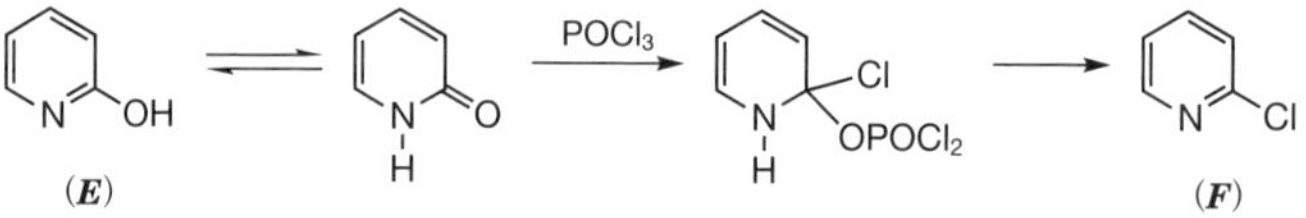

(E) → → → (F)

段階 f (芳香族求核置換反応)

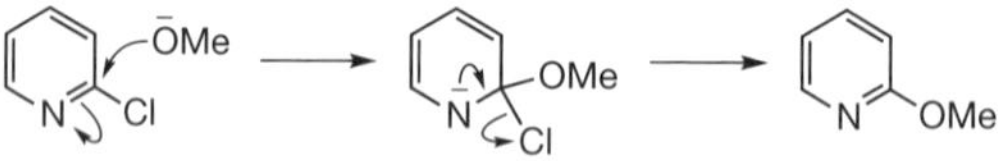

(F) → → (G)

4) 段階 c  1. NaNH$_2$, 2. H$_2$O   段階 i  H$_2$O$_2$

5) 求電子置換によるピリジンの臭素化において，カルボカチオン中間体の安定性を比較する．4位（2位のときも同様）で反応したときの中間体は，電気陰性度の大きい窒素に正電

荷がある共鳴構造（**X**）をもつので不安定である．一方，3位で反応した場合，このような共鳴構造はないので反応が起こりやすい．

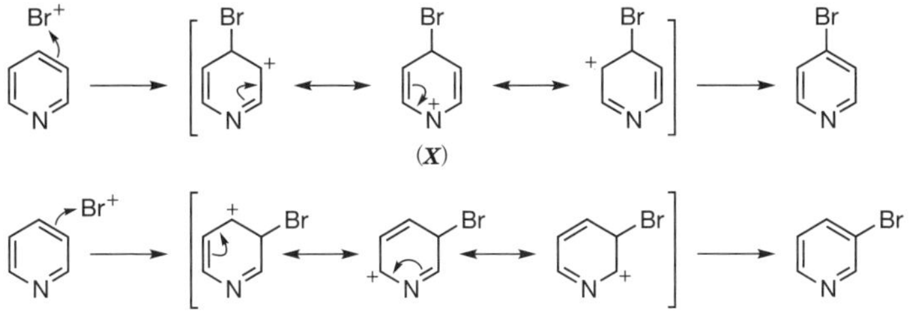

**12・8** 1)

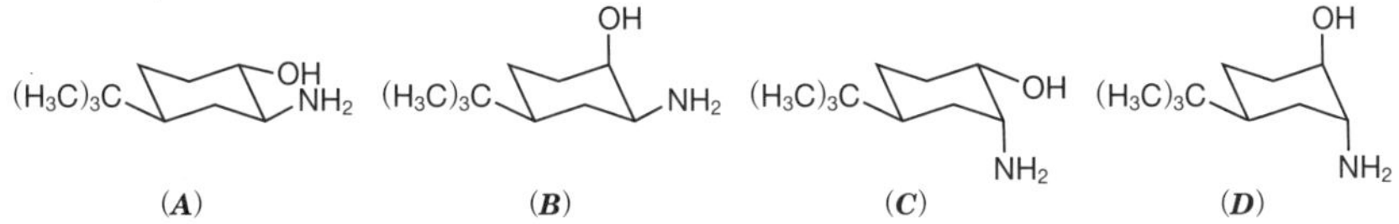

(**A**) (H₃C)₃C— OH, NH₂ （trans-diaxial配置）
(**B**) (H₃C)₃C— OH, NH₂
(**C**) (H₃C)₃C— OH, NH₂
(**D**) (H₃C)₃C— OH, NH₂

2) アミンと亜硝酸の反応によりジアゾニウム塩が生成する．灰色で示す環内 C-C 結合に沿った Newman 投影式（下図）において，窒素が脱離すると同時にそのアンチペリプラナーの位置にある環炭素が転位する．その後，脱プロトンが起こると化合物（**E**）が生成する．

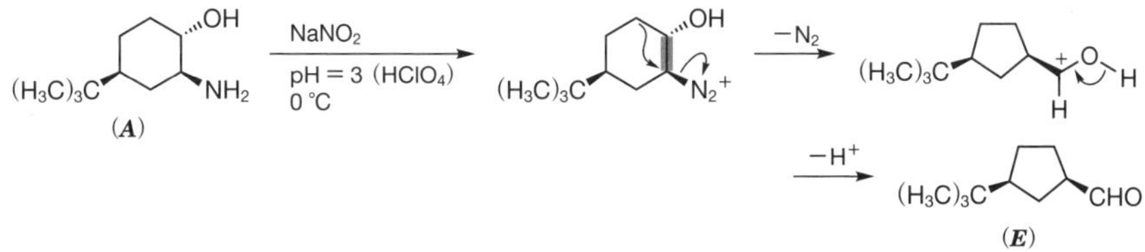

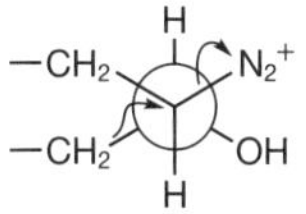

(**A**) →[NaNO₂, pH = 3 (HClO₄), 0 ℃]→ 中間体 →[−N₂]→ カルボカチオン →[−H⁺]→ (**E**) シクロペンタン-CHO

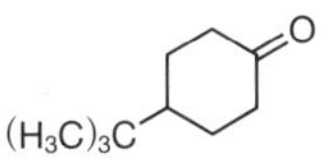

3) (**C**) から: 4-tert-ブチルシクロヘキサノン
(**D**) から: 4-tert-ブチルシクロヘキセンオキシド

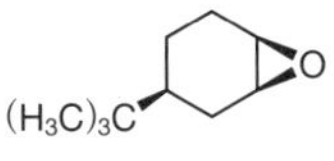

［解説］1) かさ高い t-ブチル基がエクアトリアル位にあるいす形配座が安定である．2)，3) ジアゾニウム塩のジアゾニオ基 −N₂⁺ は非常によい脱離基であり，窒素の発生を伴いアンチペリプラナー位の原子が転位（または置換）する．

**12・9** 化合物（**A**, R = H）と（**B**, R = CH₃）における，ジメチルアミノ基のパラ位への求電子置換反応の反応機構を以下に示す．中間体のカルボカチオンには4種類の共鳴構

造が書ける．化合物（**B**）の場合，オルト位の二つのメチル基との立体障害のためにジメチルアミノ基がベンゼン環に対してねじれ，窒素の非結合電子対はベンゼン環のπ電子と十分に共鳴することができない．したがって，共鳴構造（**X**）の寄与が低いため中間体が不安定になり，反応が進行しにくくなる．

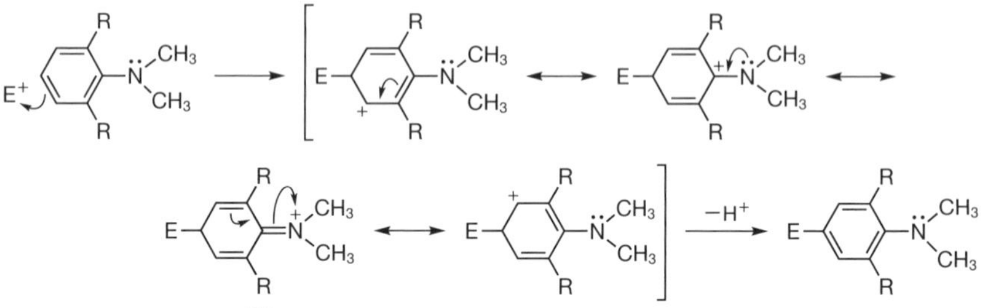

**12・10** 1) (A), 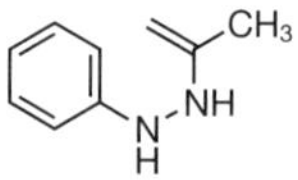 (B) の構造式

2) 反応機構の図

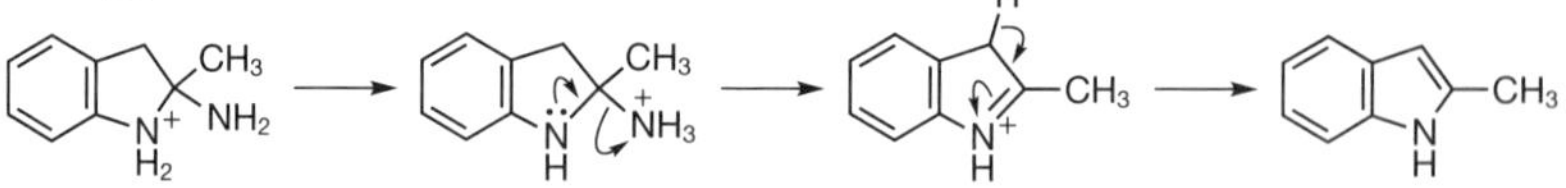

## 13章 有機金属化合物

**13・1**

1) CH₃(CH₂)₇I + (CH₃)₂CuLi ⟶ 生成物

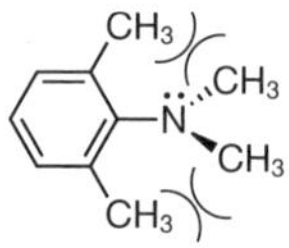

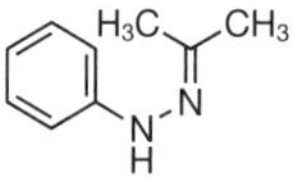

2) シクロヘキセン + CH₂I₂ —Zn/Cu→ ノルカラン

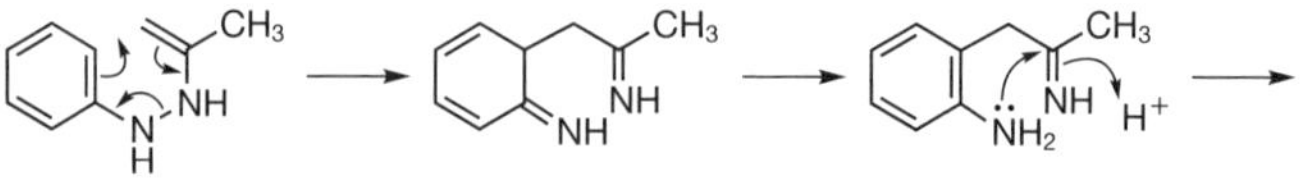

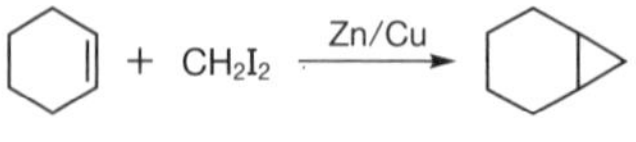

演習問題解答   207

**13・2** 1) $CH_3(CH_2)_3Cl + 2\,Li \longrightarrow CH_3(CH_2)_3Li + LiCl$

2)  $(C_6H_5)_2Hg + Zn \longrightarrow (C_6H_5)_2Zn + Hg$

3) $2\,(CH_3)_3Al + 3\,ZnCl_2 \longrightarrow 3\,(CH_3)_2Zn + 2\,AlCl_3$

4) 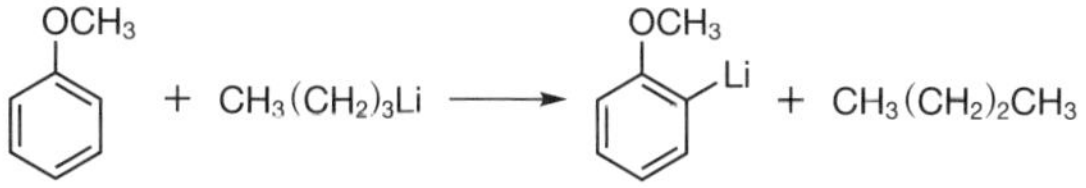 アニソール $+ CH_3(CH_2)_3Li \longrightarrow$ オルト-Li化アニソール $+ CH_3(CH_2)_2CH_3$

[解説] 1) ハロゲン-リチウム交換反応. 2) イオン化傾向が Zn > Hg なので, ジフェニル水銀と亜鉛の反応は進行する. 3) 電気陰性度が Zn > Al なので, クロロ基に比べて電気的に陽性のメチルが Al から Zn に移動する反応は起こる (トランスメタル化). 4) メトキシ基の酸素原子の配位を利用したオルト位の脱プロトン. フェニル基に結合した水素を引抜くためには, より強塩基であるアルキルリチウムを用いる.

**13・3** 1) $H_2$ の付加生成物,  MeI の付加生成物 (八面体Ir錯体の構造図)

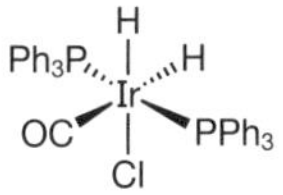

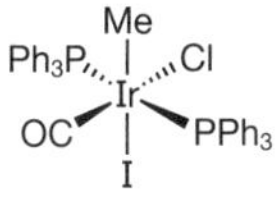

2) $Ph_3P-Au-Me +$ プロペン

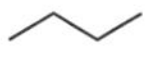

3) 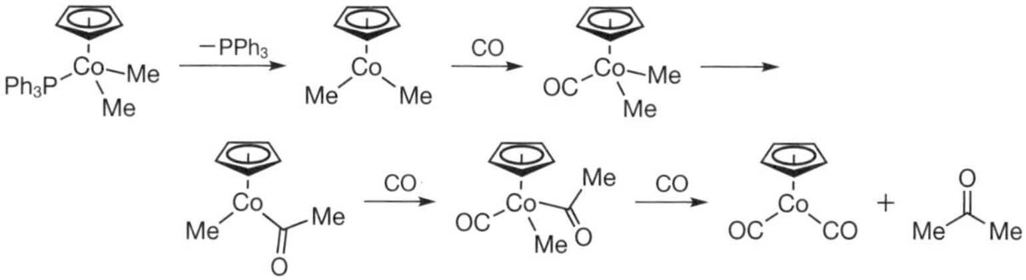 反応機構図

PPh₃ の解離および CO の配位に続き, 一酸化炭素の挿入反応が起こり, メチル基とアセチル基をもつ錯体になる. つづいて還元的脱離が起こると, アセトンが生成する.

**13・4**

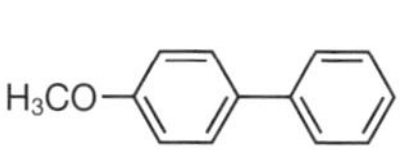

生成物 (A)–(H) の構造式:
(A) $H_3CO$-ビフェニル
(B) m-メチルスチレン(プロペニル)
(C) 4-ホルミルスチルベン
(D) ゲラニル様のフェニル置換ジエン
(E) 1-フェニル-1-オクテン
(F) 4,4′-ジニトロスチルベン
(G) 2,3-ジヒドロフラン
(H) エチル 3-ヒドロキシ-3-フェニルプロパノアート

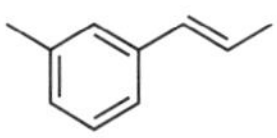

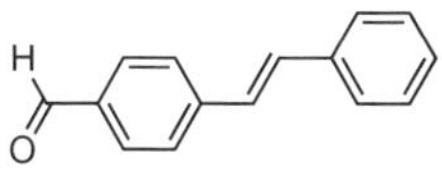

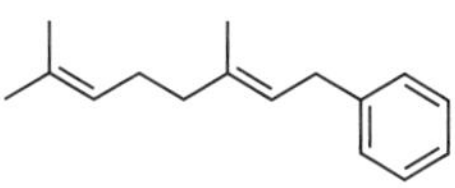

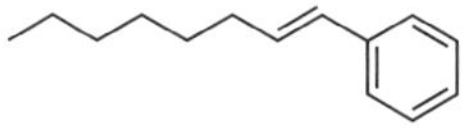

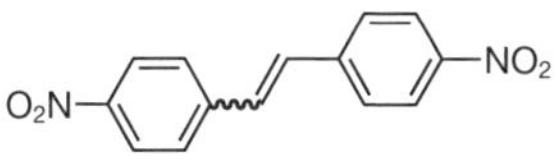

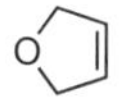

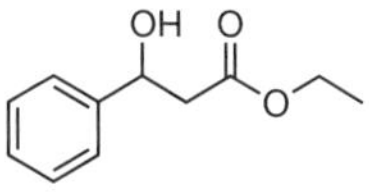

[解説] 有機金属化合物が関与した種々の有機反応. 1),2) Pd 触媒を用いた有機ホウ素化

合物と芳香族ハロゲン化物のクロスカップリング（鈴木-宮浦カップリング）．3) Pd 触媒を用いたスチレンと芳香族ハロゲン化物のクロスカップリング（Heck 反応）．4) Pd 触媒を用いた有機スズ化合物とハロゲン化物のクロスカップリング（Stille カップリング）．5) Pd 触媒を用いた有機亜鉛化合物とハロゲン化物のクロスカップリング（根岸カップリング）．6) Ru-カルベン錯体（Grubbs 触媒）を用いたスチレン誘導体のメタセシス．7) 閉環メタセシス．8) 有機亜鉛化合物を経由したカルボニル基への付加反応（Reformatsky 反応）．

**13・5** a. クロスカップリング　b. 酸化的付加　c. 還元的脱離

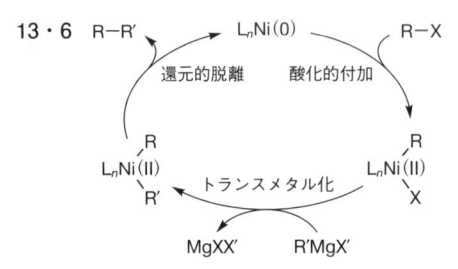

**13・6**

**13・7** 1) 臭化フェニルが Pd(PPh$_3$)$_4$ に対して付加するとシス体の（**B**）が生成するが，熱力学的に安定なトランス体に異性化するため．

2) パラジウムに対して 5 番目の配位子が結合し異性化を伴い解離する機構，配位子が解離して異性化を伴い再結合する機構，結合解離を伴わないで結合の位置が変わり異性化する機構などが考えられる．

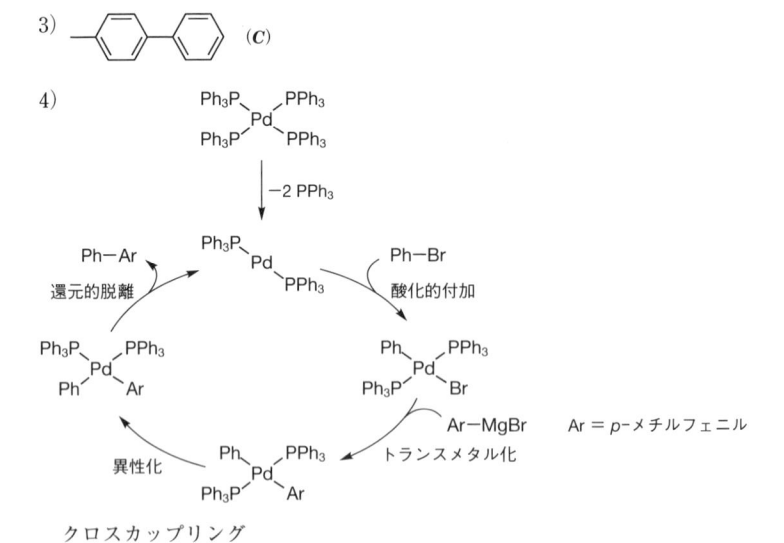

3) （**C**）

4)

[解説] Pd などの触媒を用いた Grignard 反応剤のクロスカップリングは，熊田-玉尾カップリングとよばれる．

**13・8** 1) 2 CH₃Li + CuI ⟶ (CH₃)₂CuLi + LiI

2) (A) アセトフェノン型ケトン，(B) 2-ペンタノン型ケトン

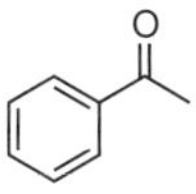

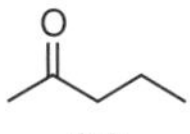

3) 2-フェニル-2-プロパノール

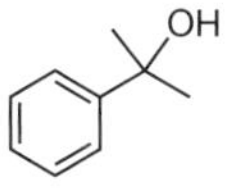

4) 2-メチル-3-ブテン-2-オール

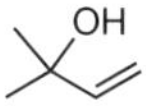

## 14章 ペリ環状反応

**14・1**

1) 加熱，電子環状反応 8π 同旋 → 加熱，電子環状反応 6π 逆旋

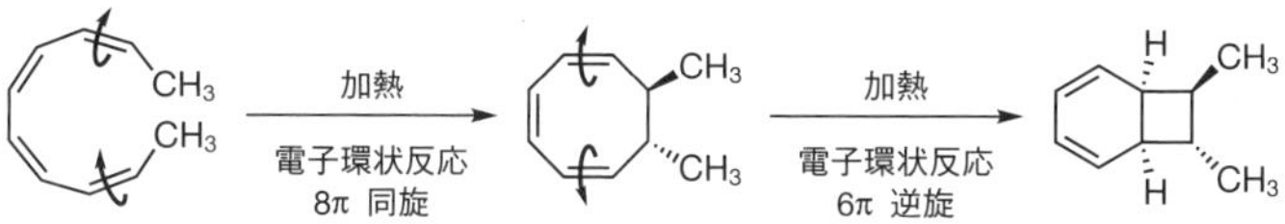

2) シクロブテンの電子環状反応による開環は，熱反応条件下では同旋で進行する．シスで縮合したビシクロ化合物 (A) と (B) でこの反応が起こると，生成物のジエンの立体化学は E,Z となる．(A) の生成物はシクロデカジエンであり，ひずみがそれほど大きくないため反応が起こる．(B) の生成物であるシクロオクタジエンは，環が小さくひずみが大きくなるため反応が起こらない．

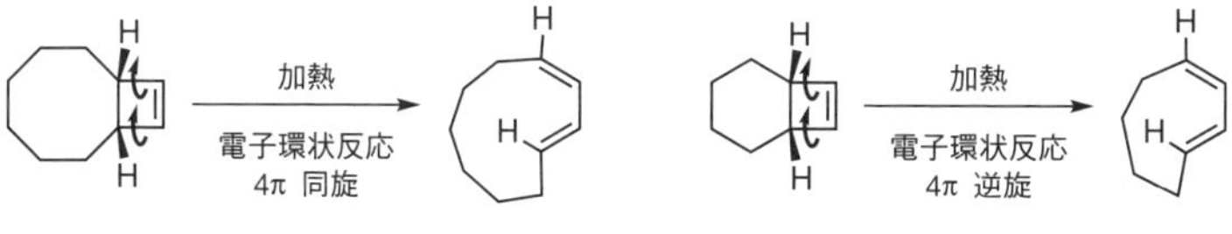

加熱，電子環状反応 4π 同旋

加熱，電子環状反応 4π 逆旋

**14・2** Diels-Alder 反応では，ジエンであるシクロペンタジエンの<u>HOMO</u>とジエノフィルであるアクリル酸エチルの<u>LUMO</u>の相互作用により<u>協奏的</u>に反応が進行する．<u>エンド体</u>を生成するための遷移状態では，ジエンとジエノフィルの両端の相互作用のほかに，ジエノフィルのカルボニル炭素の<u>二次軌道相互作用</u>（左図中の灰色点線）のため，遷移状態が安定化され，反応が進行しやすくなる．一方，エキソ体を生成する遷移状態（右図）では，このような相互作用はない．

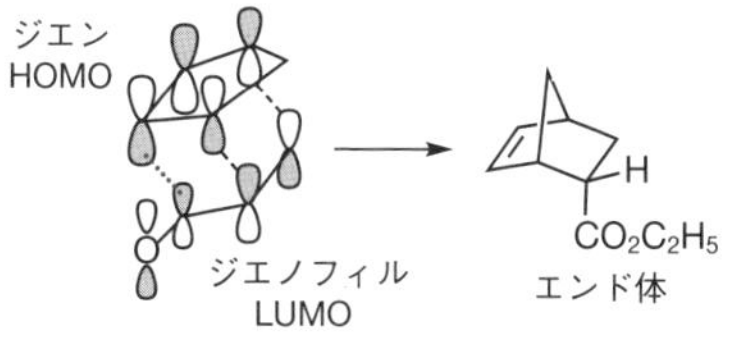

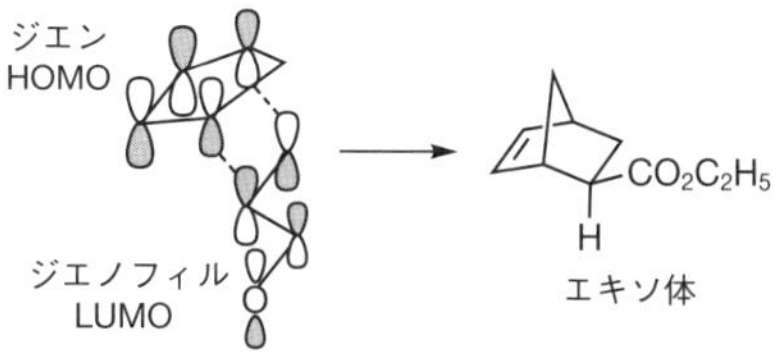

**14・3** フェノールのアリル化によって生成したアリルエーテルを加熱すると，Claisen 転位に続いて Cope 転位が起こり，互変異性による芳香族化を経て最終的には 4-アリルフェノール誘導体が得られる．この過程において，アリル基は 2 回転位するので，$^{13}C$ の標識はアリル基の末端のアルケン炭素に位置する．

**14・4** 1) (**B**), (**C**) 2)

3) この反応は [1,5] シグマトロピー転位であり，熱反応で進行する場合，スプラ型で水素原子がブタジエン部分の末端炭素に移動する反応が許容である．以下に示す (**X**) と (**Y**) は，それぞれ (**B**) と (**C**) を生成するための軌道の相関を示す図である．環状の遷移状態において，環平面の同じ側〔(**X**) は上部，(**Y**) は下部〕で水素が移動し，キラル炭素の立体配置とアルケンのシス-トランスが決まる．

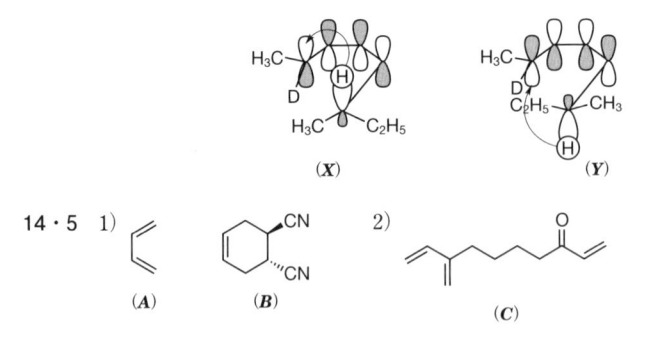

**14・5** 1) (**A**), (**B**) 2) (**C**)

3) Diels–Alder reaction

4) Diels–Alder 反応を起こすためには，ジエンの二重結合が同じ向きにある s-シス配座をとる必要があるが，化合物 (**E**) では構造的にこの立体配座をとることができない．

**14・6** 1) 左側の 1,2-ジビニルシクロプロパンはひずみが大きく不安定な化合物であるため，平衡は右側の 1,4-シクロヘプタジエンに偏る．

# 演習問題解答

2) シクロヘキサジエン部がジエンとして，側鎖のジエン部の酸素に近いアルケンがジエノフィルとして Diels-Alder 反応を起こす．

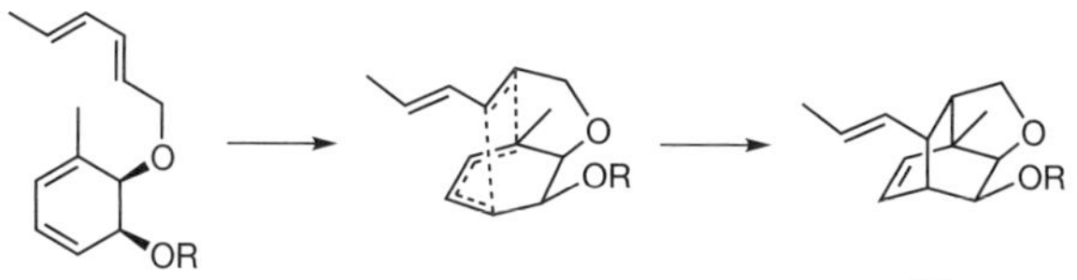

3) 化合物 (C) 中の 1,5-ペンタジエン部（灰色部）が [3,3]シグマトロピー転位を起こすと，化合物 (D) が生成する．二つのアルケン部が接近する向きは以下のとおりであり，この遷移状態を経由して生成物の相対立体配置が決まる．

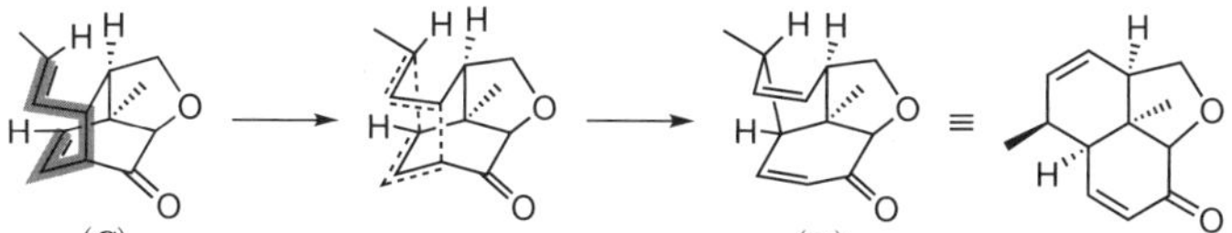

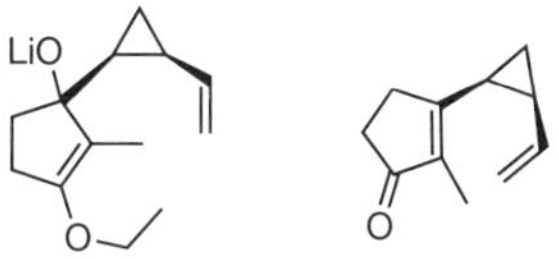

## 14・7

1)

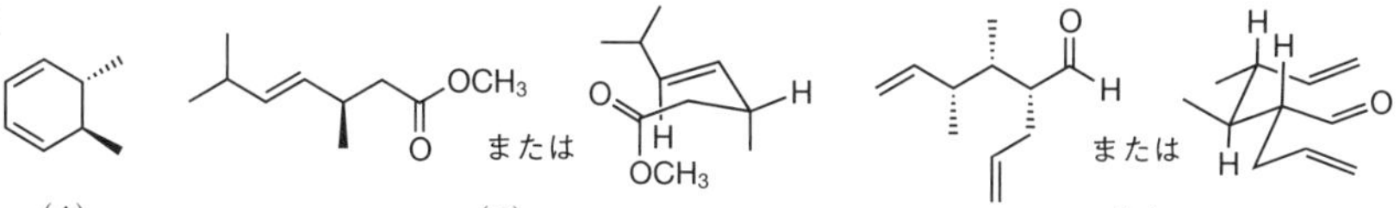

2)

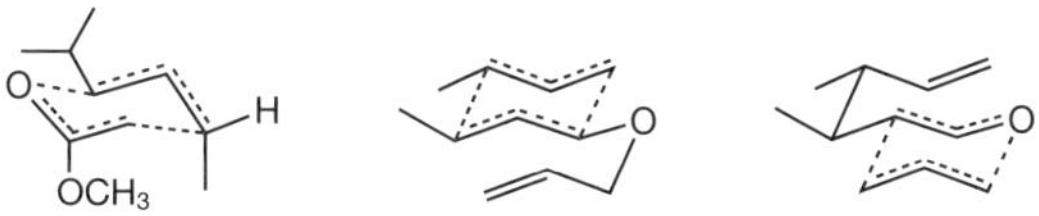

[解説] a. 加熱条件で 1,3,5-トリエンの電子環状反応は逆旋で進行する．b. アルコールとオルト酢酸トリメチルを酸性条件で反応させると，ケテンアセタールが生成する．この生成物はアリルビニルエーテルの部分構造をもち，Claisen 転位を起こす．反応は最もかさ高いイソプロピル基がエクアトリアルにあるいす形の遷移状態を経由して進行する．c. オキシ Cope 転位と Claisen 転位は，ともにいす形遷移状態を経由して進行する．解答では (C) と (F) の構造式を 2 種類示し，一方では遷移状態との関連性をわかりやすくした．

**14・8** 1)

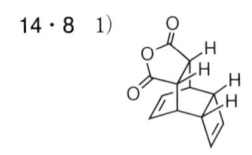

2) 化合物（**B**）の構造中には複数の 1,5-ヘキサジエン構造があり，Cope 転位が起こることにより，同一構造をもつ生成物が生じる．この生成物が順次 Cope 転位を起こすことにより，非常に多くの同一構造の間の交換（縮重転位）が可能である．低温では 4 種類のシグナルが観測されるが，高温では 4 種類のシグナルが非常に速く交換するため 1 本のシグナルとなる．

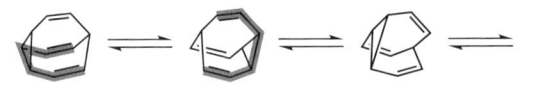

[解説] 1) シクロオクタテトラエンの電子環状反応（6π，逆旋）とそれに続く無水マレイン酸との Diels-Alder 反応．2) 化合物（**B**）はブルバレンとよばれる．

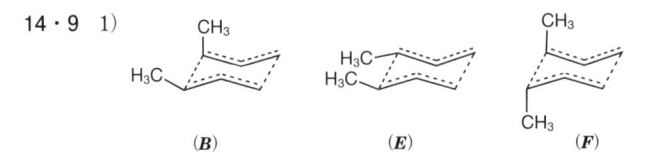

**14・9** 1)

(**B**)　　　(**E**)　　　(**F**)

2) [3,3]シグマトロピー転位はいす形遷移状態を経由する．化合物（**G**）を生成する遷移状態（**E**）では二つのメチル基はエクアトリアル位にある．一方，化合物（**H**）を生成する遷移状態（**F**）では二つのメチル基はアキシアル位にあり，立体ひずみのため不安定である．そのため，遷移状態（**E**）を経由した反応が優先的に進行する．

**14・10** 1) 式 b の反応が容易に進行する．Diels-Alder 反応では，ジエンの HOMO とジエノフィルの LUMO の相互作用が重要であり，軌道間のエネルギー差が小さいほど相互作用が大きくなる（下図）．1,3-ブタジエンに電子供与性のメトキシ基が置換すると HOMO のエネルギーは上昇し，エテンに電子求引性のホルミル基が置換すると LUMO のエネルギーは低下する．その結果，式 b の反応のほうが相互作用する HOMO-LUMO 間のエネルギー差が小さくなり，反応が速くなる．

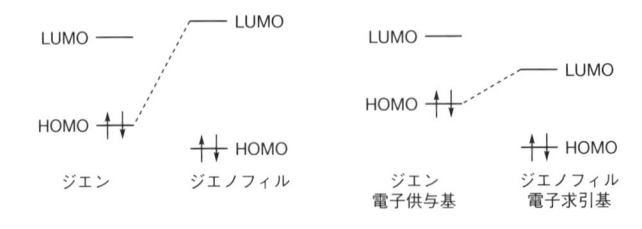

2) ジエンの1位に電子供与性のメトキシ基が置換すると，HOMO の係数の絶対値は置換基から最も遠い炭素で大きくなる．ジエノフィルに電子求引性のホルミル基が置換すると，LUMO の係数の絶対値は置換基から遠い炭素で大きくなる．反応するときに，HOMO と LUMO における係数の絶対値が大きい分子軌道どうしの相互作用が有利であり，下式に示すように化合物 (**B**) に比べて化合物 (**A**) が生成する反応が起こりやすい．

係数の絶対値を円の大きさで表示

**14・11** 1) ジエンには電子求引性の置換基が，ジエノフィルには電子供与性の置換基が結合しているので，一般的な Diels-Alder 反応とは逆の組合わせ（逆電子要請），すなわちジエンの LUMO とジエノフィルの HOMO の相互作用を経由して反応が進行する．以下に示すように，ジエンもジエノフィルも置換基から遠い炭素で軌道の係数の絶対値が大きく，これらが相互作用する位置で反応が進行する．

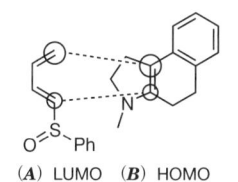

(**A**) LUMO　(**B**) HOMO

2) 以下に示すジエンの LUMO とジエノフィル（部分構造）の HOMO の相互作用において，炭素－炭素結合形成の分子軌道の重なり（破線）のほかに，ジエンの2位の炭素とジエノフィルに置換した窒素の分子軌道間で二次的な相互作用（灰色点線）が働く．そのため，より安定なこの遷移状態を経由して環化することにより，スルホキシド部分の立体配置が決まる．

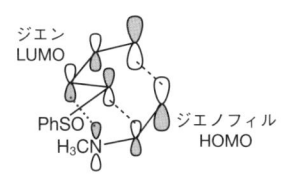

## 15章 糖質，アミノ酸

**15・1** 1)

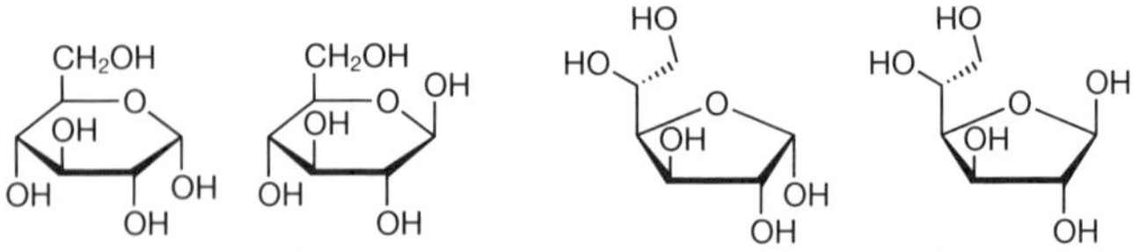

α-アノマー　β-アノマー　　　α-アノマー　β-アノマー
　　ピラノース　　　　　　　　　フラノース

2)

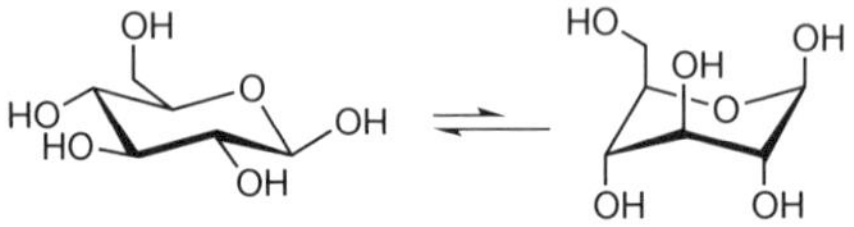

すべての置換基がエクアトリアルにある左辺のいす形配座が安定である．

3) 基質 (**A**) または (**B**) に $Ag_2CO_3$ を反応させると，AgBr の生成を伴いカルボカチオン中間体になる．基質 (**A**) では2位のアセトキシ基の隣接基関与によりカルボカチオンの一方の面が遮蔽され，求核剤のアルコールは反対側の面から攻撃して β-アノマーが選択的に生成する．一方，メトキシ置換基をもつ基質 (**B**) ではこのような効果がないので，カルボカチオンの両側の面から求核剤が攻撃するので，2種類の異性体が混合物として得られる．

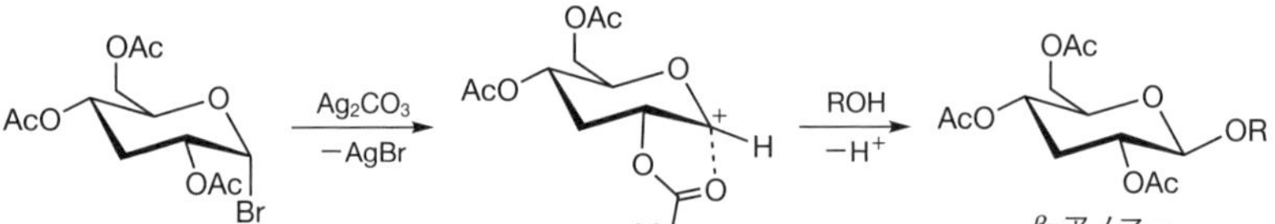

β-アノマー

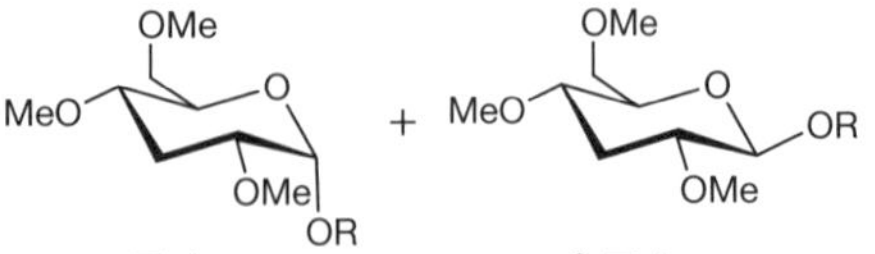

α-アノマー　　　β-アノマー

**15・2** 1) α体とβ体の2種類

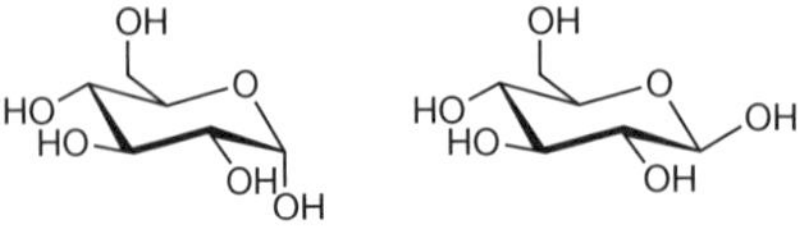

2)

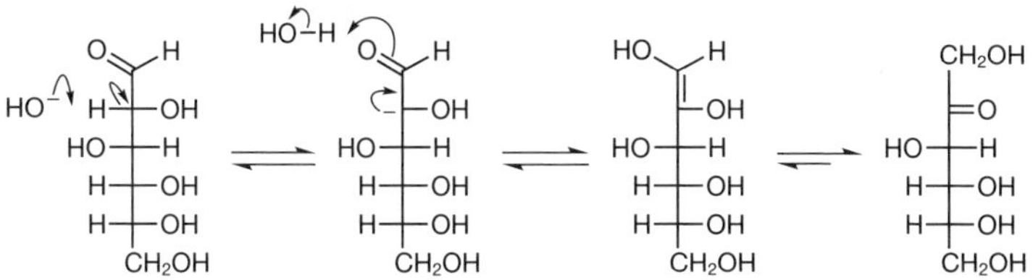

[構造式: D-グルコースからD-フルクトースへの互変異性変換の段階的な構造式]

塩基がカルボニル基のα水素を引抜き，生じたエノラートのカルボニル酸素原子へのプロトン化によりエンジオールが生成し，互変異性によりD-フルクトースに変化する．

3)

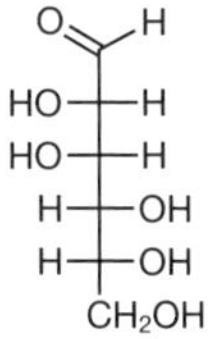

[構造式: D-マンノース]

**15・3**  HCN (**A**)

[構造式 (**B**), (**C**), (**D**)]

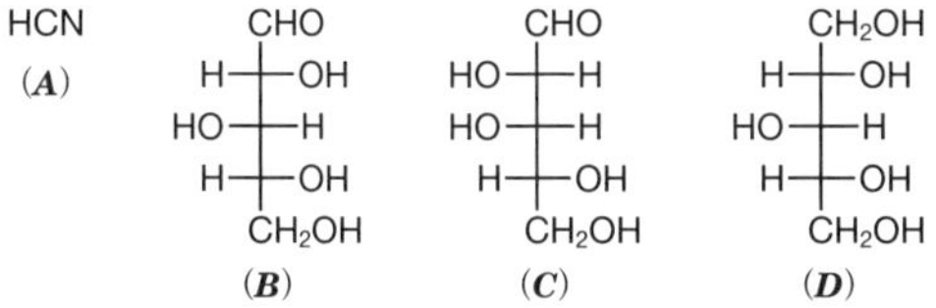

[解説] トレオースから (**B**) と (**C**) への段階は Kiliani-Fischer 合成法とよばれ，シアノヒドリンを経由してアルドースの炭素鎖を一つ伸長する変換である．キシリトールはメソ化合物であり，光学不活性である．

**15・4**

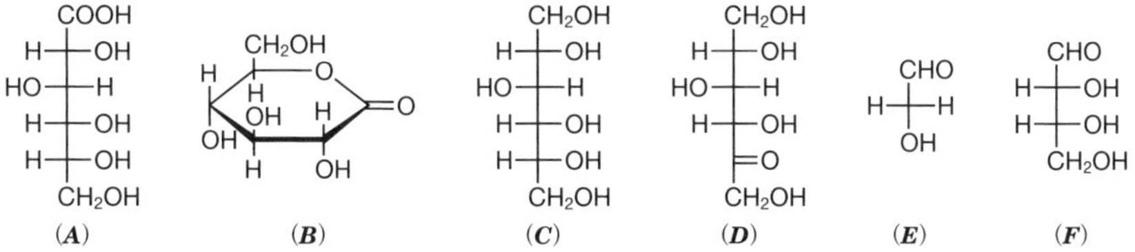

[構造式 (**A**)〜(**F**)]

**15・5**

[構造式: サリゲニン，サリシン]

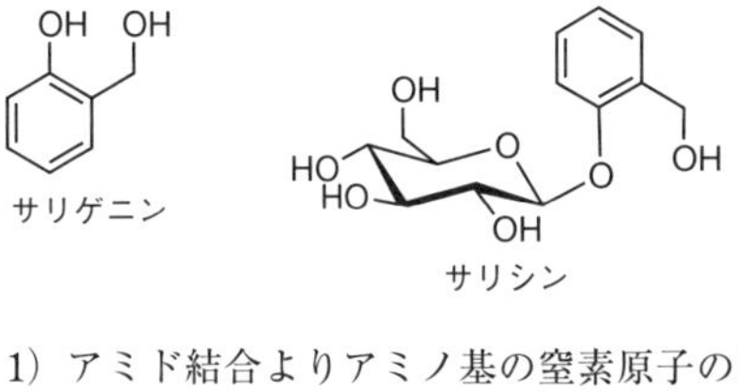

**15・6**  1) アミド結合よりアミノ基の窒素原子のほうが塩基性が強い．アミド結合では，下記の共鳴により窒素原子の非共有電子対が非局在化するため，塩基性を示さない．

2)

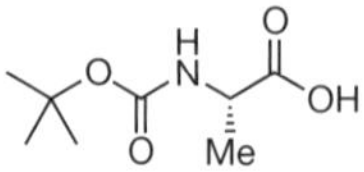

(A), 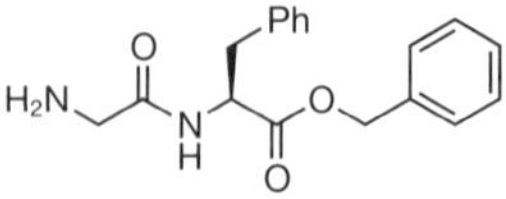 (B), 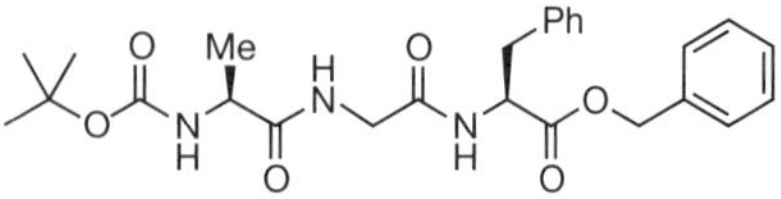 (C), 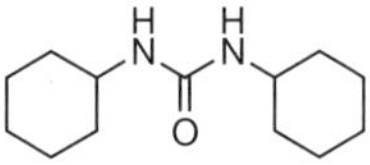 (D), 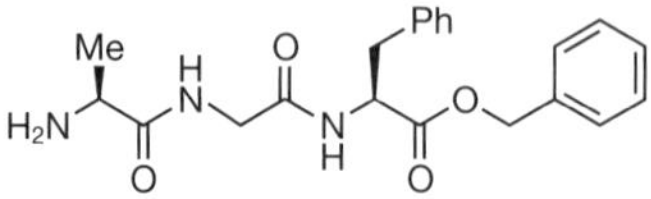 (E), 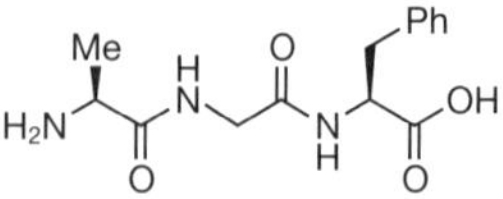 (F), 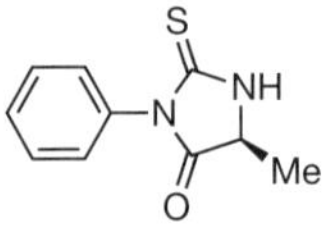 (G), 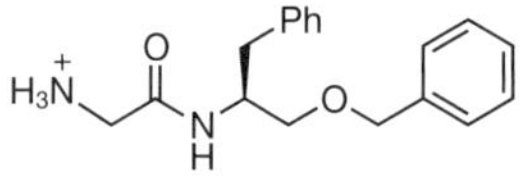 (H)

(G)と(H)は順不同

3)

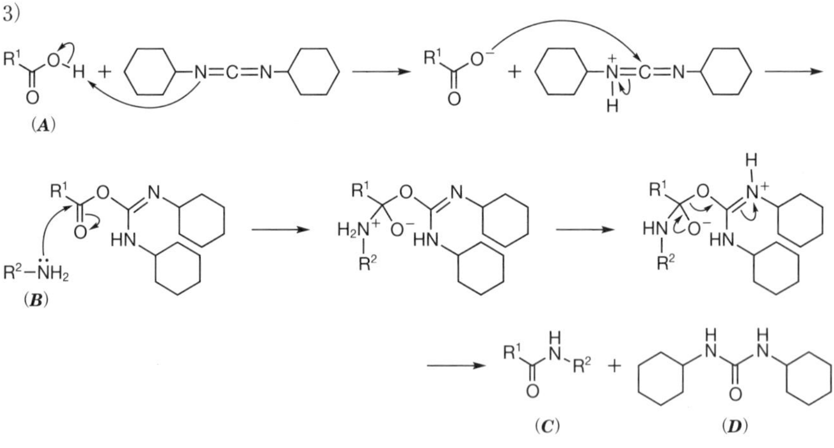

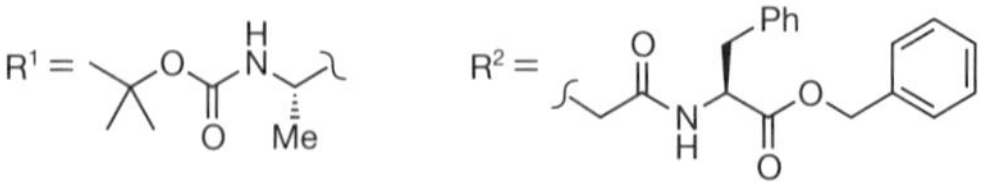

[解説] カルボン酸とジシクロヘキシルカルボジイミド（DCC）から O-アシルイソ尿素が生成し，この活性化された中間体のカルボニル基に対してアミンが付加し，最終的にはペプチドと N,N′-ジシクロヘキシル尿素が生成する．

4) [化学構造式]

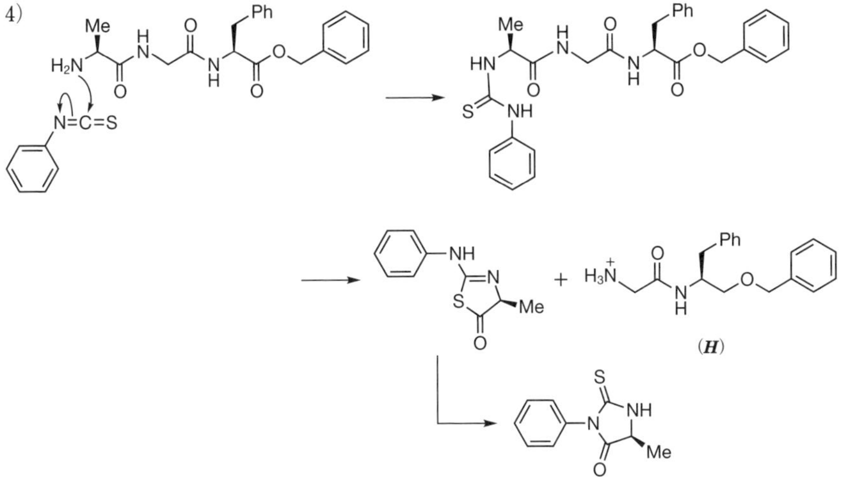

5) [化学構造式 3つ]

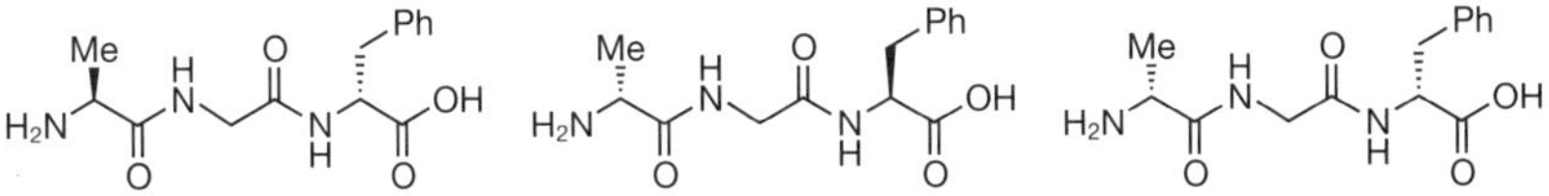

**15・7** 1) 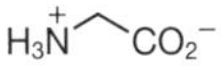 $H_3\overset{+}{N}\frown CO_2^-$

カルボキシ基はプロトン付加したアミノ基よりも酸性度が高いため,中性のpH 7 では双性イオンで存在する.

2) [化学構造式]

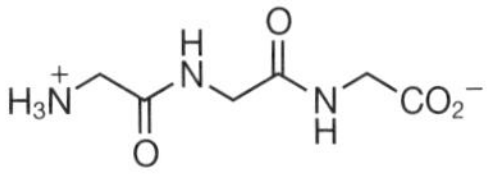

グリシンのカルボキシ基の$pK_a$はグリシンのトリペプチド中のカルボキシ基の$pK_a$より小さい.グリシンの双性イオン構造では,α位にある電子求引性のアンモニオ基により,カルボキシラートイオンが安定化される.トリペプチドでは,α位にあるのは中性のアミド窒素であり,このような安定化の効果はない.

3) [化学構造式]

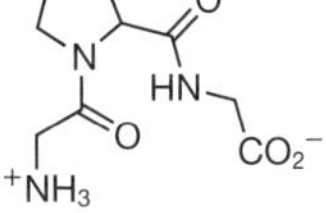

プロリンは環状構造をもつアミノ酸であるため,ペプチド結合の主鎖がねじれる.その結果,非環状のグリシンからなるトリペプチドと立体構造が異なる.

[解説] 2) 参考：グリシンのトリペプチドのカルボキシ基の p$K_a$ 3.2.

**15・8**

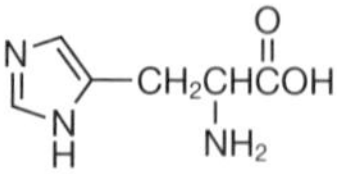

ヒスチジン 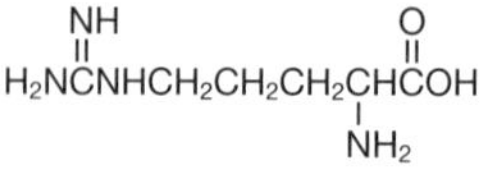　　　アルギニン

ヒスチジン中のイミダゾール環では，二重結合の窒素がプロトン化された共役酸は以下の共鳴により安定化される．もう一つの窒素の非共有電子対はイミダゾールの芳香族性に関与しているので，塩基性度は非常に低い．

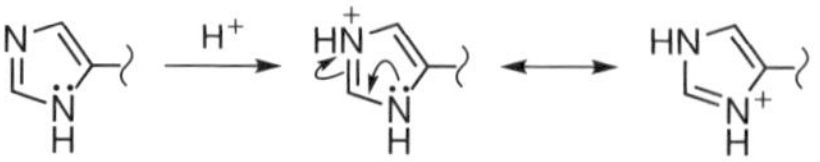

アルギニン中のグアニジン構造では，二重結合の窒素がプロトン化された共役酸は以下の共鳴により安定化されるので，ほかの窒素原子より塩基性度が高い．

**15・9**

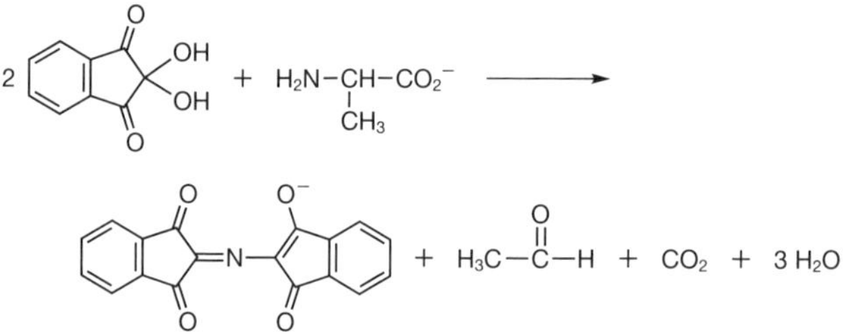

[解説] ニンヒドリンの脱水によりトリオンが生成し，これがアミノ酸と反応して，イミンの生成，脱炭酸，加水分解を経て，最終的に紫色に呈色する色素とアルデヒド（アラニンの場合アセトアルデヒド）になる．この反応はアミノ酸の定性試験に用いられ，ニンヒドリン反応とよばれる．


# 16 章　スペクトルによる構造解析

**16・1** 1) (A) H$_3$CO-CH$_2$-OCH$_3$　　2) (B) H$_3$CO-CH(OCH$_3$)-OCH$_3$　　3) (C) H$_3$CO-C(CH$_3$)$_2$-OCH$_3$

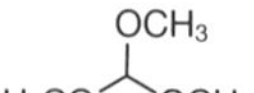

16・2  1) アセトン  2) アリルアルコール  3) プロパナール  4) メチルビニルエーテル

[解説] カップリングの記号 dd は，二重線が異なる結合定数でさらに二重線に分裂したシグナル（合計4本）を示す．

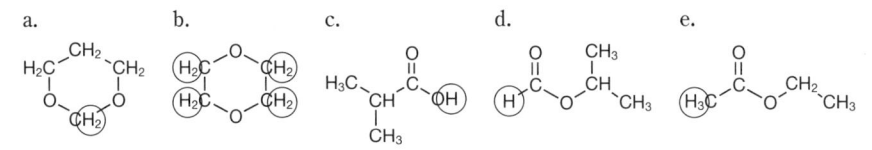

16・3  1)
a. 1,3-ジオキサン (H₂C-CH₂ 囲み)  
b. 1,3-ジオキサン (OCH₂O および CH₂ 囲み)  
c. イソ酪酸 (OH 囲み)  
d. ギ酸イソプロピル (H 囲み)  
e. 酢酸エチル (H₃C 囲み)

2) c > d > a > b > e

16・4
(A) 1,1-ジメチルインダン  
(B) 2-メチル-4-フェニル-2-ブタノール

[解説] (A) のベンゼン環の水素は4種類あるが，化学シフトが近いため一重線に見える．

16・5  1)
(A) 安息香酸  
(B) イソブチルアルコール

2) a. カルボキシ基のO-H結合  b. カルボキシ基のC=O結合

[解説] 化合物 (A) は，¹H NMR スペクトルの δ 7.0〜8.5 に5H分のシグナルがあるので，一置換ベンゼンである．δ 12 付近の幅広いシグナルはカルボキシ基の水素に特徴的である．化合物 (B) は水素不足指数が0であり，重水と交換するOHの1Hのシグナルがあるので，炭素数4のアルコールである．¹H NMR スペクトルにおいて，δ 1.0 の 6H, d は 2個のメチル基，比較的低磁場である δ 3.4, d は酸素に結合したメチレン基を示す．交換しやすいOHプロトンとのカップリングは観測されていない．

16・6  1) 化合物 (A)  z > y > x   化合物 (B)  z > y > x
2)
(C) p-キシレン  
(D) m-キシレン  
(E) o-キシレン

16・7  伸縮振動の波数は結合が弱いほど低波数にシフトする．N-メチルアセトアミドでは，以下に示す共鳴構造式によりC=O結合の二重結合性が低く結合が弱いため，このような効果がない酢酸メチルに比べて低波数に観測される．

酢酸メチル　　　　　N-メチルアセトアミド

**16・8** 1) (**B**)　　2) 6本

[解説] ¹H NMR スペクトルの芳香族領域のシグナル ($\delta$ 7.0, 7.9 ともに二重線) からパラ二置換ベンゼンであり, $\delta$ 12.7 に現れる幅広いシグナルはカルボキシ基の水素によるものである.

**16・9** 分子式から水素不足指数は 2 である. UV 吸収から多重結合の存在がわかる. ¹H NMR の化学シフトから, エチル基とイソプロピル基の存在が予想される. メチン水素の化学シフトが低磁場 ($\delta$ 4.87) であることから, イソプロピル基が酸素に結合している. $\delta$ 5.83 と 6.88 のシグナルはアルケン水素であり, 結合定数が大きいことより二重結合のトランスの位置にある. NOE の結果から, $\delta$ 2.00 のエチル基のメチレン水素と $\delta$ 5.83 のアルケン水素は, 近い位置にある. したがってこの化合物は (*E*)-2-ペンテン酸イソプロピルであり, 以下の構造式中に ¹H NMR の帰属を示す.

H₃C—CH₂　$\delta$ 6.88 H　O　CH₃　$\delta$ 4.87
$\delta$ 1.06　$\delta$ 2.00　H $\delta$ 5.83　CH　$\delta$ 1.32

[解説] アルケンの H—C=C—H の水素間の結合定数は, シス (*J* 6〜12 Hz) よりトランス (*J* 11〜18 Hz) のときのほうが大きい. 核 Overhauser 効果 (NOE) は NMR の応用測定により調べることができ, ある原子核の共鳴周波数の電磁波を照射したとき, その近くにある原子核の共鳴の強度が増加する現象である.

**16・10**

(**A**)　　(**B**)　　(**C**)

[解説] IR スペクトルにおいていずれの化合物も 1700 cm⁻¹ 付近に強い吸収を示すことから, C=O 基をもつ. ¹H NMR スペクトルから以下のことがわかる. 化合物 (**A**): 芳香族領域 ($\delta$ 7 付近) に 5H があることから一置換ベンゼン. 2H, q と 3H, t のシグナルはエチル基の存在を示し, 化学シフトから酸素に結合している. 残りの 2H, s は孤立した CH₂ の存在を示す. 化合物 (**B**): 芳香族領域 ($\delta$ 7〜8) にある 2 組の 2H, d のシグナルから, パラ二置換ベンゼン. 低磁場 ($\delta$ 9.8) の 1H, s はホルミル基の水素によるものである. 高磁場側の三つのシグナルは水素数と多重度からプロピル基によるもので, 2H, t が低磁場にあることから酸素に結合している. 化合物 (**C**): C=O をもち 12H がすべて等価になる構造は, テトラメチルベンゾキノンである. 共役エノンの IR の吸収は低波数シフトする.

**16・11** 1) $H^A$　2) $H^C$

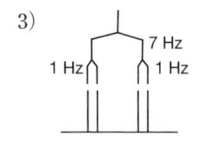

3) $H^B$と7Hzで二重線に分裂し，各ピークがさらに$H^A$と1Hzで二重線に分裂するので，4本のピーク（二重の二重線，dd）で観測される．

4) （構造式：H₃CO-CH=CH-C≡C-H，シス体）

[解説] アルケン水素間の結合定数は比較的小さいので，アルケンはシス体である．

**16・12** 1) 2　2) シクロヘキシリデン =CH₂ 構造，106.9 ppm（=CH₂），149.7 ppm（環炭素）　3) シクロヘキシル-CH₂-OH，68.2 ppm

[解説] DEPT は炭素に結合した水素数を区別するために用いられる $^{13}C$ NMR の応用測定法である．用いるパルス幅の角度により，DEPT-90 や DEPT-135 の測定法があり，DEPT-90 では CH（第三級）の炭素だけが正のシグナルとして観測され，DEPT-135 では $CH_3$（第一級）と CH が正のシグナルで，$CH_2$（第二級）が負のシグナルで観測される．水素が結合していない炭素（第四級）は，どちらの方法でも現れない．

**16・13** 1) 元素分析値 C: 68.7%，H: 6.3%，O: 25.0%，分子式 $C_{11}H_{12}O_3$．
2) 三置換．1位，3位，5位．
3) $J_{AB} = 1.0$ Hz　$J_{AC} = 10.7$ Hz　$J_{BC} = 17.6$ Hz
4) 3-メトキシ-5-ビニル安息香酸メチル（H₃CO-ベンゼン環-COOCH₃，ビニル基付き）

[解説] 1) 化合物（**A**）1.00 g に含まれる C, H, O の質量は，C: $2.52 \times 12.0/44.0 = 0.687$ g，H: $0.562 \times 1.01 \times 2/18.02 = 0.063$ g，O: $1.00 - 0.687 - 0.062 = 0.250$ g．各元素の組成は C : H : O = $0.687/12.0 : 0.063/1.01 : 0.250/16.0 = 11 : 12 : 3$．2) 芳香族領域には3種類のシグナル（各1H分）があり，小さい結合定数で三重線に分裂しているので，ベンゼンの置換基は三つで，どの芳香族水素も隣接していない．4) 4 ppm 付近の a と b のシグナルはそれぞれ 3H, s であり，酸素に結合したメチル基である．1,3,5-三置換ベンゼン，ビニル基，二つのメトキシ基の存在から，残りはカルボニル基となり，3-メトキシ-5-ビニル安息香酸メチルとなる．

**16・14** 1) 分子の対称性に応じて，$^{13}$C NMR シグナルはオルト異性体は3本，メタ異性体は4本，パラ異性体は2本であり，本数だけで区別することができる．
2) 天然に存在する塩素の同位体は $^{35}$Cl：$^{37}$Cl が約3：1であり，質量スペクトルでは存在比に応じて別べつに観測される．p-ジクロロベンゼンでは，$C_6H_4{}^{35}Cl_2$，$C_6H_4{}^{35}Cl^{37}Cl$ と $C_6H_4{}^{37}Cl_2$ のピークがそれぞれ 146, 148, 150 に約9：6：1の比率で現れる．
3) エステルの C=O 結合の伸縮振動は一般的に 1760 cm$^{-1}$ 付近に観測され，化合物 (**A**) の吸収はこの領域にある．化合物 (**B**) では C=O 結合は C=C 結合と共役しているため，共鳴構造の寄与により結合が弱くなり吸収が低波数に移動する．
4) 化合物 (**C**) では分子内水素結合（下図）が可能であり，濃度の変化にかかわらず水素結合した O-H 結合の領域に伸縮振動が観測される．化合物 (**D**) では，希薄溶液では水素結合していない分子が多いため高波数に伸縮振動が現れるのに対し，高濃度では分子間水素結合を形成しやすくなるため吸収は低波数になる．

**16・15** 1) (**A**)
　化合物 (**A**) の trans-スチルベンは同一平面配座をとるのに対し，化合物 (**B**) の cis-スチルベンは立体障害のためフェニル基が二重結合に対してねじれた配座をとる．π 電子の共役は同一平面のときに最大になり，吸収を長波長に移動する効果があるので，化合物 (**A**) のほうが長波長側に観測される．
2) (**C**)
　強い吸収を示すカルボニル基 C=O の伸縮振動に注目する．カルボニル基は，化合物 (**C**) では孤立したケトンであるのに対し，化合物 (**D**) では C=C 二重結合と共役したエノンである．エノンの C=O 結合は共鳴により二重結合性が低いので，吸収波長が低波数に移動する．したがって，化合物 (**C**) のほうが高波数側に吸収を与える．

**16・16** 1) 9.28 ppm のシグナルは環の外側に向いた 12 個の H$^o$ のシグナル．-2.99 ppm のシグナルは環の内側に向いた 6 個の H$^i$ のシグナル．この化合物は環状の 18π 電子系をもち芳香族性を示す．分子が<u>外部磁場</u>中におかれると環電流が生じ，環の外側の<u>水素原子</u>は<u>反遮蔽</u>の<u>誘起磁場</u>により低磁場に，環の内側の水素原子は<u>遮蔽</u>の誘起磁場により高磁場

にシフトする.

2) *cis*-デカリン (**B**) では，いす形配座の反転により以下に示すような2種類の立体配座間の交換が起こる．この過程により，メチレン水素はエクアトリアル位とアキシアル位間で相互に交換するため，水素のシグナルが幅広く観測される．*trans*-デカリン (**C**) では，一方のシクロヘキサン環に対してもう一つのシクロヘキサン環への二つの結合は両方ともエクアトリアル位であり，構造的に反転できないため以下の立体配座に固定されている．このとき，メチレン水素には4種類の環境があり，互いのカップリングにより複雑に分裂したシャープなシグナルとして観測される．

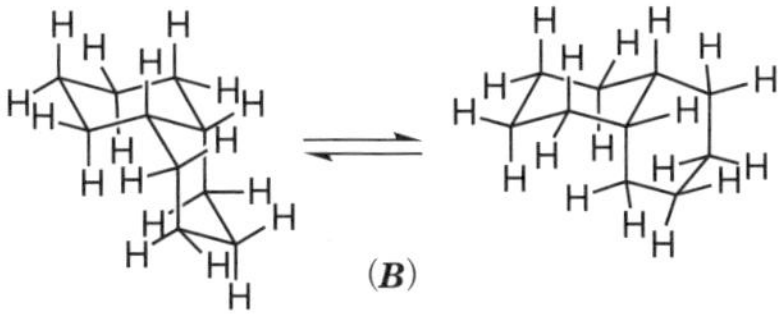

## 17章 総合問題

17・1 1), 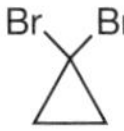 2), 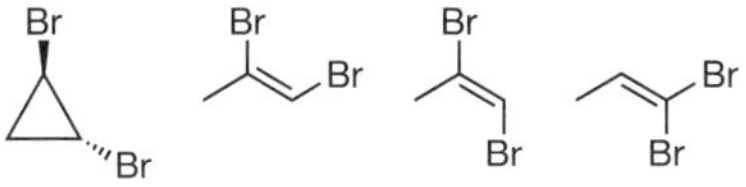 3), 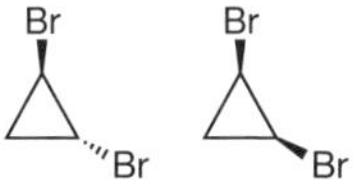 4)

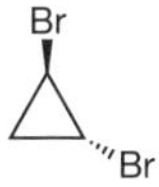

17・2 1)  シクロヘキセン (**A**) [ (**A**) →(1. O₃ 2. Zn, H₂O)→ OHC—(CH₂)₃—CHO →(塩基)→ (**X**) ]

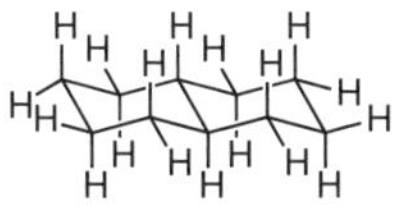

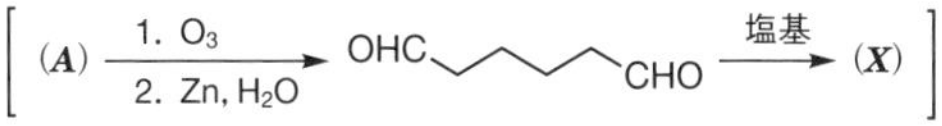

[ ] 内は問題文中の反応．以下同様．

2) 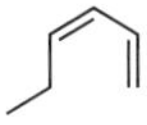 (**B**)  [ (**B**) →(加熱)→ ]

3) (**C**) [ (**C**) →(H₂O, Hg²⁺)→ (**Y**) →(I₂, NaOH)→ (CH₃)₃C-COO⁻ + CHI₃ ]

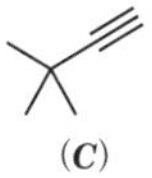

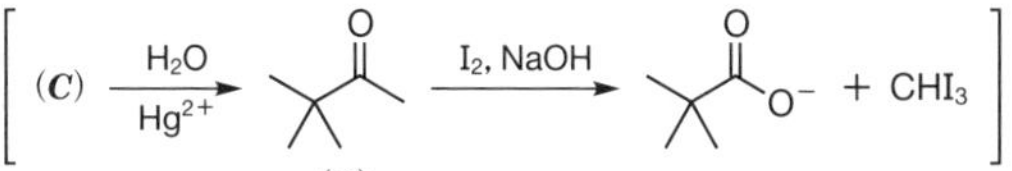

4)

(D)

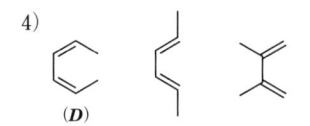

条件をみたす共役ジエンは上記の3種類である．Diels-Alder 反応が起こるためには，ジエン部が s-シス配座をとる必要がある．(2Z,4Z)-ヘキサジエン (D) では，両端のメチル基の立体障害のため s-シス配座が不安定であり，最も反応しにくい．

5)

(E) → (Z)

熱反応条件では 4π の環状電子反応は同旋で進行し，2E,4E の化合物 (E) から選択的にトランス体が生成する．

## 17・3
1)

2) (A)    3) (B)

## 17・4

(A)   (B)   (C)   (D)   (E)

## 17・5
1)

$$\text{EtNH-SO}_2\text{Ph} \xrightarrow[\text{H}_2\text{O}]{\text{NaOH}} \text{EtN}^-\text{Na}^+\text{-SO}_2\text{Ph} \qquad \text{Me}_2\text{N-SO}_2\text{Ph} \xrightarrow[\text{H}_2\text{O}]{\text{NaOH}} \text{反応が起こらない}$$

スルホンアミドの N–H は酸性度が高いので，N-エチル誘導体は強塩基条件で塩を形成して水に溶解する．N–H をもたない N,N-ジメチル誘導体は反応しないので，水に不溶のままである．

2) エポキシド $\xrightarrow{\text{H}_3\text{O}^+}$ HOC(Me)₂CH₂OH     テトラヒドロフラン $\xrightarrow{\text{H}_3\text{O}^+}$ 反応が起こらない

酸性水溶液中でオキシラン誘導体は容易に開環反応を起こし，対応する1,2-ジオールを生成する．テトラヒドロフランは同じ条件では反応しない．

3) 

加熱するとフタル酸は容易に酸無水物を生成するのに対し，テレフタル酸は反応しない．

4) 

ヒドロキシ基をもつ2-クロロエタノールは，ナトリウムと容易に反応して水素を発生し，分子内 $S_N2$ 反応によりオキシランになる．一方，(クロロメチル)メチルエーテルは反応しない．

**17・6** 化合物(**A**)が安定である．化合物(**B**)では，メチル基とピロリジン環2位のメチレン基の立体障害のため，ピロリジン環がシクロヘキセンのC=C二重結合の面に対してねじれた配座をとる．その結果，化合物(**B**)は置換基が多いアルケンであるにもかかわらず窒素の非共有電子対と二重結合の共鳴安定化が減少するため，化合物(**A**)に比べて熱力学的に不安定である．

(**B**)

[解説] 立体障害の原因になる置換基が二重結合のアリル位にあるので，この種の立体効果はアリルひずみとよばれる．

**17・7** 1) Markovnikov rule マルコフニコフ則　　2) conformation 立体配座
3) carbene カルベン　　4) Hückel rule ヒュッケル則　　5) chirality キラリティー
6) hydrophobic group 疎水基　　7) leaving group 脱離基
8) Michael addition マイケル付加 (conjugate addition 共役付加，または 1,4-addition 1,4付加)

**17・8**
1)　　2)　　3)

[解説] 1) E2反応，2) 脱炭酸，3) $S_N1$ 反応．

**17・9**
1)　　2)　　3)

**17・10** 1) ジアステレオマー

2) 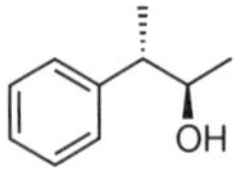 
(**B**) 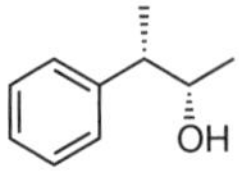    (**C**)
（エナンチオマーの一方を示す）

3) 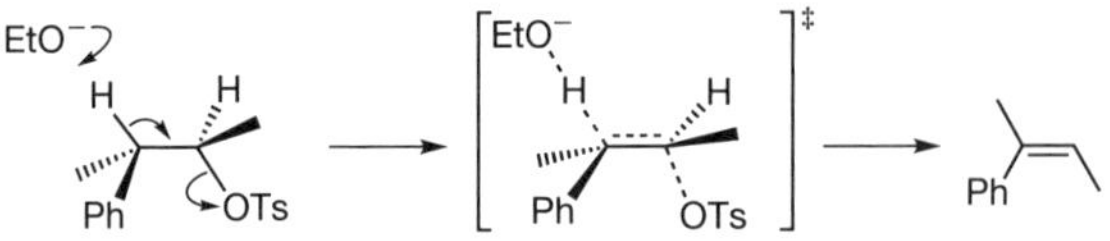 
(**B**) → (**D**)

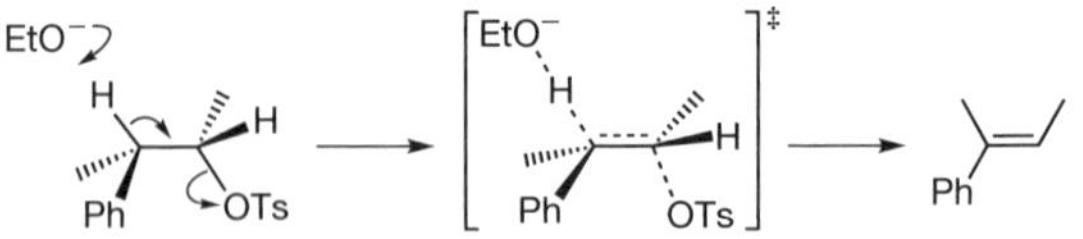

(**C**) → (**E**)

**17・11** 1) オキシム

2) (**B**) 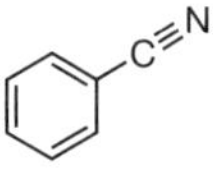   (**C**) 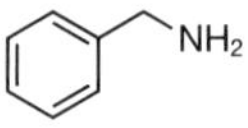   (**D**)

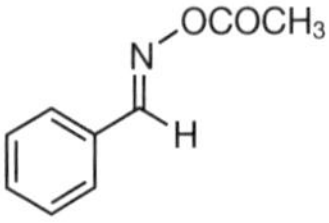

［解説］IR スペクトルにおける 2230 cm$^{-1}$ の吸収は，三重結合の存在を示す.

**17・12**

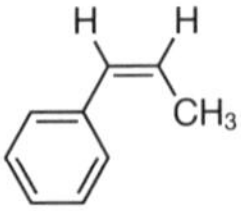

(**A**) 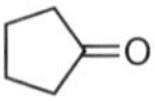  (**B**) 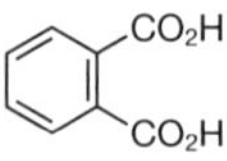  (**C**) 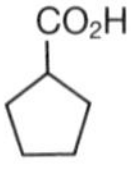  (**D**) 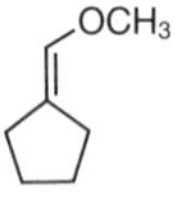  (**E**) 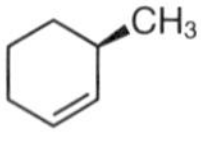  (**F**)

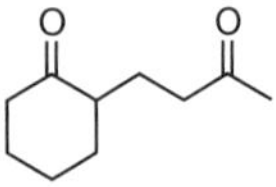

(**G**) 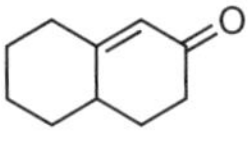  (**H**) 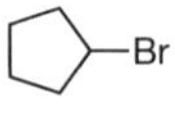  (**I**) 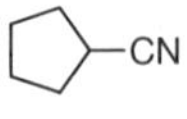  (**J**) 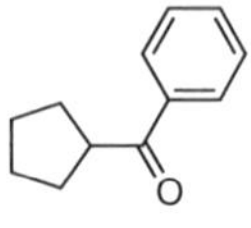  (**K**)

**17・13**

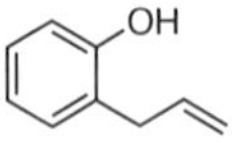

(**A**) 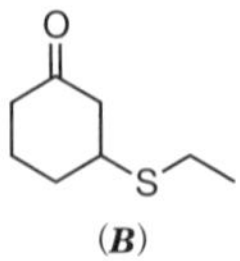  (**B**)   (**C**) 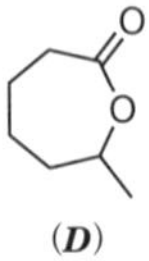  (**D**) 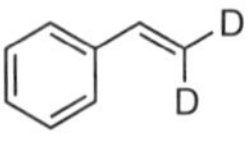  (**E**)

1) Claisen 転位   2) Michael 付加   3) Hofmann 脱離   4) Baeyer–Villiger 酸化

演習問題解答

5) Wittig 反応

**17・14** 1) a. ア  b. オ  c. イ  d. エ  e. キ  f. カ

2) (A) ~ (F) 構造式

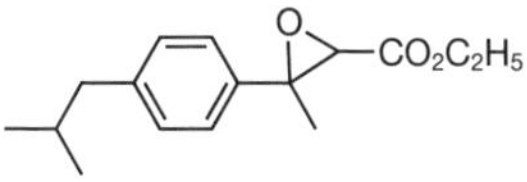

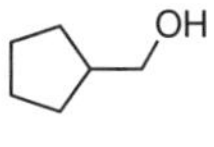

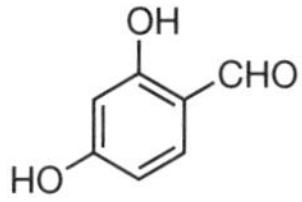

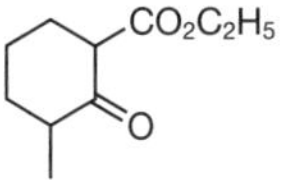

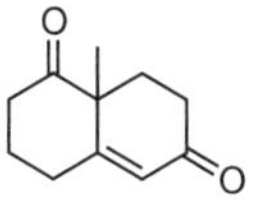

**17・15** (A) ~ (I) 構造式

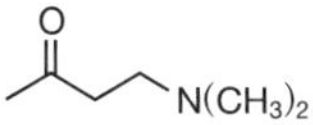

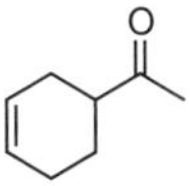

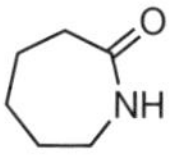

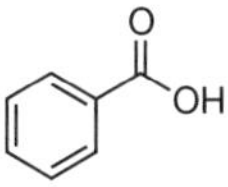

**17・16**
1) 2) 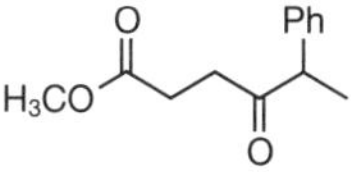 3) 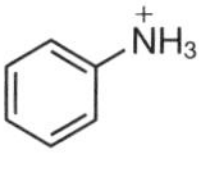 4) 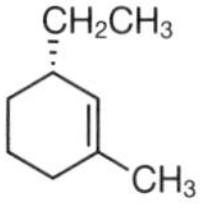 5)  6) 構造式

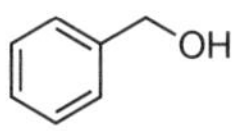

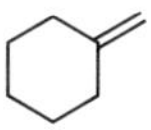

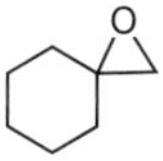

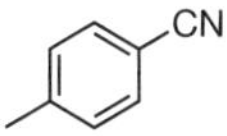

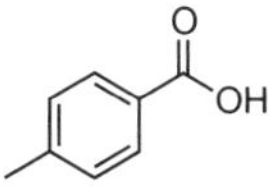

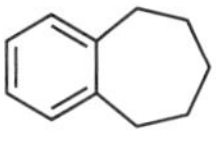

**17・17** (A) e, (B) g, (C) a, (D) k, (E) l, (F) j, (G) b, (H) f

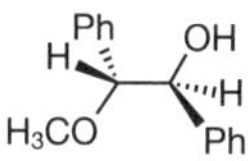

**17・18**
1) (A) ~ (F) 構造式

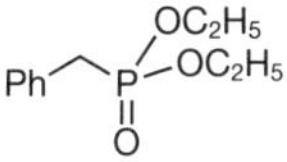

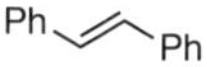

2) (D) → 回転 → → → → (E) + (F) O=PPh₃ の反応機構

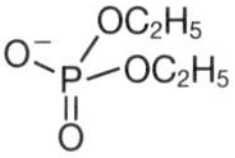

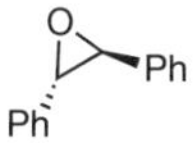

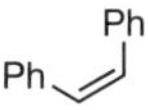

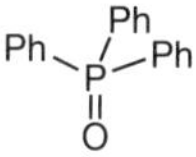

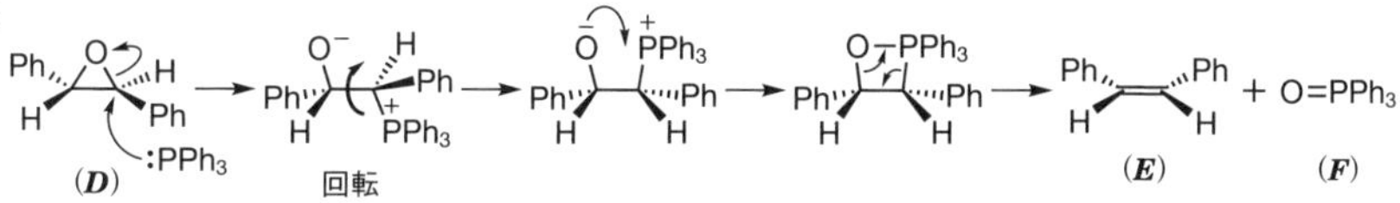

17・19 1)

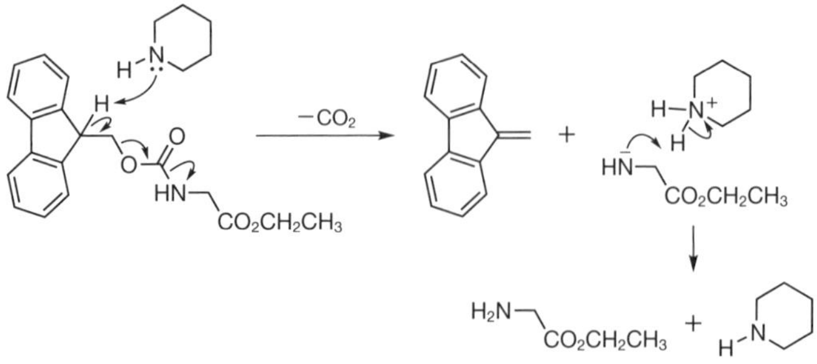

2)

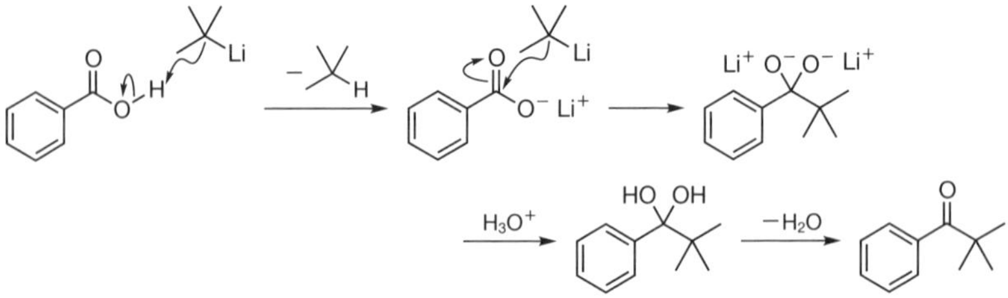

17・20
1)

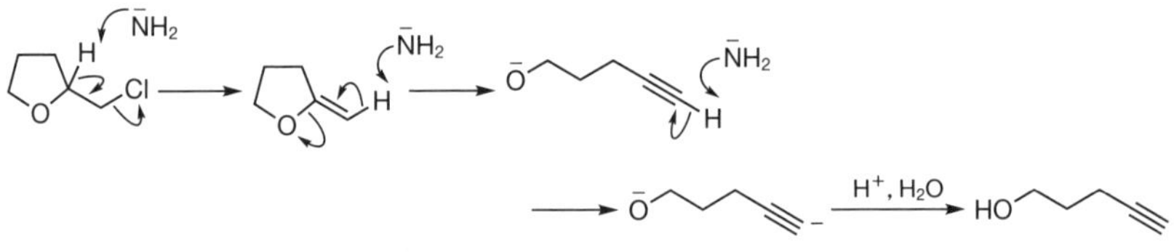

2)

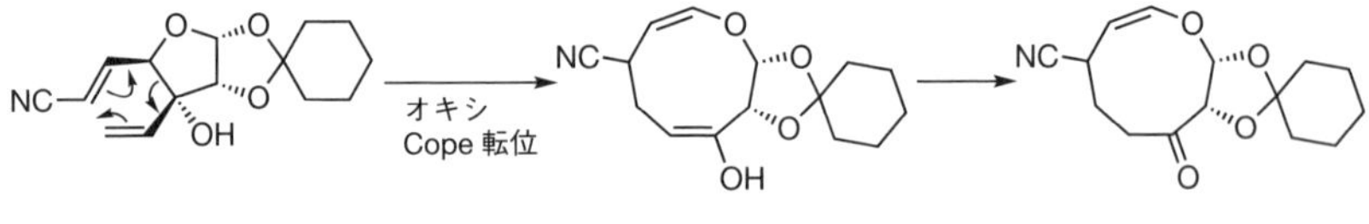

17・21 1)

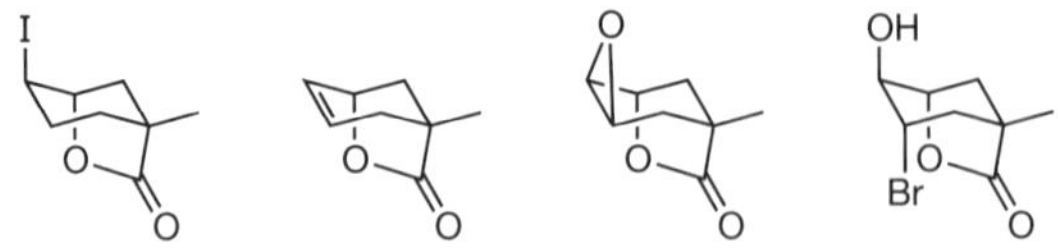

(A)　(B)　(C)　(D)

2)

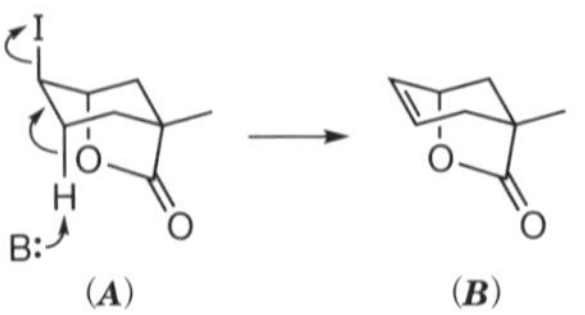

(A) → (B)　　B: = 塩基

**17・22**

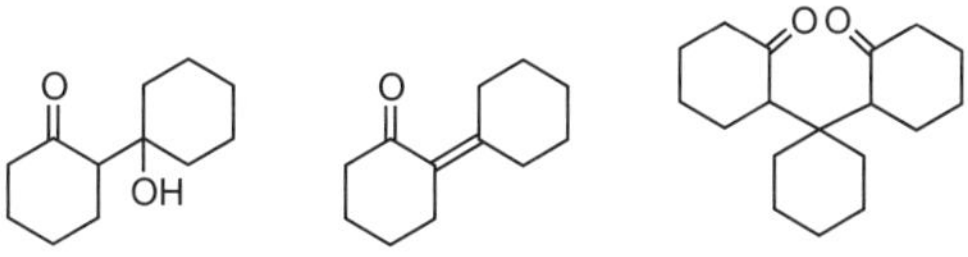

(B), (C), (D) 構造式

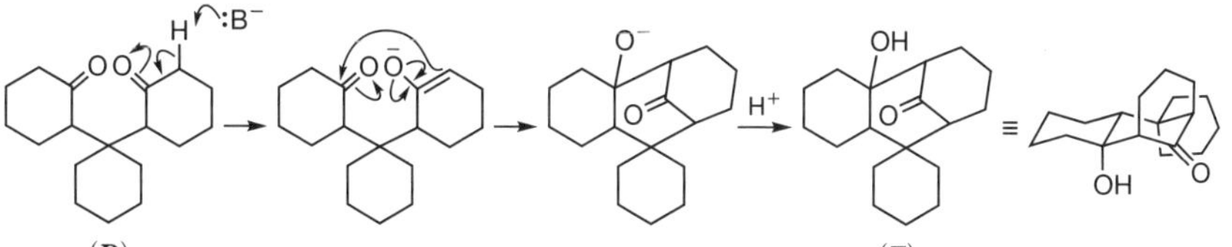

(D) → (E) 反応機構

[解説] アルドール縮合，Michael 付加，分子内アルドール付加が順次起こる．

**17・23** 1) シアノ化と還元反応により生成するのは，ブチルアミンではなくペンチルアミンである．以下のどちらかの反応を用いる．

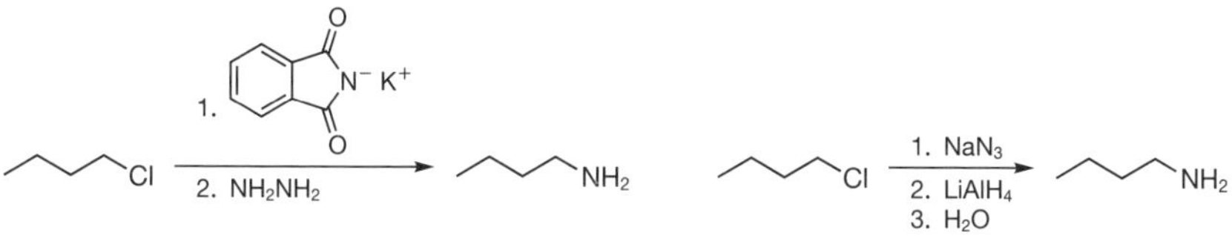

2) 問題なし．ただしメチルアミンを過剰量用いる．
3) 2段階目の脱水反応では 1-ブチルシクロヘキセンも生成する．Wittig 反応を用いる．

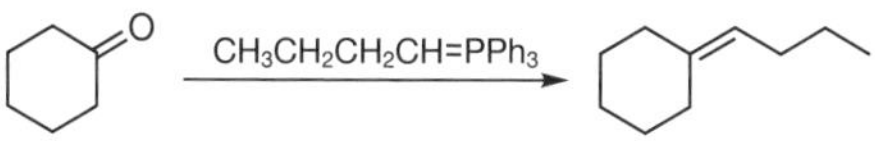

4) 問題なし．
5) 酸性度の高いヒドロキシ基があるので，Grignard 反応剤が生成しない．アルコールを保護したのち，Grignard 反応を行い，保護基を除去する．

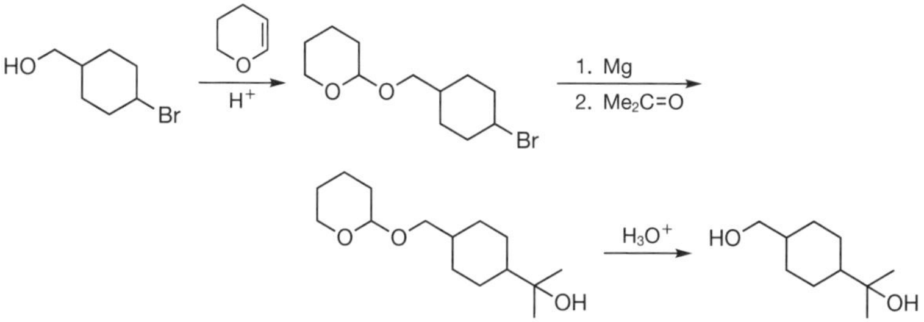

6) 1-クロロプロパンと AlCl₃ の錯体が容易に転位してイソプロピルカチオンが生成するので，主生成物はイソプロピルベンゼンである．Friedel-Crafts アシル化と還元反応により合成する．2 段目は Clemmensen 還元（Zn, Hg, HCl）でもよい（演習問題 10・3 参照）．

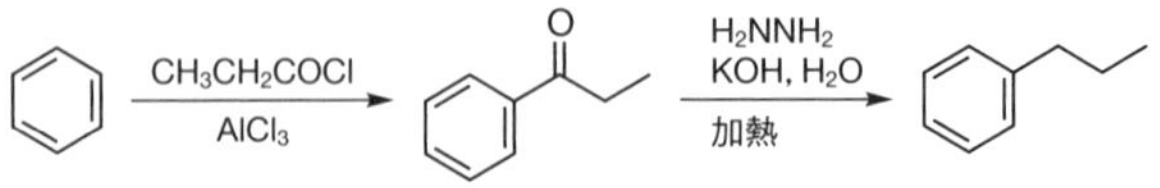

**17・24** 1)

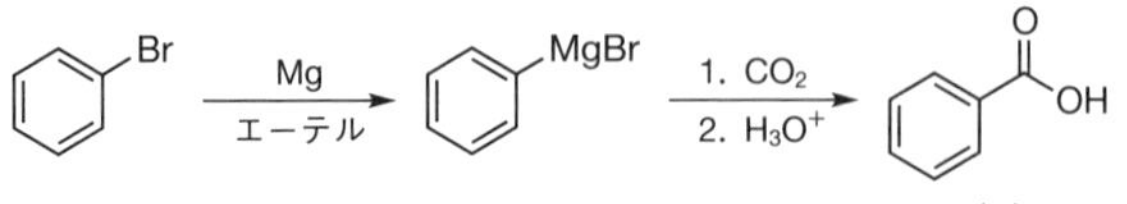

2) a. $SOCl_2$ または $(COCl)_2$　　b. $(CH_3)_2CuLi$

3)

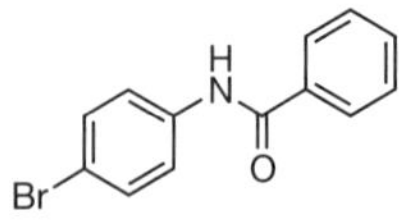

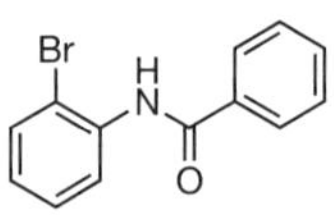

二つのベンゼン環のうち，カルボニル基が置換した不活性化されたベンゼン環ではなく，窒素が置換した活性化されたベンゼン環が反応する．パラ位に求電子置換が起こるときのカルボカチオン中間体は，以下に示す共鳴構造式により安定化される（オルト位の場合も同様）ので，パラまたはオルト置換体が得られる．

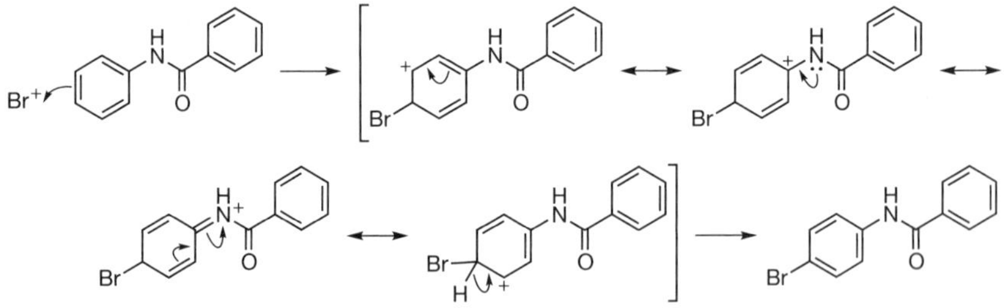

**17・25**

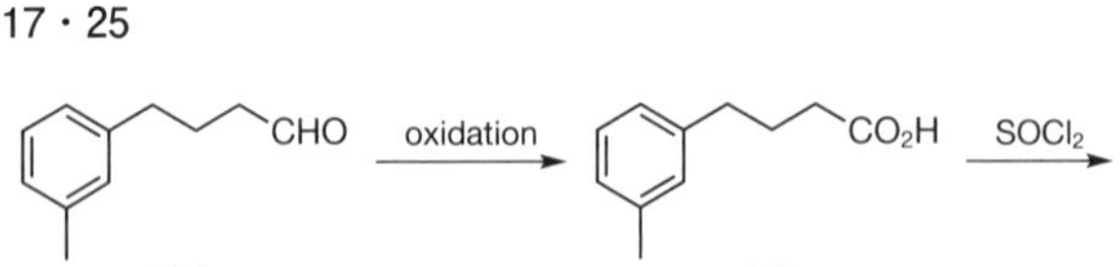

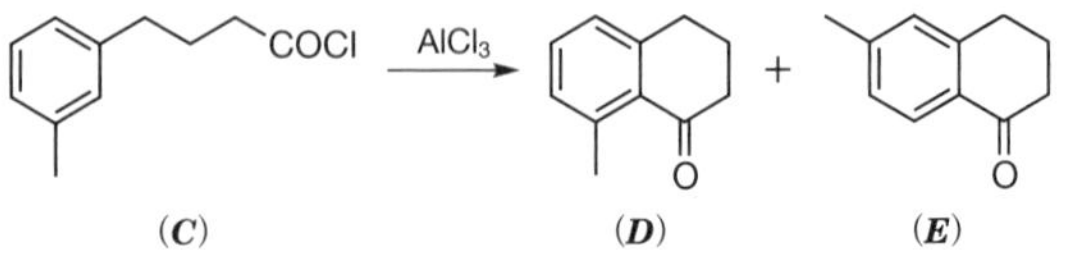

## 17・26

1) シクロヘキセン $\xrightarrow[\text{2. Zn, H}_3\text{O}^+]{\text{1. O}_3}$ OHC-(CH$_2$)$_4$-CHO $\xrightarrow[\text{2. H}_3\text{O}^+]{\text{1. NaBH}_4}$ HO-(CH$_2$)$_6$-OH $\xrightarrow{\text{PBr}_3}$ Br-(CH$_2$)$_6$-Br (**A**)

2) シクロペンタノール $\xrightarrow{\text{CrO}_3, \text{H}_2\text{SO}_4}$ シクロペンタノン $\xrightarrow{\text{NH}_2\text{OH}}$ シクロペンタノンオキシム $\xrightarrow{\text{H}_2\text{SO}_4}$ δ-バレロラクタム (**B**)

## 17・27

1) トルエン $\xrightarrow[\text{H}_2\text{SO}_4]{\text{HNO}_3}$ p-ニトロトルエン $\xrightarrow[\text{HCl}]{\text{Sn}}$ p-トルイジン $\xrightarrow{\text{Ac}_2\text{O}}$ p-メチルアセトアニリド $\xrightarrow[\text{FeBr}_3]{\text{Br}_2}$ 2-ブロモ-4-メチルアセトアニリド $\xrightarrow[\text{H}_2\text{O}]{\text{NaOH}}$ 2-ブロモ-4-メチルアニリン

2) シンナム酸メチル $\xrightarrow[\text{Zn/Cu}]{\text{CH}_2\text{I}_2}$ 2-フェニルシクロプロパンカルボン酸メチル $\xrightarrow[\text{2. H}_3\text{O}^+]{\text{1. NaOH, H}_2\text{O}}$ 2-フェニルシクロプロパンカルボン酸 $\xrightarrow{\text{SOCl}_2}$ 酸塩化物 $\xrightarrow[\text{2. HCl}, \text{3. NaOH}]{\text{1. NaN}_3}$ 2-フェニルシクロプロピルアミン

3) N-メチル誘導体 $\xrightarrow[\text{2. Ag}_2\text{O, H}_2\text{O}, \text{3. 加熱}]{\text{1. MeI}}$ $\xrightarrow[\text{2. Ag}_2\text{O, H}_2\text{O}, \text{3. 加熱}]{\text{1. MeI}}$ シクロオクタトリエン $\xrightarrow{\text{Br}_2}$ ジブロモ体 $\xrightarrow{\text{NHMe}_2}$ ビス(ジメチルアミノ)体 $\xrightarrow[\text{2. Ag}_2\text{O, H}_2\text{O}, \text{3. 加熱}]{\text{1. MeI}}$ シクロオクタテトラエン

## 17・28

1) ベンゼン $\xrightarrow[\text{AlCl}_3]{\text{CH}_3\text{COCl}}$ アセトフェノン $\xrightarrow[\text{FeCl}_3]{\text{Cl}_2}$ m-クロロアセトフェノン $\xrightarrow[\text{NaOH, 加熱}]{\text{NH}_2\text{NH}_2}$ m-クロロエチルベンゼン

演習問題解答

2) 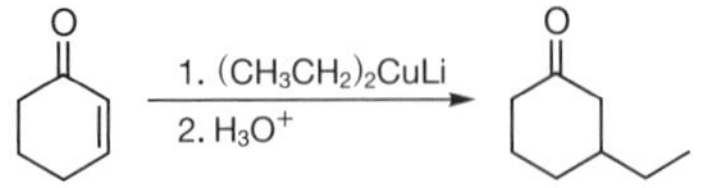 シクロヘキセノン + 1. (CH₃CH₂)₂CuLi / 2. H₃O⁺ → 3-エチルシクロヘキサノン

3) H₂N-CO-CH₂CH₂-C₆H₁₁ →(Br₂, NaOH)→ H₂N-CH₂CH₂-C₆H₁₁ →(1. CH₃I, 2. Ag₂O, H₂O, 加熱)→ ビニルシクロヘキサン

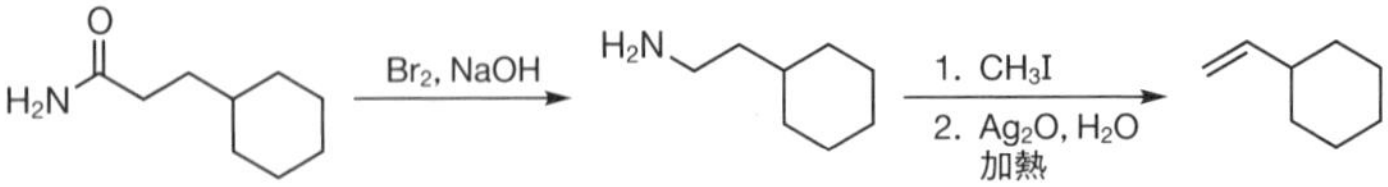

4) 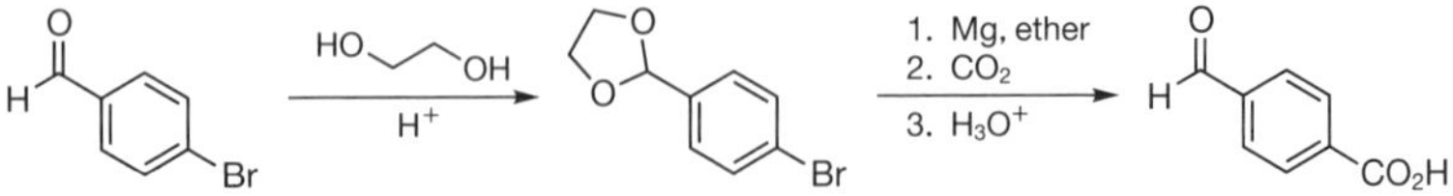 4-ブロモベンズアルデヒド →(HOCH₂CH₂OH, H⁺)→ 2-(4-ブロモフェニル)-1,3-ジオキソラン →(1. Mg, ether; 2. CO₂; 3. H₃O⁺)→ 4-ホルミル安息香酸

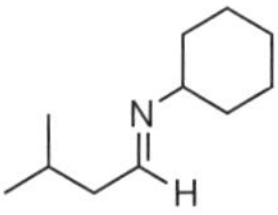

## 17・29

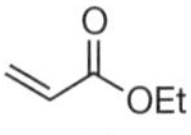

1) a. 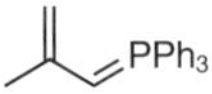 CH₂=C(CH₃)-CH=PPh₃  　b. CrO₃, H₂SO₄

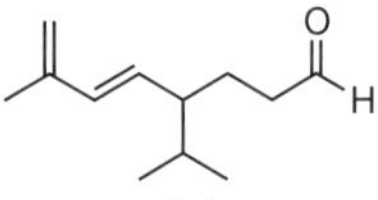

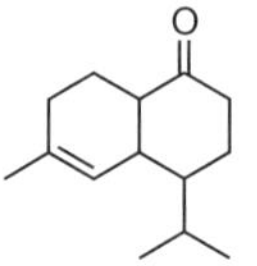

2) 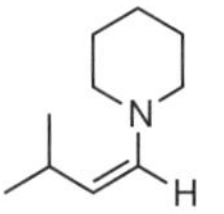 ア．エナミン　イ．イミン

(A) ピペリジンエナミン　(I) シクロヘキシルイミン

3) (B) アクリル酸エチル　(E) アルデヒド中間体　(H) オクタロン誘導体

## 17・30

1) 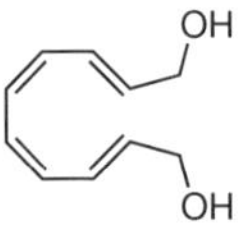 化合物(B): ジエン-ジオール

2) 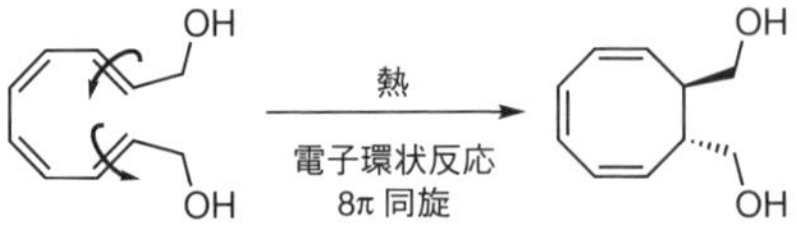 化合物(B) →(熱, 電子環状反応 8π同旋)→ 中間体(C)

3) 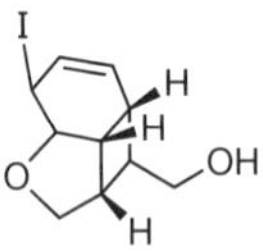 化合物(E): ヨード-オキサ二環式アルコール

4) 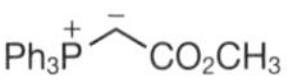 試薬(G): Ph₃P⁺-CH⁻-CO₂CH₃

5) 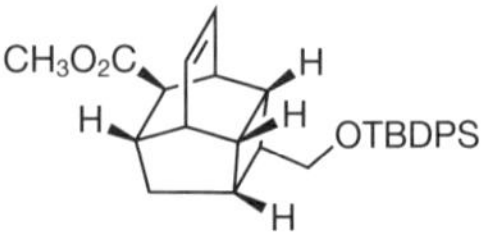 化合物(I): OTBDPS基を持つ二環式化合物

## 17・31

1) (C) Boc-N架橋, Br, CO₂CH₃
(F) Boc-N, HO, ラクトン
(G) Boc-N, MsO, ラクトン
(K) NHBoc, エポキシド, CO₂C₂H₅

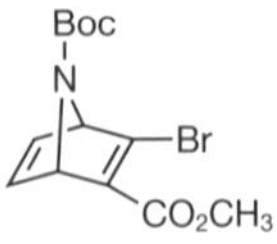

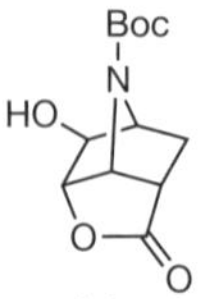

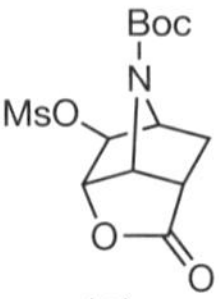

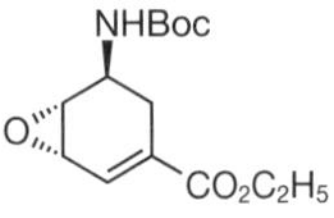

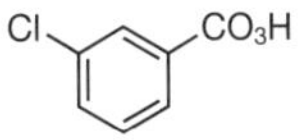

演習問題解答　　　　　　　　　　　233

[化学構造: 3-クロロ安息香酸 (D), CH₃CH₂I (I)]

2) Diels-Alder 反応

3) [反応機構図: G → → → H への変換、Boc基、MsO、OH、K⁺、CO₂⁻ K⁺ を含む]

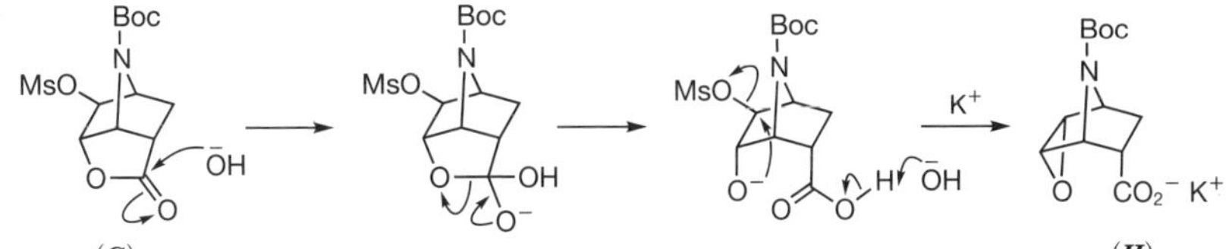

4) 塩基である LDA がエステルの α 位のプロトンを引抜き，その後，β 位の窒素が脱離して二重結合が形成する．

5) 3 位 R, 4 位 R, 5 位 S

**17・32** 1)  OHC〜〜〜CHO

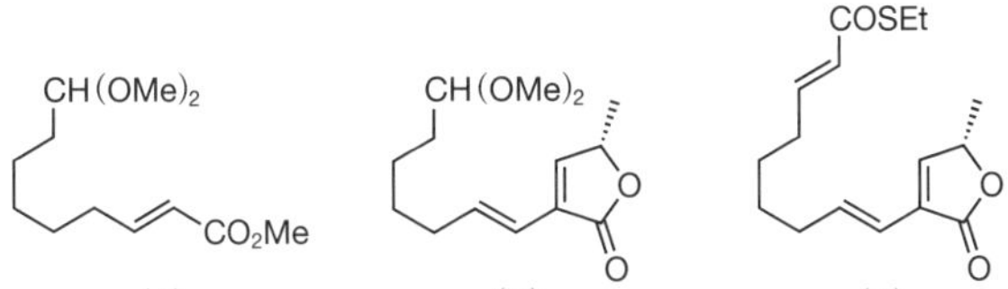

2) [化学構造: (A) CH(OMe)₂ 置換した CO₂Me 化合物, (B) CH(OMe)₂ を持つフラノン, (C) COSEt を持つフラノン]

　　a. Ph₃P=CHCO₂Me　b. Ph₃P=CHCOSEt

3) 化合物 (A) に n-ブチルリチウムを反応させると，LDA のように塩基として反応するのではなく，エステルのカルボニル炭素への付加反応が進行するため．

4) [反応機構図: X → → → → → → → → → Y の段階的変換、MeOH、H⁺、OMe 基を含む]

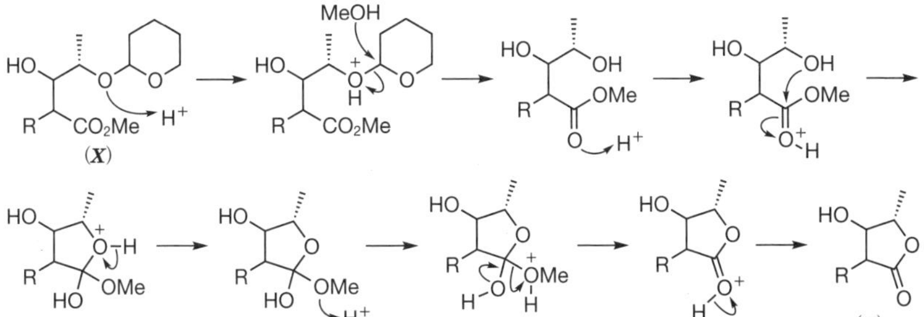

反応に関係しない置換基を R で示す

［解説］2) 化合物 (A) に LDA を反応させると次式のようにアニオンが生成して，これがアルデヒドに付加する．

4) 酸触媒によるテトラヒドロピラニルエーテルの脱保護とラクトン化（分子内エステル化）．

**17・33** 1)

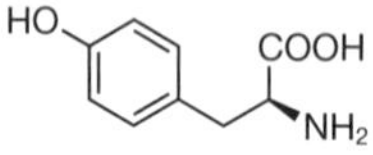

2) 反応条件 a. $NaNO_2$, $HCl$　　　反応条件 b. KI

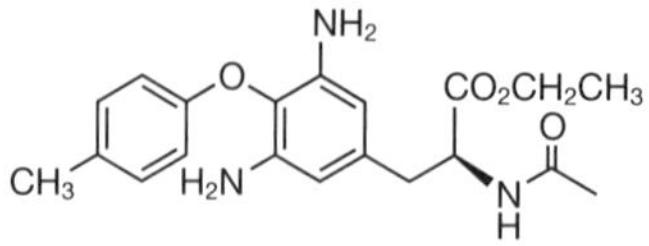

3) 塩基であるジエチルアミンがフェノールと反応してフェノキシドとなることにより，$O^-$ のオルト位の反応性が高くなるため．

# 索　　引

IR スペクトル → 赤外スペクトル
IUPAC 命名法　2
アキシアル　26
アズレン　57
アセタール　79
アヌレン　57
アノマー効果　121, 169
アノマー炭素　120
アミド結合　123
$\alpha$-アミノ酸　122
アリルひずみ　225
RS 表示法　22
$\alpha$ 体　120
アレン　21
アンタラ型　113
アンチ　25
アンチペリプラナー脱離　64

E1 反応　63
イオン開裂　37
いす形配座　26, 64
位置選択性　34
E2 反応　34, 63
Wittig 反応　77
Williamson エーテル合成　62, 68
Wolff-Kishner 還元　191
Wolff 転位　196
Woodward-Hoffmann 則　110
エキソ体　110
エクアトリアル　26
$S_N i$ 機構　188
$S_N 1$ 反応　32, 61, 63
$S_N 2$ 反応　32, 61, 63
s 性　17
HOMO → 最高被占軌道
Edman 分解　126

エナンチオマー　21
エナンチオマー過剰率　30
NMR
　$^1H$──　129
　$^{13}C$──　129
NMR スペクトル → 核磁気共鳴スペクトル
NOE → 核 Overhauser 効果
エネルギー図　36
エノラート　75
エノール形　75
L 体　120, 122
LUMO → 最低空軌道
塩基　15
塩基性アミノ酸　123
塩基性度　17
塩基性度定数　17
エンド体　110

オキシ Cope 転位　113
オキシ水銀化　43
オキシム　84
オゾン分解　44
オルト-パラ配向性　52

開始段階　38, 46
化学シフト　129
核 Overhauser 効果　220
核磁気共鳴スペクトル　129
重なり形配座　25
活性化基　53
カップリング → スピン-スピンカップリング
Cannizzaro 反応　79
Gabriel 合成　96
加溶媒分解　63
カルボカチオン　11
カルボカチオン中間体　32
カルボン酸　16
還元的脱離　105, 107

完全デカップリング法　130
環反転　26
逆旋　111
逆 Markovnikov 則　44
求核アシル置換反応　86
求核剤　32
求核置換反応　31
求ジエン体　110
鏡像異性体 → エナンチオマー
共鳴安定化　20
共鳴効果　12
共鳴構造　12
共役付加 → 1,4 付加
極　性
　分子の──　13
キラル軸　22
キラル炭素　22
キラル中心　21, 22
Kiliani-Fischer 合成法　215
Gilman 試薬　104, 105, 107
キレート　20

Knoevenagel 縮合　200
熊田-玉尾カップリング　209
Claisen 縮合　87, 89
Claisen 転位　113
Grubbs 触媒　208
グリシン　126
Grignard 試薬　68, 103
Grignard 反応剤 → Grignard 試薬
グルコース　124
Curtius 転位　87, 199
Clemmensen 還元　191
クロスカップリング　107
$m$-クロロ過安息香酸　44

結合次数　11
結合長　11

索　引

ケテン　198
ケト形　75
交差アルドール縮合　79
交差 Claisen 縮合　89
ゴーシュ　25
ゴーシュ効果　169
Cope 転位　113, 115
互変異性　75
混成軌道　9, 12
　　sp——　10
　　sp²——　9
　　sp³——　9
最高被占軌道　110
Saytzeff 則　63
Saytzeff 脱離　174
最低空軌道　110
酸　15
酸解離定数　16
酸化的付加　105, 107
酸性アミノ酸　123
酸性度　16
Sandmayer 反応　55, 98

1,3-ジアキシアル相互作用　27
ジアステレオマー　21
ジアゾカップリング　100
ジアゾニウム塩　98
ジエノフィル　110
紫外・可視スペクトル → 紫外スペクトル
紫外スペクトル　132
σ 結合　9
シグマトロピー　69
シグマトロピー転位　112
シクロプロパン　10
s-シス配座　110
質量分析法　133
ジペプチド　123
Simmons-Smith 反応　105
臭素化　55
縮重転位　212
Stobbe 縮合　201
Jones 酸化　186
伸縮振動　131
水素化熱　13
水素結合
　　分子内——　29
水素不足指数　128

鈴木-宮浦カップリング　106, 208
鈴木-宮浦反応 → 鈴木-宮浦カップリング
Stille カップリング　208
スピン-スピンカップリング　129
スプラ型　110, 113
スルホン化　55
生成物　31
成長段階　38, 46
赤外スペクトル　131
積分強度　130
遷移状態　32

双極子モーメント　14
双性イオン　123
速度支配　36

脱離基　32
Darzens 縮合　77
チオアセタール　191
中間体　32
超共役　169
Dieckmann 縮合　89
停止段階　38
D 体　120, 122
Diels-Alder 反応　110
　逆電子要請——　213
デカリン　140
DEPT　221
電荷分布支配　45
電気陰性度　8
電子環状反応　111

糖　120
同位体効果　174
同位体ピーク　133
同　旋　111
トシラート　62
トランスメタル化　107
トレオニン　122
Tröger 塩基　170

ナフタレン　36
ニトロ化　51
Newman 投影式　25

ニンヒドリン反応　218
根岸カップリング　208
ねじれ形配座　25
熱力学支配　36
燃焼熱　10, 14

π 結合　10
配向性　52
配座異性体　25
背面攻撃　35
Baeyer-Villiger 酸化　77
Haworth 投影式　120
Hammond の仮説　175
パラジウム触媒　106
反応機構　31
反応選択性　34
反応速度　32
反応物　31
反芳香族性　50

p$K_a$　16
ひずみ
　変角の——　10
比旋光度　30
ヒドロホウ素化　43
ピナコールカップリング　77
ピナコール転位　187
ビフェニル　23
非プロトン性極性溶媒　171
Hückel 則　50
ピラノース　120
Hinsberg 試験　202

Favorskii 転位　193, 197
van der Waals 力　9
Fischer インドール合成　102
Fischer エステル合成　199
Fischer 投影式　21, 24, 120
Felkin-Anh モデル　195
1,4 付加　104
付加環化反応　110
不活性化基　53
沸点　8, 14
フラノース　120
Friedel-Crafts アシル化　56
Friedel-Crafts アルキル化　56
ブルバレン　212
プロトンスポンジ　20
プロトン性極性溶媒　171
分　極　8

# 索引

分 子
　――の極性　13
分子イオンピーク　133
分子内 Claisen 反応　90
分子内水素結合　29

ヘキソース　120
β 体　120
Heck 反応　208
Beckmann 転位　87
Benedict 試薬　125
ペリ環状反応　109
ヘリセン　170
変　角
　――のひずみ　10
ベンザイン　53
ベンジル酸転位　193

芳香族求核置換反応　37, 53
芳香族求電子置換反応　52
芳香族性　50
保護基　190
Horner-Wadsworth-Emmons
　　　　　　　　反応　196
Hofmann 脱離　202

Hofmann 転位　198
HOMO → 最高被占軌道
Borsche-Drechsel 環化　77

Michael 付加 → 1,4 付加
Meisenheimer 錯体　37, 53
マススペクトル → 質量分析法
Markovnikov 則　34, 44
マンノース　120

メソ化合物　23
メタ配向性　52

誘起効果　11
優先順位　22
融　点　9, 14
UV スペクトル → 紫外スペクトル

溶解度　14
ヨードホルム反応　78

ラジカル開裂　37
ラジカル反応　38
ラジカル連鎖機構　46

立体異性体　21
立体化学　21
立体障害支配　45
立体電子効果　34
立体配座　25
立体反転　62
立体反発　20
立体ひずみ　27
立体保持　173
隣接基関与　175
Lindlar 触媒　46

Lewis 塩基　15
Lewis 構造式　12
Lewis 酸　15
LUMO → 最低空軌道

Reformatsky 反応　77, 208

Robinson 環化　91

Weinreb ケトン合成　201
Wagner-Meerwein 転位　34

## 参考図書・資料

- "化学便覧 基礎編", 改訂 5 版, 日本化学会編, 丸善出版 (2004).
- "化学大辞典", 大木道則, 大沢利昭, 田中元治, 千原秀昭編, 東京化学同人 (1989).
- "化合物命名法 —IUPAC 勧告に準拠—", 第 2 版, 日本化学会命名法専門委員会編, 東京化学同人 (2016).
- IUPAC Gold Book, http://goldbook.iupac.org/

化学演習シリーズ 8

豊田 真司
とよ　た　しん　じ
　1964 年　香川県に生まれる
　1986 年　東京大学理学部 卒
　1988 年　東京大学大学院理学系研究科修士課程 修了
　2002 年　岡山理科大学理学部 教授
　現　東京工業大学理学院 教授
　専攻　物理有機化学，構造有機化学
　博士（理学）

第 1 版 第 1 刷 2016 年 6 月 17 日 発行

有 機 化 学 演 習 Ⅲ
──大学院入試問題を中心に──

Ⓒ　2 0 1 6

著　者　　豊　田　真　司
発 行 者　　小　澤　美 奈 子
発　　行　　株式会社 東京化学同人
　　　東京都文京区千石 3-36-7(〒112-0011)
　　　電話 (03) 3946-5311・FAX (03) 3946-5317
　　　URL: http://www.tkd-pbl.com/

印　刷　中央印刷株式会社
製　本　株式会社松岳社

ISBN978-4-8079-0883-7
Printed in Japan

無断転載および複製物（コピー，電子データなど）
の配布，配信を禁じます。

# 化学演習シリーズ
## 大学院入試問題を中心に

1. 物理化学演習 I　　　　　高橋博彰 著
   本体価格 2900 円+税

2. 物理化学演習 II　　　　　染田清彦 編著
   本体価格 3200 円+税

3. 有機化学演習 I　　　　　湊　宏 著
   本体価格 2900 円+税

4. 有機化学演習 II　　　　　務台　潔 著
   本体価格 4100 円+税

5. 生化学演習　　　　　　　八木達彦 著
   本体価格 4000 円+税

6. 無機・分析化学演習　　　竹田満州雄ほか 著
   本体価格 3800 円+税

7. 無機化学演習　　　　　　中沢　浩 編著
   本体価格 2800 円+税

8. 有機化学演習 III　　　　　豊田真司 著
   本体価格 3100 円+税